U0195650

冶金燃气与钢铁新流程

杨若仪等著

上海科学技术文献出版社

图书在版编目（CIP）数据

冶金燃气与钢铁新流程 / 杨若仪等著．—上海：上海科学技术文献出版社，2013.6
ISBN 978-7-5439-5866-1

Ⅰ．① 冶…　Ⅱ．①杨…　Ⅲ．①冶金燃料—气体燃料 ②钢铁冶金　Ⅳ．① TF055 ② TF4

中国版本图书馆 CIP 数据核字（2013）第 124877 号

责任编辑：忻静芬
封面设计：周　婧

冶金燃气与钢铁新流程
杨若仪　等著
出版发行：上海科学技术文献出版社
地　　址：上海市长乐路 746 号
邮政编码：200040
经　　销：全国新华书店
印　　刷：常熟市人民印刷厂
开　　本：787×1092　1/16
印　　张：22.25
插　　页：1
字　　数：368 000
版　　次：2013 年 6 月第 1 版　2013 年 6 月第 1 次印刷
书　　号：ISBN 978-7-5439-5866-1
定　　价：120.00 元
http://www.sstlp.com

作者介绍：

　　杨若仪，浙江诸暨人，1939年9月生。中共党员。教授级高级工程师，享受国务院特殊津贴工程技术专家。1963年毕业于浙江大学化工系燃料化学工艺学专业。中冶赛迪集团（原重庆钢铁设计研究院）总设计师。1999年退休，留用到2012年离开工作岗位。

　　长期从事钢铁企业燃气设计和钢铁企业工程的设计组织和研究工作。1963年至1990年先后担任技术员、工程师、高级工程师、主任工程师、公司压力容器单位技术负责人等职务。从事钢铁企业燃气设施的工艺设计与设备设计，是我国转炉煤气回收、干式煤气柜、矿井气民用、低热值煤气燃气轮机联合循环发电等技术的前期开拓者之一，并是《中国冶金百科全书》冶金建设卷燃气部分的主编。从1991年至2011年转任工程总设计师，组织多项钢铁企业工程设计，是我国首座熔融还原炼铁COREX C3000工程的总设计师。对新型紧凑式钢铁企业做了长期的前期工作，并对我国发展直接还原铁做了大量研究与探索工作。其中宝钢COREX炼铁工程、中梁山矿井瓦斯民用工程、通化钢铁厂低热值煤气燃气轮机发电工程分别获得建设部优秀设计一等奖、二等奖和国家优秀咨询设计一等奖。

前言

　　冶金燃气设计包含了冶金企业煤气、氧气、燃油、压力容器、化学灭火等设计业务,从业人员主要是化工、暖通专业的人才。业务基础是以化工工艺和化工设备为主。煤气处理(含煤气平衡分配与管网、煤气清洗、煤气化、气体脱硫、高炉煤气余压发电、还原气加热、煤气脱二氧化碳、加压站、煤气柜等)、空气分离(氧气、氮气、氩气生产)、轧钢保护气体(氢气)、燃油设施是这个专业的主攻业务。随着企业承接非钢铁项目的设计,民用煤气、天然气充气站等也是重要业务内容。

　　冶金新流程是有别于中国钢铁常用生产流程(高炉、焦化、烧结炼铁、转炉或电炉炼钢、连铸或模铸初成形与轧钢)的流程,常指采用非高炉炼铁、薄板坯连铸连轧等技术的钢铁生产流程。非高炉炼铁的方法很多,目前在工程上有使用实践的指熔融还原 COREX、FINEX 生产铁水、气基竖炉或回转窑生产直接还原铁。非高炉炼铁常有缩短流程、改变原燃料结构、减少污染物排放的功效。薄板坯连铸连轧是近终形连铸与热轧紧密连在一起的成形工艺,缩短流程、节约能源。本人所涉及的主要领域是 COREX 炼铁和气基竖炉直接还原。

　　设计是一种用理论原理解决实际工程技术问题的职业,我长期在业务岗位上形成了习惯于理解工程原理和收集考证主要技术数据的工作方法。即使后来当了组织工程设计的总设计师,工作风格也多从对工程的技术层面加强理解,认为这样能把握事物的本质少出差错。从 1963 年到 2011 年我国钢产量从每年 1 000 多万吨发展到每年 7 亿多吨,时代给我很多机会,让我一直自处在"新"技术的学习与开发的位置上。

　　从 1965 年起我参加了我国氧气炼钢转炉煤气净化与回收技术开发,先后参加由上海冶金设计院设计的上海第一钢铁厂 5 t 氧气顶吹转炉煤气回收试验和 30 t 转炉煤气回收系统设计。试验和设计都取得了成功,开创了我国转炉煤气净化回收技术的先河。我作为主要设计师参与了攀枝花钢铁公司 120 t 转炉煤气净化回收系统设计。该系统中 D1850 转炉煤气抽风机中采用了重庆钢铁设计院设计的液力偶合器,为我国转炉煤气净化采用调速风机并形成设备系列产品打下技术基础。该液力偶合器设计过程中设备设计师李德标做了大量工作,与我一起调查了多所大学和类似的电厂设备,第一套设备使用以后还做了一些完善与修改。

20 世纪 80 年代初,煤矿矿井瓦斯民用国内还处于开发期。抽取瓦斯是煤矿安全的需要,瓦斯民用又能部分解决城市煤气气源,是一项合理利用资源、利国利民的好事。重庆中梁山煤矿瓦斯工程我作为主要设计者,为这个工程概念的建立、工程立项、系统优化做了不少工作。工程的实施解决了重庆市中梁山地区 20 000 户居民的民用气源,也是国内城市煤气气源多元化的重要实践之一。该工程使用至今没有安全上的故障。

钢铁企业提高各种副产煤气回收利用率,减少煤气放散是一个永恒的目标。钢铁企业煤气供销系统的特点是煤气的产耗波动极大。为此,必须要有一个总用量大于产量的用户群,用户中要有足够量可吞吐煤气的缓冲用户应对较长时间的煤气余缺,并要设置一定容量的煤气柜以吸收短时波动与稳定管网压力,还要有灵活有效的调度机构。钢铁企业通常高热值煤气不足,降低煤气使用热值也是减少购入昂贵高热值燃料的重要手段。这些是笔者从长期工作中总结出来的合理利用煤气的基本原则,在本书中有所阐述。

湿式煤气柜在民用煤气与化工行业有较长久应用历史。20 世纪 30 年代在中国大连使用稀油密封的干式煤气柜,钢铁企业推广采用煤气柜是在宝钢引进曼型柜、可隆柜和威金斯 3 种干式煤气柜以后。中国的钢铁设计院(北京、重庆、马鞍山、武汉等)设计与建设了一批以曼型柜为基础的多边形稀油密封的煤气柜,用于储存焦炉煤气和高炉煤气,压力多在 10 kPa 以下。圆柱形的可隆柜因干油密封的结构较为复杂,漏气危险性大,没有得到单独发展。重庆钢铁设计研究院(中冶赛迪集团)吸收了曼型柜和可隆柜的优点开发了一种圆柱形稀油密封的新型煤气柜,储气压力可提高到 15 kPa,用于储存各种煤气。这种气柜开发时我是燃气室的主任工程师,联系在韶关钢铁厂进行首座 20 000 m³ 新型试验柜的工业试验。目前国内已经建设了一批 150 000～300 000 m³ 的新型气柜,是今后煤气柜的主要推广柜型。转炉煤气柜多用橡胶薄膜密封的圆筒形单钟罩气柜,从威金斯柜消化移植而成。国内首个自己设计制造的 30 000 m³ 转炉气柜在重庆钢铁厂建成,我是总设计师,目前使用柜容多为 80 000 m^3。

煤气处理技术也有较大发展。高炉煤气湿式清洗从洗涤塔文氏管,发展成可调喉口文氏管,环形(重铊形)可调喉口文氏管与塔式脱水器相结合的比肖夫洗涤器。1 000 m^3 以上的高压高炉增加了炉顶压力回收透平发电装置(TRT)。干式煤气清洗在增加发电与减少用水方面取得实效,估计在今后会得到优先发展。煤气精脱硫处理在冷轧煤气供应、燃气轮机联合循环发电上有所使用,目前多用干法脱硫,要注意防止废脱硫剂的二次污染。钢铁企业的氢气在有焦煤煤气资源时应优先考虑用焦炉煤气变压吸附制氢,再考虑水电解等方法获取。因环保上的原因,用卤代烷化学灭火的办法会消亡,CO_2 灭火和泡沫灭火会继续存在。

钢铁企业的富余煤气主要是低热值高炉煤气,原来多用于烧锅炉发电、供热或传动高炉风机,当粉煤与煤气混烧时用量受锅炉混烧比的限制。自宝钢引进 170 MW 高炉煤气燃气轮机联合循环发电装置(CCPP)之后煤气用量加大,发电效率大幅度提高。为把这种技术推广到中型钢铁企业并降低投资,通化钢铁厂热电厂改造项目首次采用了 GE 技术国内制造的 50 MW 的低热值 CCPP,并为此项目配置了自制的废热锅炉、煤气压缩机、煤气预净化设备。使我国的低热值煤气 CCPP 技术推进一步。通化钢铁厂的 CCPP 项目我是总设计师。

钢铁企业的补充燃料以前用常压固定床气化炉生产发生炉煤气、热煤气或水煤气,北满特钢、成都无缝钢管厂都建过大型煤气发生站。后来补充燃料被天然气、液化石油气或重油所取代,这些石化产品使用方便,但资源稀缺价格高。近半个世纪来煤气化技术有了飞速进步,高转化率低污染的第三代气化炉,特别是干煤粉纯氧气化技术得到应用与发展。这种技术用于生产冶金还原气附带解决补充燃料气是很有前途的,但若单独用于生产补充燃料气当前还不一定合适。从资源条件看,中国还会开发页岩气与可燃冰,随着能源供应条件的变化,今后钢铁企业可能使用页岩气;但目前对页岩气还知之甚少。

钢铁企业使用氧气、氮气和氩气等空分产品,用量不断扩大。氧气主要用于转炉或电炉炼钢、高炉富氧鼓风和切焊,纯度为 99.6%,压力多为 3 MPa 的系统;氮气主要用于安全置换吹扫、保护气体与仪表用气等,纯度常用 99.999%,压力多为 0.8~1.6 MPa;氩气主要用于连铸保护、氩氧炼钢、焊接和保护气体,纯度常用 99.999%,压力多为 0.8~1.6 MPa。冶金企业空分设备的规模是按用氧平衡决定的,常规流程联合企业用氧指标接近 100 m³/t$_{钢}$,采用 COREX 炼铁的钢铁企业用量可扩大到 600 m³/t$_{钢}$。一般氮气、氩气资源过剩,利用效率不高。目前钢铁企业空分装置主体装备是全低压板式换热器的大型空分设备,空气进入空分塔之前经过预冷或分子筛预吸附处理。供气系统常用压力球罐和调压系统并有液体贮存和气化系统以满足用户波动和外供产品的要求。以前氧气加压多用氧气压缩机,当用户压力变化时用内压缩流程也许更为合理,用液氧泵加压至用户压力并在空分塔内回收冷量的流程可提高供氧系统的安全性,能耗也可基本不增加。单独为钢铁企业服务的氧气厂有设备能力利用不足,氮气、氩气、稀有气体资源浪费等问题,应该向社会化区域性集中设置空分设施的方向发展。

我在钢铁新流程上的工作大致分 3 个阶段:成都 5 m³ 竖炉试验和当时钒钛磁铁矿冶炼二基地的能源选择;紧凑式钢铁联合企业的前期工作和 COREX C3000 的建设;竖炉生产直接还原铁的研究开发。

成都竖炉试验开始于 1978 年,当时在方毅副总理关心下,在成都青白江,由成都钢铁厂、攀枝花钢铁研究院、重庆钢铁设计院、东北大学、北京钢研究院一起试验了钒钛磁铁矿竖炉还原课题,目的是开辟冶金新流程提高攀枝花矿的钒钛回收率,建设攀西钢铁二基地。试验炉的还原气制备系统由我为主设计,采用了天然气催化转化技术,因还原气温度要 1 100 ℃采用热风炉加热。转化用催化剂是中科院成都有机化学研究所试制的。试验应该说是成功的,造气系统生产还原气也达到预期要求,竖炉生产出了一批合格海绵铁。后来因天然气资源不足试验没有进行下去。当时也为钒钛磁铁矿二基地用煤造气法解决天然气资源不足的问题做过工作,也进行了寻找煤炭资源与气化方法的调查。对于这个流程目前有些单位在还在致力于转底炉法生产预还原铁的研究。

从 1991 年到 1998 年进行了宝钢投资的宁波北仑钢铁厂前期工作,计划建设一个没有焦化、没有烧结、用 COREX 与 Midrex 生产铁水和海绵铁、转炉炼钢、薄板坯连铸连轧组成的全新流程的紧凑型钢铁企业,这在当时也是紧跟世界前沿技术的项目。项目做了大量前期工作,与不少外商进行了技术交流并进行了国外考察,最终因国家没有批准而没有实施。我作为这个项目的总设计师反复论证建厂方案,做了好几版预可行性研究报告并经专家论证,学到了不少钢铁生产流程与工程评价方法的新知识。2004 年至 2008 年,上海因筹办世博会将上海第三钢铁厂搬迁到宝山罗泾,上海第三钢铁厂原来的化铁炼钢也同时淘汰改成 COREX 炼铁。这个项目实施以后,2008 年 9 月一号 COREX C3000 炉投产,2010 年相同型号的 2 号炉也投产,形成了 300 万吨熔融还原的炼铁能力。COREX 的主要工艺技术的知识产权是奥钢联的,主工艺以外的辅助设施都是中方自己开发与配套的,其中有煤压块、炉顶煤气 TRT 发电、铁水脱硅、渣铁系统、煤气脱硫与煤气用于 CCPP 发电等。

竖炉生产直接还原铁(DRI)是冶金新流程的重点之一,是非高炉炼铁基本生产方式,成为我近年的关注重点。这方面按中国的燃料条件确定了煤气化生产直接还原铁的方向。笔者做了煤气化生产直接还原铁在节能减排与老流程的比较,做了煤造气的还原气以 CO 为主在还原、折碳、硫的走向的基础研究;对煤气化方法、煤气热量回收方法,煤气脱碳方法、还原气加热方法都做了调查和比较,并做了流程计算与优化的软件对流程进行优化;也曾经多次到伊朗考察竖炉直接还原技术进行主要设备研究与设计。在中国用煤气化制造的还原气的成本可以低于天然气重整制气,但有气化炉投资高的问题。COREX 煤气、FINEX 煤气、焦炉煤气都可以生产直接还原铁,其中用焦炉煤气最为经济的。

从 20 世纪 70 年代有用煤气化生产直接还原铁的想法算起,到 2012 年有近 40 年的时间跨度。煤气化技术在 20 世纪只能选用德士古炉或鲁奇炉,冷煤气效率只有 73% 左右,要加工成还原气出炉煤气要经过脱碳脱水,煤气显热也无法利用;而现在的干煤粉纯氧气化冷煤气效率已经提高到 80%~82%,煤气成分可不脱碳脱水直接进入竖炉,煤气显热也可大部分回收。煤气化技术的发展有利于支撑实施煤气化竖炉生产直接还原铁技术。另外,在这段时间内原材料价格也有了很大变化,煤从几十元一吨变到几百元一吨,电从几分钱一度变成几角钱一度。本书中不同历史时期对这项技术的评价计算结果有些不同,都是当时可选技术与原料燃料不同价格的综合结果。冶金流程的评价还有环保因素。以前环保因素没有参与到经济评价中来;以后当碳排放要收税时,新流程的经济效益会大幅度提升,国人对新流程的看法也许会有变化。这要看今后的发展。

本书成稿后经杨静审校,深致谢意。

Contents | # 目　录

第一篇　冶　金　燃　气

1.1　流体燃料平衡与输配设计 / 3

1.2　钢铁联合企业合理利用煤气的原则 / 10

1.3　高炉煤气净化设施设计 / 18

1.4　高炉炉顶煤气余压发电设计 / 23

1.5　高压高炉重力除尘器分析设计试探 / 28

1.6　焦炉煤气净化设施设计 / 33

1.7　转炉煤气回收设施设计 / 36

1.8　液力偶合器在转炉煤气抽风机上的应用 / 39

1.9　煤气混合加压设施设计 / 51

1.10　煤气发生站设计 / 55

1.11　德士古煤气化技术在冶金工业中使用的可能性 / 60

1.12　洁净煤气化技术和在钢铁企业的应用 / 76

1.13　天然气储配站设计 / 88

1.14　煤气柜设计 / 90

1.15　氧气站设计 / 95

1.16　氩气生产及精制设施设计 / 101

1.17　氖、氦、氪、氙气生产及精制设施设计 / 104

1.18　攀钢氧气厂供氮系统爆炸事故小结 / 107

1.19　COREX 炼铁与空分装置 / 115

1.20　氢气站设计 / 131

1.21　氮氢保护气体设施设计 / 135

1.22　燃料油站设计 / 139

1.23 乙炔站设计 / 144

1.24 卤代烷灭火站设计 / 148

1.25 高倍泡沫灭火站设计 / 151

1.26 低热值煤气燃气轮机联合循环发电技术在钢铁企业的
应用 / 153

1.27 矿井气民用工程的几个问题 / 163

第二篇　钢铁新流程

2.1 钒钛磁铁矿冶金新流程的能源决策 / 177

2.2 用当代先进的钢铁生产工艺和技术建设新型钢铁企业 / 187

2.3 紧凑式钢铁联合企业的能源分析 / 197

2.4 BL 钢铁厂工艺流程与经济效益研究 / 207

2.5 两种钢铁生产新流程的比较 / 220

2.6 COREX 与 FINEX 的流程比较 / 228

2.7 COREX 煤干燥技术 / 236

2.8 COREX 煤压块技术 / 244

2.9 COREX 熔融还原炼铁煤气利用方向研究 / 258

2.10 COREX 炼铁煤气生产海绵铁的研究 / 266

2.11 用煤气化生产海绵铁的流程探讨 / 274

2.12 煤气化竖炉生产直接还原铁在节能减排与低碳上的优势 / 285

2.13 发展我国直接还原铁的几点看法 / 291

2.14 煤气化竖炉生产直接还原铁的开发与展望 / 302

2.15 焦炉煤气制直接还原铁的方法研究 / 319

2.16 焦炉煤气制直接还原铁与制甲醇的分析比较 / 327

2.17 煤气化竖炉生产直接还原铁煤气化压力问题的解读 / 337

第一篇　冶金燃气

1.1 流体燃料平衡与输配设计

流体燃料平衡与输配设计是对煤气的生产与消耗进行平衡及确定冶金企业煤气与补充燃料供应方案的设计。

钢铁厂的高炉、焦炉和转炉既是冶炼设备又是煤气发生设备。钢铁厂副产煤气有产量大、耗量大、波动大的特点。合理利用副产煤气可以减少工厂一次能源购入量,改善工厂燃料结构。

流体燃料平衡(亦称煤气平衡)是制订冶金企业流体燃料的基本计划和冶金企业设计的重要组成部分之一。冶金工厂煤气设施、补充燃料站均按流体燃料平衡表确定的数据进行设计计算。

流体燃料平衡输配设计的内容包括根据流体燃料特性与用户特性编制平衡表,以确定合理利用副产煤气的措施,确定煤气柜与煤气混合加压设施的项目与规模,进行煤气管道、煤气调度、防护急救等设施设计。

1.1.1 常用流体燃料

冶金过程副产高炉煤气(BFG)、焦炉煤气(COG)、转炉煤气(LDG),少数工厂也副产电炉煤气和(或)铁合金煤气。补充流体燃料常用燃料油、天然气(NG)、发生炉煤气、水煤气与液化石油气(LPG)等。常用煤气特性示于表1.1。

表 1.1 常用煤气典型成分与热值(低发热量)

煤气种类	各组分体积/%									热值/ $kJ \cdot (m^3)^{-1}$
	CO_2	CO	H_2	CH_4	C_2H_6	C_3H_8	C_mH_n	O_2	N_2	
高炉煤气	14.5	25.5	1.5	0.5					58	3 350
焦炉煤气	2.9	6	59	25.5			2.2	0.4	4	17 580
转炉煤气	18.5	59	1.5	1				0.4	20.6	7 620
天然气	0.31	0.01	0.09	97.09	0.48	0.06			1.96	35 170

（续表）

煤气种类	各组分体积/%									热值/ $kJ \cdot (m^3)^{-1}$
	CO_2	CO	H_2	CH_4	C_2H_6	C_3H_8	C_mH_n	O_2	N_2	
烟煤发生炉煤气	5	27	14	3					51	5 980
无烟煤发生炉煤气	6	24	15	1					54	5 020
水煤气	8.2	34.4	52	1.2				0.2	4	10 250

常用的燃料有渣油、重油，需加热保温才有较好的流动性，热值为41 800 kJ/kg左右。液化石油气在压力状态下呈液体，减压时气化，热值约为45 980 kJ/kg。

1.1.2　用户特性

高炉副产高炉煤气，高炉热风炉系统用高炉煤气加热，其消耗高炉煤气的热量约占高炉煤气总热量的40%～45%。高炉煤气的产率与热值取决于高炉燃料比、鼓风含氧量与喷吹燃料。高炉煤气具有热值低、波动量大的特点，常作为热风炉、焦炉与电厂的燃料，也可与高热值煤气配置成混合煤气供其他用户使用。

炼焦炉副产焦炉煤气，同时又用煤气加热。复热式焦炉多用混合煤气加热，单热式焦炉只用焦炉煤气加热。焦炉加热消耗的煤气热量占焦炉煤气总热量的煤的45%～50%。焦炉煤气的产率与热值取决于炼焦用煤的挥发份产率与结焦周期。焦炉煤气具有热值高、毒性小、波动量小的特点，是冶金工厂的优质煤气。焦炉煤气常用于民用及烘烤钢水包、铁水包与要求燃烧温度高的用户，也可与高炉煤气配置混合煤气供各用户使用。

氧气转炉副产煤气的产率与热值取决于冶炼过程的碳平衡。转炉煤气的特点是一氧化碳含量高、毒性大、产量与成分波动大、含水量多、含硫量少，常用作锅炉或其他对成分要求不高的用户，也用作烧活性石灰的燃料。

烧结、轧钢、机修、耐火等用户常用热值5 850～9 630 kJ/m³的混合煤气。这些用户以煤气为单一燃料，是煤气的固定用户。这些用户的年作业时间不同，用量波动大，需设置煤气混合加压设施。

电厂与供热锅炉通常是煤气缓冲用户，可采用多种燃料。其煤气需要量(即煤气缓冲量)可随工厂煤气余缺情况进行调整。

1.1.3　流体燃料平衡表

按产量乘定额的办法编制。表1.2为某钢铁联合企业的流体燃料平衡表。

日历时间平衡表示工厂燃料收支的年平均情况,用于确定年补充燃料量;作业时间平衡表示各车间同时工作时的燃料供配情况。为分析燃料调配的难点,对拥有大容量高炉或高炉座数很少的工厂须做作业时间最大容量高炉休风时的平衡;当工厂拥有的轧钢车间煤气用量波动对全厂流体燃料平衡有严重影响时,须编制作业时间轧钢发挥最大能力时的平衡表。

平衡表中要考虑各类煤气及燃料油的损失,一般年损失率为2%～4%。

流体燃料平衡须留足煤气缓冲量才能实现煤气的调度周转。缓冲量与工厂规模、装备水平、用户数以及有无灵活的调度室有关。规模大、用户多、设有煤气柜、调度灵活的工厂可少留缓冲量。一般,钢铁联合企业日历时间平衡所需的缓冲量焦炉煤气有5%～8%,高炉煤气有10%以上就可以满足调度要求。当日历时间平衡出现负值时,工厂应引入补充燃料;当缓冲量预留不足无法满足煤气周转要求时,也应引入补充燃料。

补充燃料的种类可以按照当地燃料条件与工艺要求确定。为了节省基础建设投资与提高燃料使用效率,可按天然气、燃料油、液化石油气、煤气发生站的顺序考虑实施补充。将补充燃料应配给作业率低的车间使用,有利于节能。

工厂使用混合煤气的热值应力求统一,以简化工厂煤气管网,少建煤气混合加压设施。

特殊钢厂没有高炉煤气与焦炉煤气,其流体燃料主要为补充燃料。这些工厂通常有较大的燃料油站或煤气发生站。

1.1.4　合理利用煤气的措施

主要包括:

(1) 力求产需平衡,生产煤气的车间与使用煤气的车间均衡发展。对煤气不足的企业力求回收各种副产煤气,改革工业炉窑炉,减少煤气放散量,并充分利用高炉煤气以减少补充燃料量。对煤气富余的企业需开拓煤气用户,例如高炉煤气发电、焦炉煤气民用、焦炉煤气与转炉煤气作化工原

表1.2　某钢铁联合企业流体燃料平衡表

序	项目	工艺产品产量 /10⁴t·a⁻¹	产品的煤气单位产量或耗量 /GJ·t⁻¹	热值 /kJ·(m³)⁻¹	年工作小时 /h	日历时间平衡				作业时间平衡				备注
						高炉煤气 /GJ·h⁻¹	焦炉煤气 /GJ·h⁻¹	转炉煤气 /GJ·h⁻¹	补充燃料(重油) /GJ·h⁻¹	高炉煤气 /GJ·h⁻¹	焦炉煤气 /GJ·h⁻¹	转炉煤气 /GJ·h⁻¹	补充燃料(重油) /GJ·h⁻¹	
	收入													
1	高炉煤气	650	5.184 0	3 260	8 130	3 847				4 145				
2	焦炉煤气	456	6.207 3	18 810	1 760		3 230				3 230			按装入煤计
3	转炉煤气	671	0.501 6	8 360	7 180			384				468		
	收入总计					3 847	3 230	384		4 145	3 230	468		
	支出													
1	焦炉加热	456	2.633 4	4 180	8 760	1 008	363			1 008	363			
2	化产回收精制			18 810	8 760		162				162			
3	高炉	650	2.173 6	5 183	8 130	887	726		1 860	956	782		2 005	喷吹重油
4	烧结	1 042	0.188 1	18 810	8 130		224				241			
5	转炉炼钢	671	0.084 6	18 810	8 760		65				65			
6	连铸	304	0.150 5	18 810	7 000		52				65			
7	石灰	58.6	6.270 0	15 884	8 602		357	62			364	63		

（续表）

序	项目	工艺产品产量 /10⁴t·a⁻¹	产品的煤气单位产量或耗量 /GJ·t⁻¹	热值 /kJ·(m³)⁻¹	年工作小时 /h	日历时间平衡 高炉煤气 /GJ·h⁻¹	焦炉煤气 /GJ·h⁻¹	转炉煤气 /GJ·h⁻¹	补充燃料（重油） /GJ·h⁻¹	作业时间平衡 高炉煤气 /GJ·h⁻¹	焦炉煤气 /GJ·h⁻¹	转炉煤气 /GJ·h⁻¹	补充燃料（重油） /GJ·h⁻¹	备注
8	初轧	344.5	0.8444	9196	6693	63	238	36		82	305	47		
9	热连轧	422	1.9646	9614	5300	20	75	18	833	33	124	30	1377	油气混烧
10	无缝钢管	51	5.0360	9196	5764	29	105	17	142	44	160	26	216	油气混烧
11	冷轧	210	1.6298	10122	6535	57	282	52		76	378	70		
12	民用煤气	115		18810	8760		41				41			外供
13	低压锅炉房	115	2.8089		8760	148	66	155		148	66	155		
14	机修与废油处理			18810			34				50			
15	损失					154	64	15	58	154	64	15	58	
	以上小计					2366	2853	355	2893	2501	3230	391	3656	
16	自备电厂					1481	377	29		1644	0	77		
	支出总体					3847	3230	384	2893	4145	3239	468	3656	

料,避免煤气放散。

(2) 适当建设电厂、锅炉及油、气加热炉炉等煤气缓冲用户来吸收波动部分的煤气。煤气量的波动频度呈正态分布,可通过统计学计算确定缓冲用户能力,力求工不放散煤气。

(3) 煤气柜能吸收煤气量的瞬间波动,稳定干管压力,其储量应能满足煤气调度要求,一般高炉煤气储量为一座最大容积高炉 0.5 h 以上的煤气产量,焦炉煤气储量为 0.7~1 h 的产气量,转炉煤气储量为转炉 1~2 h 的产气量。

(4) 强化煤气调度,建立集中灵活的调度室。

(5) 采用高炉煤气干式除尘,高炉热风炉与其他加热炉的余热回收技术,采用低热值煤气加热复热式焦炉和提高高炉煤气自用率,可减少工厂的补充燃料量。

1.1.5　煤气管道

煤气管道一般架空敷设,天然气管道或直径小于 350 mm 的焦炉煤气管道也可埋地敷设,发生炉煤气管道只允许架空敷设。

管道的架设高度或埋设深度,管道与建筑物、构筑物之间的距离,各种管道之间的净空要求,须符合安全与检修方面的规定。

管道设计必须进行流体力学计算,选择合适的管径,满足用户对煤气用量与压力要求。管道支架按简支梁或连续梁进行强度与刚度两种计算,选择合适的跨距。计算负荷除考虑管道自身负荷外还应加上外加负荷与预留负荷。当多根管道组成管束架设时,管道的相对位置与支承的关系也是设计考虑的重要因素。管道的热胀冷缩须考虑自然补偿或加补偿器补偿,能利用自然补偿的应尽量采用自然补偿。采用补偿器补偿时,小管道常用方形补偿器,大管道采用鼓形或不锈钢波纹管补偿器。在管道分支处、车间入口处与煤气用户前应设置阀门、清扫孔、放散管等附属设备。有冷凝水的管道每隔 200~250 m 设排水器。燃气管道尚须采取防静电积聚措施。

1.1.6　煤气调度机构

煤气调度机构为煤气调度室或能源中心。煤气调度室的任务是合理调配全厂煤气,稳定地供给各车间使用煤气,保证安全。调度室设有各种煤气发生量、各车间煤气使用量、煤气储存量等遥测遥控仪表及调度电话、无线电话等设备。20 世纪 70 年代,中国开始在一些大、中型企业中采用电子计算机监视煤气、燃料油、氧气、氮气、蒸汽、压缩空气、水、电等能源介质实行集中管理,形成能源中心。上海宝山钢铁总厂能源中心的煤气调度除对煤气设备运行参数进行遥测外,尚对燃料油库、煤气混合加压站进行遥控。

1.1.7 煤气防护机构

煤气防护机构负责煤气使用安全,进行煤气中毒和爆炸事故的紧急处理与救护工作,从事抽堵盲板等特种作业的机构。煤气防护站配有专用车辆、氧气呼吸器、一氧化碳检测仪、氧气充填泵等设备,有的还配有急救用高压氧舱。

杨若仪　潘华珊

1.2 钢铁联合企业合理利用煤气的原则

1.2.1 钢铁联合企业的煤气资源

一个包括焦化、烧结、高炉、转炉、连铸、热轧、冷轧等生产单元等和相应辅助设施的钢的联合企业,当产钢规模 1 000 万 t/a 时,每年用煤量 672 万 t/a 左右(不包括电厂动力煤)。总体看在冶炼过程中由于热耗、碳素流失以及能源形态变更消耗了煤 60% 的热量,另外接近 40% 的热量变成煤气在工厂再利用。全厂副产高炉煤气、焦炉煤气、转炉煤气总热量接近 254 万 t/a 标准煤,副产煤气是钢铁厂二次能源中最大部分,它的合理利用对钢铁联合企业的节能减排有十分重要的意义。

1 000 万 t/a 钢的联合企业高炉煤气作业时间产量约 150×10^4 m³/h,热值 780×4.18 kJ/m³,占副产煤气总热量的 56.5%;焦炉煤产量气约 14.76×10^4 m³/h,热值 $(4 100 \sim 4400) \times 4.18$ kJ/m³,占副产煤气总热量的 32.2%;转炉煤气产量约 13.92×10^4 m³/h,热值 $1 900 \times 4.18$ kJ/m³,占副产煤气总热量的 11.3%。全厂煤气总体积 178.68×10^4 m³/h,平均热值 $1 170 \times 4.18$ kJ/m³,副产煤气有热值偏低、压力偏低、体积庞大及输送成本高的特点。

煤气成分范围示于表 1.3。高炉煤气、转炉煤气主要可燃组分是 CO,煤气的毒性大。焦炉煤气为煤的干馏产物,组分复杂,主要为 H_2、CH_4 和多碳烃类,有热值高、比重轻、爆炸危险性大的特点。高、焦炉煤气的含尘量都在 5 mg/m³ 以下。高炉煤气和转炉煤气的 H_2S 含量很低。大型企业焦炉煤气一般经过湿法脱硫,煤气中 H_2S 含量小于 200 mg/m³。当炼铁采用 COREX 炉时,所产 COREX 煤气性能与转炉煤气相近,但其 H_2 含量较高,在 17% 左右。煤气的燃性能比转炉煤气好得多,它的 H_2S 含量 $80 \sim 120$ ppm。

表 1.3 钢铁厂常用煤气成分

煤气	组分的体积分数/%									低热值/kJ·(m³)⁻¹
	CO	CO₂	H₂	CH₄	C₃H₈	C₄H₁₀	N₂	H₂S	O₂	
高炉煤气	23~26	14~24	1.5~4				49~58			(780~820)×4.18
焦炉煤气	5.5~6	1.4~2.9	59~62	23~26	1.9~2.2		4~5	0.19	0~0.4	(4 100~4 400)×4.18
转炉煤气	58~62	~18.5	~1.5				19~21		0~0.4	(1 800~1 900)×4.18
COREX煤气	39~46	30~35	15~23	1~2			2~3	~0.1		(1 850~1 950)×4.18

图 1.1 示出了钢铁联合企业的煤气产、耗系统。高炉煤气因热值偏低、燃烧性能差,一般需与热值高的煤气混合使用。COREX 煤气和转炉煤气可以单独使用。焦炉煤气用于做混合煤气,也常单独用于烘烤、点火等需要安全与稳定燃烧等场合。一个铁、钢、材产量平衡的联合企业一般可以做到全厂煤气平衡够用,有的企业也引入天然气等补充燃料补充高热值煤气的不足。钢铁厂的各种煤气一般都应该设置煤气柜,用于稳定管网压力。钢铁厂的富余煤气常给自备电厂使用。

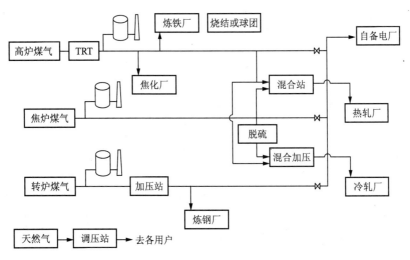

图 1.1 钢铁厂的煤气产、耗系统

1.2.2　煤气生产与消耗设备的特点

研究钢铁联合企业的煤气供应问题应对主要煤气生产单位和用户的特性有一定认识。

1. 高炉炼铁

每产 1 t 铁水副产高炉煤气 1 400~1 500 m^3。随着高炉炉内煤气利用率的提高,高炉煤气发热量呈下降趋势,大型高炉煤气热值在(780~820)×4.18 kJ/m^3 范围内。高炉热量自用率 42% 左右,热风炉使用煤气热值928 kJ/m^3。燃料气中需配入少量焦炉煤气或转炉煤气。高炉年作业时间可达 8 400 h 以上,但高炉煤气发生量波动十分频烦,高炉休风、慢风的情况时有发生,此时大量高炉煤气停止外供或大量削减,全厂煤气供应系统必须考虑应对策略。热风炉煤气切换也会造成管网压力波动。

2. 焦炉

焦炉煤气在焦炉炭化室内产生。每个炭化室的焦化过程虽然都经历装煤、焦化、出焦等过程,煤气的产量与成分是随时变化的,但焦化厂一般有上百个炭化室,焦炉煤气的产量与成分总体是平稳的。焦炉车间全年作业,焦炉煤气是相当稳定的气源。视不同配煤,每生产 1 t 焦炭副产焦炉煤气410~440 m^3,热值可大于 4 000×4.18 kJ/m^3。焦炉加热自用量约占产气总热量的 51%,可用热值较低(1 000×4.18 kJ/m^3)压力较低的混合煤气加热焦炉。多配入高炉煤气有利于加长燃烧室的火焰长度,使炭化室受热均匀。焦化厂的化工产品加工设施需单独用少量焦炉煤气。

3. 转炉炼钢、精炼与连铸

转炉每炼 1 t 钢水可回收转炉煤气 80~100 m^3,煤气热值接近 1 900×4.18 kJ/m^3。煤气除毒性高之外,转炉年作业时间只有 7 300 h 左右,煤气产量波动很大。炼钢过程煤气消耗主要为钢包与中间包烘烤,用量不大。

4. 烧结、球团与石灰焙烧

烧结与球团常用混合煤气点火和加热,当高炉停炉时相对应的设备的煤气也可以停用。石灰焙烧用热值较高、含硫低的煤气加热,可用焦炉煤气和转炉煤气混合配置。

5. 热轧

轧钢是钢铁厂煤气的主要用户。热轧有板卷连轧、厚板、型钢、线材多种机组,煤气主要用于坯料加热炉(均热炉、车底炉等),厚板厂可能还有热处理炉。热轧工艺的各种炉子用煤气的热值有下降趋势,目前常用 $1\,800 \times 4.18\,kJ/m^3$ 混合煤气。热轧加热炉一般采用低压煤气,有可能不建煤气加压站。热轧机组年作业时间 7 000 h 左右,使用煤气时间短波动大。当工厂煤气不足时,大型均热炉的加热段可设计成重油和煤气混烧,在一定范围内实施燃料替换。另外,国内已有几座加热炉设置了煤气和空气预热器,提高了炉子热效率,实现了加热炉只用高炉煤气为燃料的加热过程。

6. 冷轧

冷轧煤气用于各类热处理炉、烘干作业和废酸处理。冷轧对煤气的杂质含量有严格限制,用于冷轧的焦炉煤气常需做干法脱硫和脱焦油处理,常用 $1\,800 \times 4.18\,kJ/m^3$ 混合煤气,一般都需设置煤气混合加压站。冷轧机组的年工作时间也只有 7 000 h 左右。

7. 电厂与动力锅炉

电厂和动力锅炉(包括高炉汽动鼓风机的锅炉)加热负荷极大,燃料以粉煤为主可混烧部分低压煤气。煤气混烧比是锅炉重要设计参数。钢铁企业希望把这类锅炉视为煤气缓冲用户,煤气的用量和煤气热值有灵活变动的可能,实际上在设计范围内频度不大的变更是可能实现的,但无法适应频繁变更。大型锅炉的燃料切换有较为复杂的操作程序,并需要一定稳定时间,因而无法做到瞬时变更。

1.2.3 合理利用煤气的原则

1. 副产煤气全部回收和减少放散的措施

我国的钢铁企业一般早都实现了高炉、焦炉和转炉煤气的回收。只是转炉煤气回收率各厂还有不少差别,努力提高煤气回收率是节能降耗的永恒的课题之一。

为合理利用煤气资源减少煤气放散,联合企业煤气用户(包括外供煤气)对各种煤气的需求总量必须大于煤气产量。同时,由于各个煤气发生设备和用煤气的各个窑炉作业时间和生产负荷的变更,钢铁厂的煤气产、耗量在时刻变化,为了应付波动联合企业要注意满足如下基本配置:

(1)足够大的缓冲用户

联合企业的煤气用户大量的是以煤气为单一燃料的用户,如轧钢加热炉、热处理炉、焦炉、高炉热风炉、石灰焙烧炉等等,这类用户煤气是维持生产的必要条件,没有煤气无法生产,煤气不足无法全负荷生产。为维持企业正常生产,这些用户煤气的供应必须尽量满足,一般可把这类用户定义为基本用户。另一类用户可用多种燃料维持窑炉生产,例如煤和煤气混烧的电厂锅炉或动力锅炉,煤气和重油混烧的轧钢加热炉等等,这种用户有相当部分热负荷的燃料品种和热值是可调的,当煤气不足时可用煤或重油顶替煤气维持正常生产,当煤气富余时可多用煤气来减少煤或重油使用量。这对防止煤气放散,减少工厂燃料购入总量十分必要。这类用户为缓冲用户。缓冲用户对防止煤气放散是必不可少的。若缓冲能力不足,当高炉系统正常生产、轧钢等煤气大用户停产检修时,多余煤气无法利用。

因高炉煤气的产耗波动大,缓冲煤气量常用企业内最大高炉的商品煤气量来确定。当企业内最大高炉容积为 5 700 m^3 时,高炉煤气产量 750 000 m^3/h 左右;考虑高炉休风时热风炉和相应铁产量的烧结、焦化(可延长结焦时间)可以停下来而不影响全厂生产,共可少用高炉煤气 260 000 m^3/h 左右,这座高炉的商品煤气量为 490 000 m^3/h 左右。这是一个很大的数据,需要有大的自备电厂并有较高的煤气混烧比的锅炉才能满足。

国内有些工厂已设有低热值煤气燃气轮机发电设备(CCPP)。它也用煤气为燃料(可用轻油但不经济),且发电效率高,经济效益好,一般都想维持长时间高负荷运转不愿意经常去调节它的负荷,CCPP 不能算纯粹的缓冲用户,但它有使用煤气量很大,且有相当大的操作弹性范围(65%～105%),当全厂煤气缓冲能力不足时也只能去降低它的负荷或停运来维持全厂煤气的正常供应。

(2) 煤气柜

煤气柜是解决瞬间波动的技术措施。煤气柜的设置将固定容积的管网变成可变容积的管网系统,当煤气量变化时煤气柜对煤气的吞吐可消除瞬间压力波动。对设有干式煤气柜的管网,在煤气柜出入口处的压力波动只是气柜活塞上下运行产生的阻力,对曼型柜为 ±20 mmH_2O,圆筒形的新型柜与可隆柜为 ±25 mmH_2O。对湿式煤气柜和威金斯柜(转炉煤气柜)压力波动范围还要受升降钟罩本身重量的影响,波动值可能扩大到 ±250 mmH_2O～±400 mmH_2O,稳压性能比干式煤气柜要差得多。国内大型干式煤气柜都已经实现国产化,一般都不用湿式柜了。总之,干式煤气柜为管网提供了一个压力稳定的基点,为解决管网压力瞬时波动提供了可靠保障,这也为用户提高煤气使用效率创造了条件;在此之前管网压力曾用煤气放散调节,这种办法用户压力波动大并造成大量煤气放散。

就提高煤气供应稳定性而言,煤气柜容积越大越好;但从经济性考虑,高炉煤气柜容积一般为最大高炉 0.5 h 左右的煤气产量,对焦炉煤气为 0.7~1 h 的煤气总产量。上述两种气柜常用有 100 000 m³~300 000 m³ 各种新型气柜。对转炉煤气柜的容积应做生产过程转炉煤气间断回收和连续输出之间的气量平衡,并考虑温度、压力、含水量、气象条件和安全运行范围各项补正计算确定,目前已有 30 000 m³~80 000 m³ 各类气柜,也在开发更大的气柜。对特大型钢铁联合企业而言,煤气发生设备和煤气用户数量多,煤气供应可调配的盘子大,对维持全厂煤气平衡是有利的。理论上煤气柜的容积可通过统计学原理进行科学计算。

(3)能源中心

联合企业应设置煤气调度机构,它可以是能源中心的主要内容之一。它集中各种煤气发生和使用的流量、压力、温度等参数和必要的报警信号,集中各煤气柜的储存煤气数据、煤气混合站和加压站的运行参数、集中煤气缓冲用户生产的各相关参数,也集中煤气放散塔的参数,可对企业煤气使用进行合理快速的调度。

在收集各种煤气参数以后,除进行人工经验调度之外,对大型钢铁联合企业还可根据自身特点建立煤气安全使用与优化使用的程序控制和自动控制程序,进行优化使用的控制直至闭环控制。

(4)煤气放散塔

煤气放散是不得已的措施,但煤气放散塔是必须设置的,否则钢铁厂是不安全的。放散塔每种煤气都得有,在结构上可以组合在一起,使高度达到要求和便于检修。放散塔可集中设置在煤气柜区,高度要达到环保要求,需设置自动点火和吹扫装置。

在上述 4 项措施有效的情况下,钢铁厂的煤气有可能做到接近零放散。

2. 努力降低使用煤气的热值

如前所述,钢铁联合企业副产煤气的平均热值约 $1\,170 \times 4.18$ kJ/m³,而轧钢等主要煤气用户的煤气热量需要 $1\,800 \times 4.18$ kJ/m³。由于高热值煤气资源不足会产生焦炉煤气不够用,高炉煤气用不出去的情况,为此,有些工厂被迫引进了价格昂贵的天然气或液化石油气来带烧高炉煤气,造成能源成本的提高和煤气供应系统的复杂化。为了解决这个问题需要努力降低使用煤气的热值,不要过高配置用户的煤气热值,努力扩大焦炉加热、电厂等使用高炉煤气的比例。另外,高炉热风炉、轧钢加热炉提倡采用空气和煤气预热措施,在不影响加热参数的情况下增加高炉煤气配比。

企业引进天然气对提高煤气供应的可靠性和气源多样化有好处;但我国天然气资源稀缺,天然气化工利用或做民用燃料都比钢铁厂做窑炉燃料更为合理。努力降低使用煤气的热值是一条煤气合理利用的重要原则。

3. 设置高压干式煤气柜,减少煤气加压站

合理利用煤气压力能,减少煤气加压电耗有明显经济效益。这方面高炉煤气膨胀发电技术(TRT)已经得到普遍应用。另外,还需要提倡窑炉采用低压烧嘴,降低煤气的使用压力,少建煤气加压站。新型干式煤气柜的储存压力已经可以提高到 15 kPa,用这种煤气柜的高、焦炉煤气管网可以不建热轧煤气加压站。

要减少煤气输送成本还要注意煤气尽量就近利用,例如高炉煤气尽量在高、焦、烧炼铁区使用,转炉煤气尽量在炼钢区用,电厂尽量靠近高炉等等,减少低热值煤气远距离输送。

4. 关于焦炉煤气的合理利用

焦炉煤气是钢铁联合企业气体燃料中最可贵的部分,除了做窑炉燃料值之外还可以用于民用煤气、制氢和制造海绵铁。

焦炉煤气供给附近居民当民用煤气有燃烧性能好、安全性好的特点。从社会资源合理利用的大局看,它比新建其他气源厂要经济,比做钢铁厂炉窑燃料更为合理。

钢铁厂冷轧工艺常需要用氢气作保护气体,不少企业用水电解法生产氢气,电耗在 $4\sim5$ kW·h/m^3,生产成本高。可优先用焦炉煤气变压吸附的办法生产氢气,成本都比电解水低得多;变压吸附副产的林德气仍是很好的高热值气体燃料。

焦炉煤气还是取代天然气制造海绵铁的重要原料,用 HYL-ZR 自重整竖炉消耗 618 m^3 焦炉煤气可制造 1 t 海绵铁。1 个 600 万 t/a 钢的联合企业若轧钢采用高炉煤气预热技术,商品焦炉煤气可生产 120 万 t/a 海绵铁。

从技术上的合理性而言,焦炉煤气做窑炉燃料应该比上述几种利用方法效益差。

5. 转炉煤气的稳定供应

随着转炉煤气回收技术的发展和操作水平的提高,转炉煤气回收量呈上升趋势,不少企业转炉煤气供炼钢使用已自给有余,可以有相当部分的外供量。但转炉的年作业时间只有 7 300 h 左右,作为外供气源还不够稳定。例如,让它做轧钢、高炉、石灰焙烧等设施的气体燃料,为提高煤气供应的稳定性需设置一个合成转炉煤气的系统,用高炉煤气和焦炉煤气合成热值指数(华贝指数)相同的混合煤气,在转炉停炉时替代转炉煤气使用。

主要参考文献

[1] 张琦,蔡九菊. 钢铁. 钢铁厂煤气资源的回收与利用.[J]2009(12)

[2] 钢铁企业燃气设计参考资料编写组. 钢铁企业煤气设计参考资料[M]. 北京冶金工业出版社,1976.

杨若仪 杨 静

1.3　高炉煤气净化设施设计

对经重力除尘器处理过的粗煤气(荒煤气)进行降温、除尘、脱水的净化设备设计,使净化后的煤气质量达到贮存、加压、输送和煤气的用户使用要求。

1.3.1　简史

20世纪初常压高炉常用洗涤塔净化高炉煤气,到50年代开始采用文氏管洗涤器(Venturiscrubber)。高压高炉为采用二级文氏管净化创造了条件。1966年联邦德国开发的巴姆柯(Bammco)除尘器在法国于齐诺尔·德南(Usinor Denain)厂投产。到20世纪80年代这种装置全世界有20余套在生产。1970年联邦德国制造的比肖夫(Bischoff)洗涤器在卢森堡阿尔贝尔德市埃施-贝尔瓦尔(Esch-Belval)厂投产。这种系统也成为世界上广为使用的净化系统。20世纪80年代日本为扩大高炉炉顶煤气富余压发电(TRT)能力,先后在往友金属的小仓厂与日本钢管福山厂的高炉上,在湿法系统之外增设了干式布袋除尘器与干式电除尘装置,分别于1982年和1985年投资。中国高炉煤气净化技术也经历了常压高炉洗涤塔、文氏管到高压高炉二级文氏管的发展,300 m³ 高炉采用了玻璃布袋干法系统。20世纪80年代1 000 m³ 与 3 200 m³ 高炉也引进了干式布袋与干式电除尘净化系统,该系统也留有辅助的湿法系统。

1.3.2　净化方法分类

分湿法与干法两类。湿法常用洗涤塔、文氏管或二级文氏管系统(图1.2)。常压高炉有时需增设电除尘器;高压高炉须加设减压阀组等设备。湿法净化系统的除尘、降温效率可见表1.4。

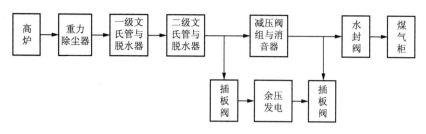

图 1.2 湿法净化系统图

表 1.4 高炉煤气净化设施主要指标

项 目	湿法净化		干法净化	
	双文氏管	洗涤塔文氏管	BDC	DEP
入系统允许煤气温度/℃	<300，短时≥800	<300，短时≥800	<200，短时≥800	<300，短时≥800
净化系统压力损失/kPa	30～44	14.5～16.5	5～6	2.5
水单耗/kg·(m³)⁻¹	1.4～1.7	4.5～5		
半净煤气温度/℃	50～65	45～50		
净煤气温度/℃	45～55	35～40	150～160	180
干法净化设备入口温度/℃			160～180	180～200
半净煤气含尘量/mg·(m³)⁻¹	100	150～350		
净煤气含尘量/mg·(m³)⁻¹	<10	<10	<10	<0
净煤气机械水含量/mg·(m³)⁻¹	<7	15		
余压发电量(以湿法为1)	1	1	1.2	1.35～1.4

干法有玻璃布袋除尘、耐热尼龙布袋除尘(BDC)和干式电除尘(DEP)3种系统。3种系统的特征参数见表 1.5。

表 1.5 干式净化系统的特征参数

系 统	湿式辅助系统	除尘器允许煤气温度/℃		温控方式	净煤气降温设备	压力损失kPa
		经常	短时			
玻璃布袋	无	<280	<350	不设或简单喷水或加热	无	4～6
耐热尼龙布袋	有	160—180	<240	重力除尘器喷水		5～6
干式电除尘	有	180—200	<350	蓄热炉	洗净塔	2.5

高压大高炉干式除尘系统常伴有干式余压发电装置(见本书 1.4 节高炉炉顶煤气余压发电设计)其入口温度在 125～175 ℃。设洗涤塔的系统主要是为了断续清除煤气中的氯离子并将成品煤气温度控降至 40 ℃ 左右(图 1.3)。

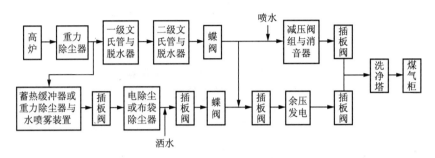

图 1.3　干法净化系统流程图

1.3.3　净化设备

洗涤塔是集降温与除尘为一体的设备。煤气在塔内经汽化冷却与冷凝冷却,并清除粗颗粒灰尘。洗涤塔内气、水逆流,水单耗 3.5 kg/m³,出塔煤气温度 45～50 ℃,含尘量约 100 mg/m³。空心洗涤塔的容积传热强度约为 1 465 kJ/(m³·h·℃),压力损失约 0.5 kPa。

文氏管是气、水并流的除尘冷却装置,通过其喉口湍流段,尘粒进入液相与雾化水滴凝结成大颗粒,经脱水器脱除。文氏管的主要设计参数见表 1.6,其除尘效率随压力下降而变化状况见图 1.4。

表 1.6　文氏管主要设计参数

文氏管用度	喉口流速 /m·s⁻¹	喷水量 /kg·(m³)⁻¹	压力损失 kPa	出口煤气含尘量 /mg·(m³)⁻¹	出口煤气温度 ℃
冷却文氏管	40～50	3～3.5	3～5	250～350	60～70
除尘文氏管	≥100	1～1.7	12～5	≤10	50～55

为了在高炉煤气量变化时维持较稳定的除尘效果,可采用可调喉口文氏管。可调喉口文氏管有双翼板、锥形铊和 RD 型转子 3 种。RD 型可调喉口文氏管阻力小,使用较普遍。脱水器有重力式、塑料环填料式、旋流板式、丝网式和伞旋式几种。其中以置于减压阀组之前的塑料环填料式脱水器在

减压阀组不喷水的时候效果最佳,净煤气机械水含量在 7 g/m³ 左右。

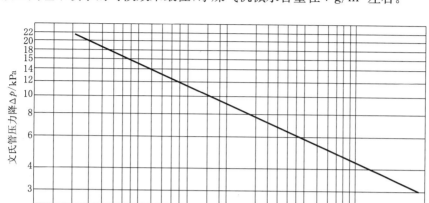

图 1.4　文氏管压力降与净煤气含尘的关系

减压阀组一般由 3～4 个蝶阀组成。当高炉不设 TRT 时用其控制高炉炉顶压力;当高炉设置 TRT 时减压阀组与 TRT 共同控制高炉炉顶压力,此时阀组宜采用液压驱动。喷水的减压阀组有明显的除尘效果。为降低清洗区的噪音,减压阀组通常需设在隔音房内。不喷水的减压阀组后常设阻抗式消音器,加上减压阀组前后管道与设备外部做隔音包扎,噪音可控制在 85 dB(A) 左右。

净化区后切断煤气的设备可用插板阀或快速水封阀,大高炉常用后者。快速水封阀由 U 型水封、高位水箱、水池、水泵组成,可在 3 min 内将煤气切断。

常压高炉的湿式电除尘器有管式、板式、套筒式几种,主要设计参数见表 1.7。

表 1.7　常压高炉湿式电除尘器的主要设计参数

煤气流速 /m·s⁻¹	工作电压 /kV	电量电流 /mA	冲水量 /kg·(m³)⁻¹
1～2	50～60	0.35～0.7	0.5～2.3

巴姆柯装置是将一级双翼可调文氏管、重力脱水器、多根二级双翼可调文氏管组合在一个筒体内的除尘装置,并将第二级文氏管的排水供给一级文氏管用,使除尘设备结构紧凑,沉淀处理的水量少。

比肖夫装置是将空心洗涤塔、多根锥形铊可调喉口文氏管、脱水器组合于1个塔体内的除尘装置,有结构紧凑、压力损失小、冷却除尘效果可靠的特点。

布袋除尘器为圆形外壳,内挂耐热尼龙针刺毡布袋或玻璃布布袋,过滤速度为1~1.5 m/min。温控装置在重力除尘器(或炉顶)处设置两组高压回流喷嘴,用高压水泵供水,回流调节阀稳压,自动控制煤气降温,并维持喷水全部蒸发。布袋除尘器用加压后的净煤气反吹除灰。干灰经过中间灰仓并用电动或气动阀间歇排出。大型高炉干式净化系统也可设干灰分级机将ZuO较多的细灰分出,粗灰可作烧结矿原料。干灰可用汽车或管道输送。

蓄热缓冲器在圆筒壳体内填格子砖,当高炉操作出现管道事故时能将进干式电除尘器的煤气温度控制在350 ℃以下,高炉正常生产时也能减少煤气温度的波动。干式电除尘器用针刺电晕极与C型集尘极,用硅整流器脉冲供60 kV直流电。干式电除尘器的集尘极设有振打装置,底部干灰用摇摆式刮板机排灰,用密封式螺旋输送机将干灰排至密封装置与输出装置。有3个电场的干式电除尘器除尘效率可达99.9%。

1.3.4　净化方法选择

根据高炉连续运行的要求及高炉和炉顶压力条件选择煤气净化方法。容量在300 m³ 及以下的高炉宜选用常压干式玻璃布袋除尘装置。锰铁高炉采用冷却文氏管、洗涤塔、电除尘系统。容量在600 m³ 及以上高炉按建厂具体条件选择干法或湿法除尘系统,1 000 m³ 以上高炉可配置TRT。

1.3.5　净化设备布置

净化区域与高炉重力除尘器毗邻,净化设备一般按工艺流程顺气流方向布置。1 000 m³ 以上高炉煤气净化区常包括 TRT 装置用地。净化区还设有剩余高炉煤气放散装置、高炉加料用回压煤气管、煤气含尘量测定装置、保安用氮气与蒸汽吹扫系统和控制、通信联络设施。区域设备布置在安全上需符合有关规程、规范的要求。高炉煤气净化设施主要指标见表1.4。

金家庆　杨若仪

1.4　高炉炉顶煤气余压发电设计

利用高压操作高炉煤气的压力,通过透平机膨胀作功,带动发电机发电的能量回收设施设计,又称高炉炉顶煤气余压透平(top gas pressure energy recovery turbine,TRT)发电设计。TRT 一般在容积 ≥ 1 000 m³ 的高压高炉上设置。高压高炉炉顶压力设计范围为 0.12~0.25 MPa(表压),煤气发生量为 10 万~17 万 m³/h,TRT 以后的干管压力视用户要求而定,一般为 0.01~0.02 MPa。与湿法、干法高炉煤气净化系统(见本书 1.3 节高炉煤气净化设施设计)相匹配,TRT 也分湿式与干式两种。对于相同高炉,干式 TRT 的发电能力可比湿式增大 30% 左右。TRT 系统设计涉及透平机和发电机、同步并网输配电设施、出入口管道和特殊阀件、脱水设备、供油和供水系统、控制系统与站区。设计内容包括工艺系统选择、发电功率计算、设备选型、布置与控制。

1.4.1　简史

1956 年苏联开始研制 TRT。1962 年第一套装置(6 MW)在马格尼托哥尔斯克钢铁公司 8 号高炉(1 370 m³)投产。改进后的第二套装置是带煤气预热器的二级轴流冲动式透平机。1974 年日本川崎钢铁公司水岛钢铁厂 2 号高炉(2 857 m³)建成首套二级径流向心式透平机(8 MW),采用喷水措施防止透平机积灰堵塞。1982 年第一套采用干式袋式除尘装置的 TRT 在住友金属工业公司小仓钢铁厂 2 号高炉投产(6.6 MW)。1985 年采用干式电除尘装置的 TRT 在日本钢管公司福山钢铁厂 2 号高炉投产(8.2 MW)。20 世纪 80 年代,中国几座 1 000 m³ 以上高炉装备了 TRT,1991 年开始在 3 200 m³ 高炉上应用干式电除尘器和干式 TRT。随着技术发展,新的大型余压透平机常制成干式高效轴流式结构,进口静叶可随煤气量和压力变化调整,并有防积灰、防腐蚀等多种改进措施。

1.4.2　工艺系统选择

工艺系统按高炉煤气净化工艺分为湿式半净煤气系统、湿式净煤气加热系统、湿式净煤气系统和干式煤气系统 4 种。

1. 湿式半净煤气系统

湿式半净煤气系统 TRT 早期形式,透平机入口煤气含尘量为 100 mg/m³ 左右。因含尘量大,检修频繁,仅适用于径流式透平机。

2. 湿式净煤气加热系统

经湿法除尘后的净煤气,先通过预热器并在其中燃烧掉占总量 5% 的煤气,使煤气温度升高到 120~140 ℃,远高于露点温度,然后进入透平机膨胀作功以避免积灰堵塞。煤气中因混入燃烧废气,致使煤气热值下降约 200 kJ/m³。前苏联多采用此法。

3. 湿式净煤气系统

透平机入口煤气含尘量小于 10 mg/m³,适用于径流或轴流式透平机,可向透平机内喷水防止积灰堵塞。中国、日本多采用这种系统[图1.5(a)]。

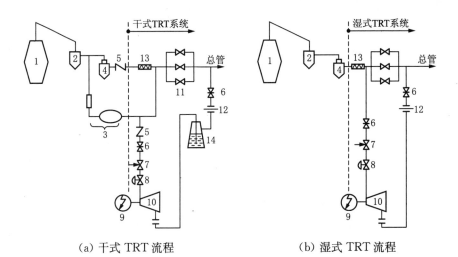

(a) 干式 TRT 流程　　　　(b) 湿式 TRT 流程

图 1.5　TRT 流程图

1—高炉;2—重力除尘器;3—干式电除尘器或布袋除尘器;4—文氏管或其他湿式净化器;5—连锁蝶阀;6—眼睛阀;7—紧急切断阀;8—调速阀;9—发电机;10—TRT;11—减压阀组或旁通阀组;12—流量计;13—脱水器;14—洗净塔

4. 干式净煤气系统

干式净煤气系统采用干法精除尘使透平机入口煤气含尘量 < 10 mg/m³ [图 1.5(b)]。

1.4.3　发电功率计算

TRT 发电功率计算与一般透平机的原理相似,可视为煤气多变过程作功和水蒸气焓值下降作功两部分之和。发电功率理论公式为

$$N = \frac{\eta_T \eta_E W_{轴}}{3\,600 \times 1\,000} \tag{1-1}$$

透平端轴功率为

$$W_{轴} = Q\gamma_0 C_p T_1 \Big[1 - \Big(\frac{P_2}{P_1}\Big)^{\frac{m-1}{m}} \Big] + Q\Delta H_i\lambda \qquad \text{kJ/h} \tag{1-2}$$

式中:N——发电机端输出功率,MW;

　　　η_T——透平机效率,视结构而定 $\eta_T = 0.75 \sim 0.86$;

　　　η_E——发电机效率,$\eta_E = 0.96 \sim 0.98$;

　　　Q——煤气流量,Nm³/h;

　　　γ_0——标准状况下干煤气密度,$\gamma_0 = 1.33$ kg/m³;

　　　P_1 和 P_2——透平机进出口煤气的绝对压力,MPa;

　　　m——多变指数,$m = 1.2 \sim 1.25$;

　　　T_1——煤气进口温度,K;

　　　C_p——干煤气定压比热容,$C_p = 1.04$ kJ/(kg·K);

　　　ΔH_i——TRT 进出口每 Nm³ 煤气中水蒸气焓降,kJ/m³;

　　　λ——温度能转化为机械功之转化率,随煤气进出口温值而定。

为不使机组容量过大而发生长期低负荷运行和投资回收年限延长的缺点,在实际计算中要考虑下述两种情况:

(1) 在一代炉龄内炉顶煤气压力实际是有所变化的,可采用一代炉龄期内为平均炉顶压力计算。

(2) 透平机入口的作功压力,在炉顶压力基础上需扣除煤气除尘系统的阻力与 TRT 系统内各种煤气阀类和管件阻力损失之和。

进入 TRT 系统的煤气量可以经过旁通阀组进行稳定调节。中国、日

本一些钢铁公司 TRT 实例见表1.8。

表1.8   中国、日本一些钢铁公司 TRT 实例表

钢铁厂与高炉名称	炉容/m³	顶压/MPa	炉顶煤气量/10⁴m³·h⁻¹	发电机额定功率/MW	经常实际发电量/MW	TRT干湿类型
上海梅山钢铁公司2号高炉	1 060	0.1~0.12	17	3	1~1.5	湿式
武汉钢铁公司3号高炉	1 513	0.13~0.15	20	4.5	2	湿式
酒泉钢铁公司1号高炉	1 513	0.13~0.15	20	4.5	2~2.1	湿式
宝山钢铁总厂1号高炉	4 063	0.21~0.25	63	17.44	12.3~14.4	湿式
首都钢铁公司2号高炉	1 327	0.17~0.2	18	5.7	2.2~2.5	湿式
日本川崎水岛铁2号高炉	2 857	0.25	36	8	6.5	湿式
日本住友小仓厂2号高炉	1 850	0.18	24.2	6.6	5.8	干式布袋
新日铁君津厂4号高炉	4 930	0.2~0.25	70	17.61	17.1	后湿式
日本钢管福山厂5号高炉	4 664	0.228~0.3	60.3	23	20	干式电除
新日铁大分厂2号高炉	5 070	0.22~0.25	62.6	17.11	1.66	尘后湿式

注:表中高限顶压值为设计值。

1.4.4   设备选型

TRT 主机设备包括发电机和煤气透平膨胀机。发电机常用无刷励磁方式,并设置有自动同步并入电网装置。煤气膨胀透平机结构,一般为径流向心式、轴流冲动式和轴流反动式3种。轴流透平机效率比径流透平机高10%以上,其结构比较紧凑,但进口含尘量要求 10 mg/m³ 以下。带进口可变静叶的轴流反动式透平机能随着高炉操作煤气量的变化而维持较高的效率运转,其中干式轴流反动式透平机是发展大型 TRT 设备中最先进的一种,透平机最高效率达 85％左右;湿式轴流冲动式透平机效率一般为 80％;而湿式径流向心式透平机的效率仅为 75％左右。

1.4.5　布置与控制

TRT 系统一般设置在高炉煤气清洗区附近,采用站房设置或露天布置。TRT 系统须与高炉煤气净化系统的减压阀组共同完成对高炉炉顶压力的有效控制,并尽量减少其进出口管道的压力损失,以增加透平发电量。站区布置须符合有关规程规范要求。

潘华珊　杨若仪

1.5 高压高炉重力除尘器分析设计试探

1.5.1 原由

用《压力容器安全技术监察规程》规定的压力容器管辖范围来衡量,钢铁厂高压高炉的热风炉壳、重力除尘器、洗涤塔、脱水器等大型设备属于压力容器的定义范围之内是无可争议的。按理,这些设备的设计应该遵循GB150《钢制压力容器》或 JB4732—1995《钢制压力容器——分析设计标准》。按 1992 年冶金部《压力容器安全技术管理规定》第 2 章第 3 款规定,这类设备可参照压力容器技术要求进行设计、制造和验收。目前各冶金设计院都还是根据当时冶金部规定,由土建人员按《钢结构设计规范》进行设计。当然,几十年的钢铁厂高炉建设历史证明,传统设计方法基本上是安全的(除酒泉钢铁公司高炉炉壳事故之外)。但是,按两种设计规范设计出来的产品的合理性与经济性还是值得研究比较的。1997 年,重庆钢铁设计研究院结合某厂 2 500 m³ 高炉工程,对其中 12 m 直径,高度 31.6 m 的重力除尘器,在保留传统设计方法的同时,又做了按压力容器设计规范设计的方案,将两个产品进行对比。

考虑到高炉系统的这些设备结构庞大,受力复杂,适合采用分析设计方法进行设计,并且在支座、开孔、转角等局部进行了有限元应力分析。因此,压力容器设计规范选用了 JB4732 分析设计规范。

这项工作也是为分析设计在钢铁工业设备壳体设计应用作试探。

1.5.2 工作

1. 方法

采用与传统设计完全相同的设备设计条件,建立相互比较的基础。

　　JB4732 是以弹性应力分析和塑性失效、弹塑性失效准则为基础的设计方法。设计依据是将不同的载荷和应力进行分类,按不同许用应力极限进行控制,满足等安全裕度的设计原则。

　　重力除尘器设计的一个特殊问题是外部载荷分析,它必须分析从高炉炉顶到除尘器入口与从除尘器出口到文氏洗涤器两个空间管系对除尘器的作用力。分析设计时先计算出这两处对除尘器本体的静力,并将其作为外载,再根据除尘器壳体中内压、壳体自重及外载产生的一次薄膜应力初步计算除尘器的壁厚(按 JB4732—1995),然后用 ANSYS 软件对空间管系及设备静力载荷、内压、偏心载荷、热应力及风载荷、地震载荷根据不同的工况组合产生的应力进行校核,以判定初设是否满足设计要求。

　　2. 应力

　　重力除尘器的力学分析主要包括以下内容:

　　(1) 一次总体薄膜应力 P_m——内压、高炉炉顶至除尘器管道等对除尘器筒体产生的应力;

　　(2) 一次局部薄膜应力 P_1——内压、高炉炉顶至除尘器管道等对除尘器筒体不连续处和除尘器固定支座处产生的应力;

　　(3) 一次局部弯曲应力 P_b——内压、高炉炉顶至除尘器管道等对除尘器筒体和偏心载荷对筒体产生的应力;

　　(4) 二次应力 Q——热应力,风载荷和地震载荷对高炉炉顶至除尘器管道,除尘器本体产生的应力。

　　各种应力分别满足 $P_m \leqslant KS_m$；$P_1 \leqslant 1.5KS_m$；$P_1 + P_b \leqslant 1.5KS_m$；$P_1 + P_b + Q \leqslant 3S_m$,其中 S_m 为材料的设计应力强度,K 为载荷系数。

　　3. 主要改进

　　重力除尘器壳体分析设计较传统设计有如下改进:

　　(1) 重力除尘器壳体的壁厚根据应力状况对传统设计作了调整,有的地方减薄,有的地方增厚,做到该厚则厚,该薄则薄,使结构设计得到优化。有限元分析计算证明分析设计得出的壳体在各种工况下应力保持在较低的水平上。

　　(2) 除尘器壳体几何不连续处,即锥壳和筒体连接处原设计为焊接结构,分析设计改变为整体圆滑过渡段,避免了应力最大处的焊缝,使连接处的应力得到根本性改进,提高了设备的安全性。

　　(3) 除尘器扩散管设计在结构上作了较大改进,扩散管壁厚减薄,与除尘器壳体连接应力状况得到改善。

（4）采用分析设计对除尘器材料选用、制造及检验要求比传统设计有所提高，安全性能更能得到保证，制造成本稍有增加，总费用比传统设计可降低 15％以上。

（5）对除尘器支座做了两种结构设计：一种与传统设计相同采用固定支撑。另一种为弹性支撑。通过对两种支撑结构不同载荷条件下有限元计算，得出的结论是弹性支撑能改善除尘器壳体的受力情况。

4. 主要过程

建立高炉上升管到重力除尘器入口、重力除尘器出口到文氏洗涤器入口的空间管系力学模型，算出重力、推力等对除尘器各方向的作用力。

按除尘器各段的几何形状、受力情况，将壳体分成若干区段，选取 JB4732—1995 相应的公式初步计算与选择各处的设计壁厚。风载荷与地震载荷根据 JB4710—1992《钢制塔式容器》计算。

对除尘器壳体进行有限元结构静力分析，求解在不同载荷与不同边界条件下重力除尘器的应力与位移的大小，并用 JB4732—1995 的应力判定依据来确定各处初定壳体的厚度是否满足设计要求。

对固定支座处用有限元进行应力分析。

5. 有限元分析

除尘器壳体有限元为六面体单元，下降管系为杆单元，下降管与除尘器连接采用刚性很大的 48 根梁单元连接。除尘器壳体分 1 584 个单元，6 384 个节点，下降管及连梁共 562 个单元，608 个接点，共计 2 164 个单元，6 993 个节点。采用 ANSYS5.3 版 8 000 个接点的软件计算。

载荷数据和约束构成有限元模型的边界条件，载荷数据也包括自由度的约束——点载荷，面载荷和体载荷。

不同工况计算结果得出各有限元分析结果的彩色图片，每一工况计算结果都有 x、y、z 方向的位移及除尘器的等效应力图，其中指出了最大应力值和最大应力所在位置。

固定支座处的有限元分析载荷考虑了自重、偏心载荷、偏心弯矩、内压、热载荷、z 方向的等效风载荷与地震载荷的各种组合。当其最不利组合时，最大应力 165.602 MPa，位于支座下端及中锥壳变径处，满足小于 3×131 MPa 的设计要求。图 1.6 表示出了这种情况的变形与最大应力值。

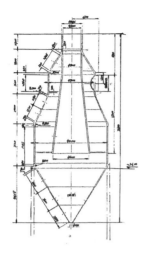
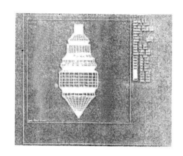

图 1.6　除尘器壳体有限元分析图

由于上机时间限制,本次方案设计对荒煤气管道连接处开孔与其他局部开孔没有进行应力分析。

6. 两种设计产品比较

分析设计和传统设计结果的比较见表 1.9。

表 1.9　两种设计结果的比较

序	项　　目	传统设计	分析设计	比　　较
1	壳体材质	Q235-A	20R	20R 性能优于 Q235-A,价格贵 80 元/t
2	壳体厚度	厚	薄	大部分区域减薄 4～6 mm,个别地方加厚
3	总质量	233 t	183 t	材料减少 50 t,约占传统设计总质量的 20%
4	应力状况	良好	优	对结构应力集中进行调整补强,应力分布均匀
5	制造检验要求	较松	严格	制造、检验要求严格,安全性提高

1.5.3　初步结论

技术总是沿着从粗犷到精细的方向发展的。高炉设备分析设计的应用也许是向这个方向走了一步。随着某些应力分析计算机软件的普及,分析设计也并不困难。笔者的初步看法:

(1) 用 JB4732—1995 分析设计方法设计高压高炉大型设备比传统设

计更加精确合理,节省钢材用量,并使应力分布更加合理,能提高设备的安全性。

(2) JB4732—1995《钢制压力容器——分析设计》在钢铁设计院用于大型球罐等压力容器设计之外,用于分析高压高炉大型设备壳体是一个亟待进一步探索的也许是大有作为的领域。

杨若仪 张 平 程 杰

1.6 焦炉煤气净化设施设计

焦炉煤气净化设施设计是指将粗净化的焦炉煤气进一步精制除去杂质的设施设计。从焦化厂净化回收车间来的粗净化焦炉煤气送至冶金工厂的冷轧、硅钢片、连铸切割、焦炉煤气变压吸附制氢等用户或化工、民用用户使用前需要进一步精制净化，以降低煤气中的有害杂质含量。精制净化一般包括脱萘($C_{10}H_8$)、脱焦油和脱硫化氢(H_2S)。

1.6.1 脱萘

焦炉煤气中的大部分萘已经在焦化厂回收工序中与焦油一起析出；但由于萘易升华，当焦化厂无洗油脱萘工序时，温度为30～40 ℃的煤气中含萘量高达900～2 100 mg/m³，会沉积和影响干法或湿法脱硫化氢的效率。常用的脱萘方法和主要设计指标为：

1. 轻油或柴油洗萘

使焦炉煤气含萘量减至45～60 mg/m³，含萘富油可以再生或作动力燃料(图1.7)。

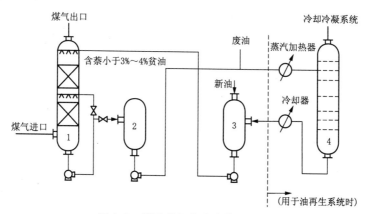

图1.7 轻油或轻柴油洗萘流程图

1—吸收塔；2—富油储槽；3—贫油储槽；4—汽提塔(再生时用)

2. 冷冻脱萘

用冷媒使焦炉煤气的温度降至 0 ℃，能使煤气中的萘含量降到 45 mg/m³；但此法在商业实用上尚不广泛。经脱萘后的焦炉煤气，可减少受压缩时萘的晶析或在精细调节的烧嘴口处产生结焦物质形成堵塞。

1.6.2　脱焦油

焦化厂来的焦炉煤气尚含焦油 20～50 mg/m³，在进入湿法脱硫系统或无氧化加热燃烧系统时，常需再用静电捕焦油器再精除焦油至 5～10 mg/m³。静电捕焦油器一般按其沉淀极的结构形式分类，分为板式、套筒式、管式和蜂窝式 4 种（图 1.8）。板式的套筒式同属板型结构，制造简单，但因按当量直径计算的流速和电场均匀差，净化效率仅为 85%～90%；管式尤其是蜂窝式制造复杂，但流速和电场比较均匀，净化效率可达 95%～99%，相同外径的单台能力蜂窝式比管式大 30%～40%，这些精除焦油设备沉淀极（正极）的间隙一般为 150～200 mm，电晕极（负极）用 $\Phi2～\Phi2.5$ mm 镍铬丝构成，设计电场中煤气流速为 1.2～1.8 m/s（管式和蜂窝式可取高限），电压为 30～40 kV，电晕极电流强度为 0.35～0.45 mA/m（电晕极）。

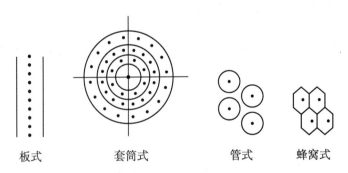

| 板式 | 套筒式 | 管式 | 蜂窝式 |

图 1.8　静电捕焦油器沉淀极（正极）型式

1.6.3　脱硫化氢

焦化厂来的焦炉煤气，当无初脱硫工序时常含硫化氢 4～7 g/m³ 和氰化氢（HCN）1～1.5 g/m³；有常规初脱硫工序时，尚含硫化氢 200～500 mg/m³ 和氰化氢（HCN）150～200 mg/m³。冶金工厂中使用焦炉煤气时，因加热技术的进步和环境保护排放标准的要求,有时再经精脱硫使硫化氢降至 $10\ mg/m^3$。精脱硫化氢的方法有干法和湿法两类。

1. 干法精脱硫化氢

干法精脱硫化氢常用于已经初脱硫的焦炉煤气继续脱硫化氢至含量 $1\ g/m^3$ 以下,有氧化铁($Fe_2O_3 \cdot H_2O$)法和活性炭法两种。氧化铁法采用混有木屑等疏松物质的 $Fe_2O_3 \cdot H_2O$,在碱性条件下吸收硫化氢和定期在空气中翻晒再生。活性炭吸附法吸附床层温度需低于 $60\ ℃$,以定期用蒸汽再生。此法可除去部分有机硫。

2. 湿法脱硫化氢

湿法脱硫化氢常用蒽醌二磺酸(ADA)溶液法,溶液中含 ADA、偏钒酸钠($NaVO_3$)、酒石酸钾钠($KNaC_4H_4O_6$)等,脱硫剂可将硫化氢氧化成元素硫,溶液用鼓风再生循环使用。为防止盐析,溶液的设计温度不低于 $40\ ℃$。脱硫塔可用木格塔、溅板塔或串接文氏管(Venturi scrubber)脱硫塔,可将已经初脱硫含硫化氢 $200\sim500\ g/m^3$ 的煤气再精脱硫至含硫化氢至 $10\ mg/m^3$ 以下,并同时将氰化氢脱至 $50\ mg/m^3$。20 世纪 70 年代以来,国际上发展了预脱氰塔和二级脱硫塔流程,由于减少了生存硫氰酸钠(NaCNS)副反应,提高了吸收率,可将无初脱硫的焦炉煤气,由含硫化氢 $5\sim7\ g/m^3$ 一次清除至含硫化氢 $10\ mg/m^3$ 以下(图 1.9)。

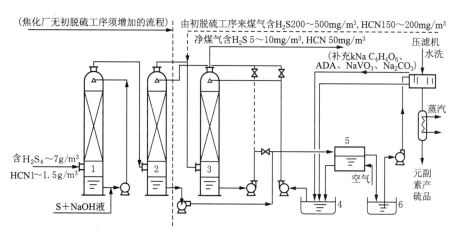

图 1.9　ADA 湿法精脱硫化氢流程图

1—脱 HCN 塔;2—1 号脱硫塔;3—2 号脱硫塔;4—平衡罐;5—氧化槽;6—硫浆槽

潘华珊　杨若仪

1.7 转炉煤气回收设施设计

转炉煤气回收设施设计是指氧气转炉吹炼过程产生的煤气在未燃状态下冷却、净化、加压、储存并加工成合格燃料气的设施设计。认识转炉煤气产生的特性是从事转炉煤气回收设施设计的前提,设计范围包括回收系统与储配系统两部分,回收系统中的余热锅炉与净化设施部分可参阅钢铁厂余热锅炉设计与氧气转炉烟尘净化设计的相关专著。

1.7.1 转炉煤气

转炉在吹炼过程中产生的煤气量与成分是随时间而变化的,如图 1.10 所示。

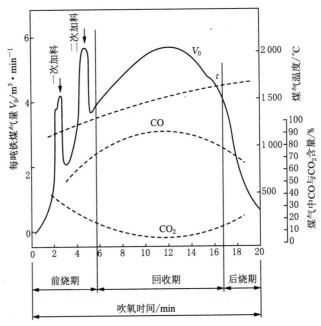

图 1.10 煤气量、温度、成分与时间的关系

煤气量可用冶炼过程的碳平衡计算,它与吨钢铁水装入量、铁水含碳量及煤气成分有关。回收的煤气仅是吹炼中期的煤气。由于冶炼与回收工况不同,回收的煤气量为每吨钢 $60\sim110$ m³,煤气热值为 $7\,520\sim8\,780$ kJ/m³。煤气成分为:

组分	CO	CO$_2$	O$_2$	N$_2$
体积分数/%	50~70	15~20	0.4~0.5	14~27

转炉煤气的一氧化碳含量高,毒性大。

1.7.2　回收系统

转炉煤气回收系统通常由活动烟罩、密封系统、余热锅炉、净化设备、抽风机、切换系统、放散塔以及煤气储配设备组成(见图1.11)。

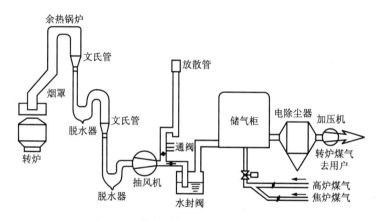

图 1.11　转炉煤气回收(湿式净化)系统

活动烟罩在煤气回收时下降,缩小炉口与烟道之间的间隙;同时启动炉口微差压调节系统,防止空气过多吸入罩内。活动烟罩有单层与双层两种。中国多用单层烟罩。双层烟罩内层走煤气,外层抽吸边缘燃烧产物,外层需增设一个副除尘系统。

在氧枪插入口与散状料加入口设有密封结构件,并通入氮气以隔绝空气。余热锅炉将煤气温度从 $1\,450\sim1\,600$ ℃降到 900 ℃左右。净化设备根据净化方法而定。湿法常用二级文氏管串联除尘,除尘后煤气含尘量为 $80\sim100$ mg/m³,煤气使用前须进一步除尘。干法除尘常用电除尘器,4个电场的干法电除尘器可以一次将煤气含尘量降到 10 mg/m^3 以下,满足用户要求。煤气抽风机是动力设备,机前的净化系统为负压操作,机后的储配设施为正压操作。大、中型转炉的煤气抽风机配有液力偶合器,非吹炼时间风机降速运转有明显节电效果。切换系统有煤气成分分析仪与三通切换阀、水封阀等设备,将合格煤气送储气柜、不合格煤气送放散塔。放散塔配有点火与灭火系统。

1.7.3　储配系统

转炉煤气储配系统常由储气柜、合成转炉煤气系统、精除尘设施与煤气加压机组成。

20 世纪 50 年代多采用湿式储气柜,20 世纪 80 年代开始采用适合频繁快速升降的干式橡胶膜密封储气柜。储气柜设计需考虑储存与均质要求。配有干法净化设备的回收设施,煤气在进储气柜之前须喷水降温。

转炉是间歇式操作的冶炼设备,转炉煤气生产的稳定性差。要保证用户连续使用转炉煤气,可配置用高炉煤气与焦炉煤气合成转炉煤气的合成与转换系统。合成转炉煤气与转炉煤气在使用上有互换性,所以有相同的热值指数。合成转炉煤气系统是一套用热值指数控制的煤气混合装置,它的运行与停机取决于储气柜中的储存气量。

配有湿式煤气净化设备的回收系统,其储气柜后的煤气含尘量为 $39\sim50 \text{ mg/m}^3$。如用户对煤气含尘量要求较严,则可配置湿式电除尘器,将煤气含尘量降至 10 mg/m^3 以下。

转炉煤气储配系统配有转炉煤气输出加压机,满足用户对煤气压力的要求。

杨若仪　　潘华珊

1.8 液力偶合器在转炉煤气抽风机上的应用

液力偶合器是一种动力式传动设备,用在转炉煤气抽风机上可以实现风机调速,把非吹炼期间的风机转速降下来,节省运转电量。

攀枝花钢铁公司炼钢厂的转炉煤气净化回收系统是我国最早采用液力偶合器的。该厂 120 t 转炉 D1850 风机使用的液力偶合器由重庆钢铁设计研究院设计,上海建设机器厂制造,1971 年 10 月投产。投产初期设备有过推力轴承易损坏的毛病,后来经过改进提高了运行可靠性,取得了可喜的节能效果。攀钢转炉配 3 套偶合器,施工结算总投资 30.285 9 万元,统计到 1982 年 4 月共已节电 4 956 万 kW·h,折合人民币 297 万元,节约的价值已是设备投资的 9.8 倍,经济效益很好。近年来,国内其他各钢铁厂的转炉抽风机也开始配备液力偶和合器,例上钢一厂、上钢五厂的 D700 风机上也配置了 YDT450 型偶合器,据报道,每台风机每年可节电 90~120 万 kW·h。

1.8.1 液力偶合器简介

液力偶合器又名动液偶合器、透平离合器、液压(力)联轴节、液体接手等。它出现于 19 世纪初,首先被用在船泊中。因它具有很高的传动效率,可以无级调速,能减轻机械冲击吸收振动,有保护原动机和工作机的优点,所以在其他机械设备中也迅速得到推广应用,特别在运输机械与建筑机械中应用比较广泛。目前,液力偶合器已在 500 多种不同用途的机械设备中得到应用。单机功率从 0.37 kW 到 25 735 kW。

转炉煤气抽风机用的液力偶合器是调速式偶合器,它实际上是一组离心泵—涡轮泵组成的液力传动系统。为了提高效率与压缩设备体积,把泵与涡轮机做成一对靠得很近的工作轮(泵轮与涡轮),彼此以 3~6 mm 的间隙分开。

工作液体从泵轮内侧导入油腔,并随工作轮一起做圆周运动。因泵轮的转速高于涡轮,液体在泵轮一侧受到的离心力比涡轮一侧要大,使液体沿着泵轮外沿流入涡轮,同时由于连续性的缘故液体又从涡轮内侧流入泵轮。这样,液体在腔内又形成了环流运动。两种运动加合,液体质点的绝对运动是螺管运动。进行螺管运动的液体把泵轮与涡轮连接起来,液体在泵轮中接受能量被加速,又在涡轮中释放能量被减速,并推动涡轮旋转,由此连续循环实现机械能的传递。

工作液体在油腔内流动发热带走了一部分能量,加上机械摩擦与空气阻力,这使偶合器有功率损失。这种损失也反映在泵轮与涡轮的转速差上。转速差既是液体产生螺管运动的前提,也是偶合器能量损失的主要表征。忽略机械效率等因素的影响偶合器的效率为

$$\eta = \frac{n_f}{n_m} \tag{1-3}$$

$$\eta = 1 - S \tag{1-4}$$

式中:η——偶合器的效率

n_f,n_m——泵轮与涡轮的转速

S——转差,$S = 1 - \dfrac{n_f}{n_m}$

一般偶合器的效率可达 $0.965 \sim 0.98$。

偶合器的调速是通过改变循环腔内工作液体的充满率来实现的。当液体充满率下降时,偶合器的传递功率与涡轮转速随之下降。通过对循环油路的节流调节(图 1.12)或用勺管伸入油腔边部直接控制腔内油量(图 1.13)均可实现对涡轮转速的无级控制。

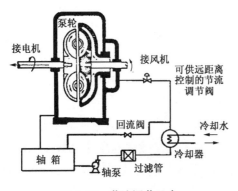

图 1.12　节流调节示意

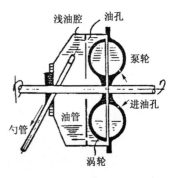

图 1.13　勺管调节示意

偶合器工作液体用精制矿物油,它除了做传动介质外还带走损失的热量、冷却传动系统以及润滑运动部件。工作液体应有适当的黏度、稳定的物理性质与化学性质,具有良好的润滑性能,并要求尽量减少机械杂质以免堵塞孔道。偶合器工作液体常用 22 号透平油或专用锭子油。

1.8.2 转炉采用液力偶合器的意义

1. 节省非吹炼期间的电耗

转炉风机配液力偶合器可以节电有两方面的原因:一是风机电机的工作制度改变了,有一半左右的时间可减负荷操作,电机的发热量减少,风机在选配电机时有偶合器往往可以减少电机容量,从而减少工厂基本电耗;二是节省非吹炼时间的运转电量,降低电耗。新建设备就配有液力偶合器的工厂,节省基本电耗这一项在生产中电度是无法反映出来的,下面主要介绍节约电度电耗的计算法。

转炉生产过程是典型的周期性操作过程。一般一个炼钢周期约需 45 min,其中吹氧时间 20~22 min,辅助操作时间 23~25 min。煤气抽风机只需在吹炼时间把煤气抽掉,非吹炼时间风机完全可以降速。

根据透平机的理论,忽略改变工况时风机效率的变化,风机在额定工况下的功率与调速工况下的功率之间关系为

$$N_{f_2} = N_{f_1} \frac{\gamma_2}{\gamma_1} \left(\frac{n_{f_2}}{n_{f_1}} \right)^3 \tag{1-5}$$

式中:N_{f_2}——调速工况下的功率,kW;

N_{f_1}——额定工况下的功率,kW;

γ_2,γ_1——调速工况与额定工况下被抽吸气体的重度,kg/m³;

n_{f_2},n_{f_1}——调速工况与额定工况下的风机转速,rpm。

考虑偶合器的效率以后电机输出功率为

$$N_2 = \frac{N_{f_2}}{\eta_2} = \frac{N_{f_1}}{\eta_1} \frac{\gamma_2}{\gamma_1} \left(\frac{n_{f_2}}{n_{f_1}} \right)^2 \tag{1-6}$$

式中:N_2——调速工况下电机输出功率,kW;

η_1,η_2——调速工况与额定工况下的偶合器效率;

其他符号意义同前。

结合使用工况,利用式(3)可以求得采用偶合器以后与额定工况相比的节电量。此时,电机输出节省的当量功率可以直接按下式计算

$$N = \frac{N_{f_1}}{\eta_1}\left[1 - \frac{\gamma_2}{\gamma_1}\left(\frac{n_{f_2}}{n_{f_1}}\right)^2\right]\frac{t}{T} - N_{f_1}\left(\frac{1}{\eta_1} - 1\right)\frac{T-t}{T} - \sum q \quad (1\text{-}7)$$

式中：N——风机采用偶合器以后节省的当量功率,kW；

T——转炉炼钢操作周期,min；

t——操作周期内风机低速运转时间,min；

η_1——额定工况下偶合器效率；

$\sum q$——偶合器循环油与冷却水的当量电耗,kW；

其余符号意义同前。

很明显,式(4)中 $\dfrac{N_{f_1}}{\eta_1}\left[1 - \dfrac{\gamma_2}{\gamma_1}\left(\dfrac{n_{f_2}}{n_{f_1}}\right)^2\right]\dfrac{t}{T}$ 一项是风机低速运转时节省的功率,而 $N_{f_1}\left(\dfrac{1}{\eta_1} - 1\right)\dfrac{T-t}{T}$ 一项是风机在高速运转时由于偶合器的存在而多消耗的功率,$\sum q$ 一项为偶合器辅助系统的功率消耗。

在实际生产中能够测量的参数往往是电机的输入功率(或电流),它们在输出功率的基础上还要受电机效率等因素的影响,数值上比输出功率要大。图1.14是风机转速与电机功耗之间的关系,它根据攀钢1973年测定数据整理而得。

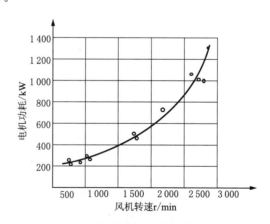

图1.14 风机转速与电机功耗关系

从数据看,在调速比较小的时候电机功耗接近与 $\left(\dfrac{n_{f_2}}{n_{f_1}}\right)^2$ 成正比,当调

速比比较大时(风机转速很低时)因电机效率明显下降功率消耗比预计的要大。实际上在任何调速工况下电机电流不可能低于空载电流。不同电机的空载电流为额定电流的 20%～40%。因转炉抽风机的调速比大,例 1 000 kW偶合器的额定转速 2 846 r/min,低速时降到 560 r/min 左右,因此电机电流实际上已经接近空载电流。

另一方面,在实际使用中风机能力往往是有富余的,即使在转炉吹炼期间,风机也可能在额定转速以下操作,此时风机降速节省的功率足以补偿偶合器的消耗。这样,即使在转炉吹炼期间偶合器的存在也并不增加能耗。例如,D1850 风机匹配 120 t 转炉,考虑了偶合器的转差后,风机额定转速 2 846 r/min,额定功率 955 kW,偶合器输出功率 985 kW,电机输出功率 990 kW。但风机在 2 700 r/min 左右即能满足抽风要求,此时风机功率降到 815.4 kW,电机输出 890.7 kW,此时电机输出功率比额定工况下的风机功率可节电 64.3 kW。

考虑以上情况,笔者认为转炉风机采用液力偶合器后的节电量可以简捷地用下式估算

$$Q = M\tau \left(0.7 N_{f_1} \frac{t}{T} - \sum q \right) \tag{1-8}$$

式中:Q——节电量,kW·h;

　　　M——运转的风机台数;

　　　τ——转炉年工作时间,h;

其余符号意义同前。

当然,要节省非吹炼期间的风机电耗,也可采用除尘系统可调喉口文氏管节流调节的办法。但这种办法受到透平抽风机喘振范围的限制,其节电幅度远远不及采用液力偶合器的方法来得大。

2. 延长风机叶轮寿命满足冲水要求

转炉风机升压高,转速快,转炉煤气的含尘量又高(在风机入口处约 100 mg/m³),风机叶轮磨损比较严重,一般每炼 10 000 炉钢左右就要报废一个价值上万元的合金钢叶轮,叶轮表面还经过喷涂处理。采用偶合器以后,风机转速得到合理控制,缓解了尘粒与叶片之间的摩擦,叶轮寿命可以延长到 20 000 炉以上。

风机积灰振动也往往是实际生产中的一个问题,采用偶合器调速之后

风机在低速运转时可以定期冲水,此时冲水电机无过载之患。定期冲水可以减少风机积灰振动,延长运行时间,减少叶轮清泥工作量。

3. 对电机与余热锅炉有利

偶合器有防止电机过载的作用,电机启动时可将风机调在低速位置上有利于减少电机起动电流,有利于延长电机寿命。

在非吹炼期间风机低速运转,冷却与除尘系统的冷空气吸入量就大大减少,使冷空气带走废热锅炉的热损失也相应减少,同时也减轻了废热锅炉受热面骤冷骤热的程度,从而改善了锅炉的运行条件,对锅炉起保护作用。

1.8.3　转炉风机对偶合器的基本要求

转炉风机采用液力偶合器除要求运行可靠外,下述诸因素有特殊意义。

1. 调速比应尽量扩大

一般偶合器使用的调速范围在 $75\% \sim 100\%$,转炉抽风机采用的偶合器要求扩大到 $25\% \sim 100\%$,要求在高的调速比下偶合器仍稳定运行,不产生机械结构上的破坏,以其尽量扩大节电效果。

2. 效率高、特性"硬"

应该注意选择合理的结构形式,精心加工制作提高偶合器的效率,减少偶合器自身的功率损失。

转炉煤气回收系统有一个用可调喉口文氏管调节炉口微差的系统,以维持风机抽风量与转炉产气量一致。这种调节在时刻改变风机的运转负荷。为了减少调节系统的外来扰动,提高调节质量,要求在负荷变化的情况下风机的转速变化不大,这就是所要求的"硬"性。

换一种说法是风机高速运转时希望风机偶合器与电机之间如同轴接手硬性连接一样具有小的功率损失,而风机的转速随负荷的变化很少变化。

3. 尽快的调节速度

在一个炼钢周期里风机高速运转与低速运转各一次。风机调速与转炉生产采用连锁控制,转炉兑完铁水转向炼钢位置时中央控制室控制偶合器充油,风机增速,只有风机高转速之后氧枪才能下降吹炼。吹炼完毕转炉转向出钢位置时行程开关给信号风机自动降速。转炉操作各个环节之间衔接得相当紧凑,偶合器只有具备较快调节速度时才能配合好上述自动连锁系统的操作要求,并尽量延长风机低速运转时间扩大节电效果。

偶合器用勺管调节的调节速度要比需要节流调节快得多。勺管走完全程的时间 5.5～6 s,风机从低速到高速稳定运行只需 9.6 s;从高速变低速时,电机电流在 5～6 s 内很快下降,但风机转速由于受到惯性的影响从高速到低速稳定需要较长的时间。转炉风机偶合器采用勺管调节是比较合适的。

1.8.4　设备设计问题

偶合器的设备设计是一个比较复杂的问题,设计时应该查阅有关专著,考察实际生产中的问题,必要时需进行一些模拟试验才能做出一个稳妥可靠的设计来。本节的重点是介绍偶合器的应用,设备设计只能提及几个主要问题的考虑原则及经验教训。

图 1.15 是 D1850 风机 1 000 kW 调速式偶合器的结构示意图。

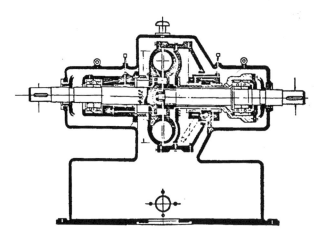

图 1.15　1 000 kW 调速式液力偶合器结构示意

偶合器设计计算的基本公式

$$M_k = \lambda_k \gamma n_m D^5 \tag{1-9}$$

式中:M_k——传动力矩,kg·m;

　　　γ——工作液体重度,kg/m^3;

　　　n_m——泵轮转速,rpm;

　　　D——油腔有效直径,m;

　　　λ_k——腔形系数。

设备设计中至关重要的问题是确定腔形。

1. 腔形选择

偶合器的腔形有较多的形式,每一种腔形有自己的特性曲线,几何形状相似的腔形特性曲线是一致的。腔形的选择对偶合器效率与运行稳定性起重要作用。为了运行可靠一般选用经生产实践证明了性能良好的腔形,采用现成的特性曲线。

国内调速式液力偶合器成熟的腔形有青岛四方机车厂的扁桃形结构与上海交通大学长圆形结构两种。图 1.16、图 1.17 是它们的形状与特性曲线。

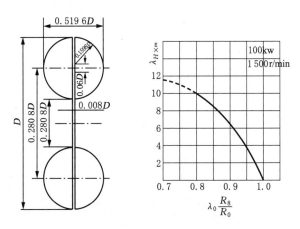

图 1.16　上海交大偶合器腔形及特性曲线

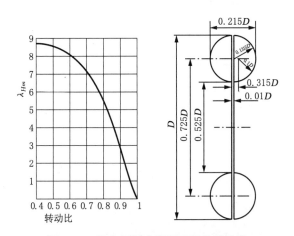

图 1.17　四方厂偶合器腔形及特性曲线

这两种腔形的偶合器效率都可以达到 97% 以上。因扁桃形结构油腔内边距转动轴的中心较远易于布置勺管调速装置,所以 1 000 kW 偶合器选用了这种腔形,实践证明这种腔形有调速范围大,运行稳定的特点。

2. 轴向推力的问题

偶合器与其他液体动力机械一样在运转中叶轮要承受较大的轴向推力。推力问题处理不好机械易受损坏。推力大小与很多因素有关,不同结构形式的偶合器推力计算方法也不同,即使对同一种偶合器在高速、低速与变速阶段推力也是不一样的。一般而言,单腔偶合器的推力大,双腔偶合器的推力小,双腔偶合器的推力大部分能在腔内得到平衡,但双腔偶合器的结构复杂,设备的轴向尺寸加长,一般只在传动功率大时才采用。1 000 kW 左右的偶合器国内外大多采用单腔结构,推力用推力轴承或推力瓦的方法解决。

攀钢的偶合器投产初期涡轮侧采用 66320(或 46320)推力轴承经常损坏,曾一度影响炼钢生产。经过生产厂、东北工学院以及设计院的同志共同测试与研究,找到了轴承损坏的主要原因是润滑条件不好、同心度差、配合过松。通过测试数据的归纳导出了推力的计算公式,证明轴承损坏并不是推力过大造成的。设备经过适当修改问题得到妥善解决,修改后生产实践证实了 1 000 kW 偶合器采用的推力轴承是可行的。

测试中归纳的该偶合器最大轴向推力可按下式计算

$$F = 0.26 \times 10^{-5} \gamma n_m D^4 \tag{1-10}$$

式中:F——升速过程中涡轮最大轴向推力,kg;

　　　γ——工作液体的密度,kg/m³;

　　　n_m——砂轮转速,r/min;

　　　D——工作轮有效直径,m。

3. 供油系统

偶合器的循环油量与冷却水量都按热平衡确定。

在不同转速下偶合器的损失功率可按下式计算

$$L = \frac{N_{f_1}}{I_1^3}(I_2^2 - I_2^3) \tag{1-11}$$

式中:L——偶合器的损失功率,kW;

　　　N_{f_1}——偶合器的额定功率(以输出功率计),kW;

　　　I_1——额定工况下偶合器的传动比(涡轮转速与泵轮转速之比);

　　　I_2——传动工况下偶合器的传动比。

当 $I_2 = 2/3$ 时损失功率达最大值。

偶合器供油系统的循环油量可按下式计算

$$V_0 = \frac{860 L}{60 V_w C_0 \Delta t_o} \tag{1-12}$$

式中：V_0——循环油量，L/min；

C_0——油的比热，kCal/kg℃；

Δt_o——油升温，℃；

其余符号意义同前。

冷却水量可按下式计算

$$V_w = \frac{860 L}{60 \gamma_w C_w \Delta t_w} \tag{1-13}$$

式中：V_w——冷却水量，L/min；

L——偶合器损失功率，kW；

γ_w——水的密度，kg/L；

C_w——水的比热，kCal/kg · ℃；

Δt_w——水升温，℃。

随冷却水给水温度与水质的不同水升温一般为 5~15 ℃范围内选用。

设计供油系统应提倡将风机、电机的润滑油系统与偶合器的油系统统一考虑，这样既能简化设备节约投资，又能便于生产管理。攀钢的鼓风机与偶合器因设计单位与制造厂分工关系，原先油路系统是分开设置的，生产中发现各油条之间有窜油现象，各油箱的油量难于控制。后来生产厂把他们合并成一个系统克服了这个毛病。

3. 其他问题

转炉风机用液力偶合器是高速旋转的机械，转动部分的受力大，易产生振动与破坏，机械设计的结构形式、材料选择、强度计算、加工精度诸方面均应充分重视。

为了减少振动，偶合器叶轮必须经过动平衡试验合格，在工作轮的支承结构上应该尽量避免悬臂结构，采用多点支承系统。

总之，处理好机械结构上的问题是保证偶合器稳定运行的关键。为了提高设备设计质量，防止不成熟的设计对生产带来不良影响，结合国内转炉风机的情况，建议鼓风机与偶合器配套，由机械行业统一生产定型产品。国内转炉风机除 D1850 风机是为 120 t 转炉专门配套外,其他转炉风机都用代用风机。采用代用风机往往有能力与转炉不相称、风机结构不适合抽吸含尘量高的转炉煤气、密封结构满足不了煤气要求等毛病。反映在生产上有能耗大、不能调速、振动大、磨损快、检修工作量大等问题。这些因素使国内转炉风机运行大都不经济。组织力量专门生产带偶合器的转炉风机并形成与转炉能力相适应的风机系列,逐步取代目前不合理设备,这是转炉煤气净化回收工作者多年宿愿,若能付之实现这对节省转炉炼钢能耗与提高设备运行可靠性无疑是大有好处的。

1.8.5　关于液力偶合器直接控制炉口微差压问题

配有偶合器可以调速的转炉风机,从原理上说可以用风机转速直接控制炉口微差压,而且能比用可调喉口文氏管调节更节能,现以图 1.18 为例作一说明。

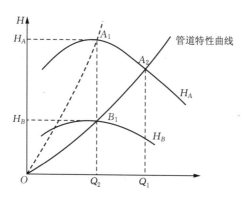

图 1.18　风机与管网的特性曲线示意

当转炉煤气产量处于 Q_1 时,风机特性曲线与管道特性曲线相交于 A_2 点,风机在 A_2 点运行。当煤气量减少到 Q_2 时,若用可调喉口文氏管调节,文氏管将流通面积调小,管道特性曲线左移与风机特性曲线相交于 A_1 点,风机在 A_1 点运行,此时风机功耗正比于风压 H_A。若采用风机降速调节,则管道特性曲线不变,风机特性曲线下移,并与管道特性曲线相交于 B_1 点,风机在 B_1 点运行,此时风机的能耗正比于风压 H_B,由于 $H_B < H_A$,用于调节的能量损失下降了,此时偶合器虽然有部分能量损失,但正如上所述,风机降速节省的能量比偶合器的损失要多得多,所以改用偶合器控制风

机转速调节炉口微差压是节能的。当然,这种设想能否得到好的调节品质尚需实践验证。

用偶合器直接控制炉口微差压以后,可调喉口文氏管可以改为恒差压调节,使系统的除尘效果也基本恒定。

1.8.6   小结

(1)转炉煤气抽风机采用液力偶合器调节是一种行之有效的节能措施,本文讨论了节电原理和计算方法。考虑了偶合器的自身消耗之后偶合器的投资效果还是相当好的,算得上是节能设备中的佼佼者。本文还指出了转炉风机采用偶合器后对风机、电机与废热锅炉带来的好处。

(2)偶合器是一种技术要求较高的机械设备,应十分重视设备设计与设备制造问题,谨防机械结构上发生问题而影响转炉生产。建议国家统一生产带偶合器的转炉专用风机系列,逐步取代不合理的代用风机。

(3)用偶合器直接控制炉口微差压是使它进一步发挥节能潜力的一种设想,有条件的工厂可以进行这方面的试验。

主要参考文献

[1]   林建亚,张翌编译.动力式液力传动[M].北京:中国工业出版社,1962.

[2]   上海交通大学起重运输运机械教研组编.起重运输机械的液力传动[M].上海:上海交通大学出版社.

[3]   贾政牡,毛秀宝.军用科技成果转为民用效益显著[N].上海科技报,1982-02-16.

[4]   杨若仪.120 t顶吹氧气转炉煤气回收设计总结.重庆钢铁设计研究院,1973.

[5]   陈宗循.液力偶合器特性参数分析及轴向推力问题的探讨.重庆钢铁设计研究院,1974-4.

[6]   浙江大学电机工程系电工教研组.电工学[M].北京:人民教育出版社,1960.

[7]   偶合器攻关小组.攀钢提钒炼钢厂 1 000 kW液力偶合器轴向推力的测定和轴承损坏原因的分析,1973-6.

[8]   氧气转炉净化回收设计参考资料编写组.氧气转炉烟气净化回收设计参考资料[M].北京:冶金工业出版社,1974.

杨若仪

1.9 煤气混合加压设施设计

煤气混合加压设施设计是指将不同的煤气混合加压或加压混合成符合用户要求的设施设计。混合加压设施是冶金工厂煤气供应系统组成之一。根据用户的供热要求，或使用混合煤气，或使用单种煤气（见本书1.1节流体燃料平衡与输配设计）。混合煤气通常以高炉煤气、焦炉煤气和转炉煤气为原料，通过混合装置配置而成。不论使用何种煤气，均需视用户的压力要求，不设或经济合理地设置加压设施。煤气混合加压设施的设计内容主要有混合加压配置方式选择、混合设施与混合煤气的配比计算、加压设施的选择与机房布置。

1.9.1 混合加压配置方式与选择

混合加压配置方式要结合工厂气源压力、用户对煤气热值和压力要求以及工厂煤气管网的布置统一确定。一般有只混合、只加压、先混合后加压、先加压后混合4种配置方式。

（1）只混合　混合后的煤气压力，无需加压即能满足用户要求。通常在用户使用低压混合煤气或输气管道不长时使用。

（2）只加压　用户仅用单种煤气，但输送到用户的煤气压力不足，必须增压。一般是用户远离气源或对煤气压力有特殊要求的用户。

（3）先混合后加压　只加压混合煤气，系统简单，投资省。一般在混合煤气压力不能满足用户要求时采用。

（4）先加压后混合　大型工厂有时需供几种不同热值的混合煤气，并兼供单种煤气，而这些煤气又必须加压时采用。通常将其设施集中布置设计。其特点是设计的加压机类型和台数少，而供出煤气的热值高、压力类型多。同时，先加压可为调节装置提供足够的压差，有利于提高调节装置的灵敏度。但当加压与混合不是集中布置时，管网投资增大。对中、小冶金企业设计时应尽量利用气源的原始压力,不加压或仅加压其中压力较低的一种煤气,混合后供给用户。

1.9.2 混合设施与混合煤气的配比计算

1. 混合装置

主要由两根煤气引入管、混合器和仪表、控制装置组成。混合装置常用流量配比或热值指数调节系统。流量配比调节系统保持两种不同热值的煤气的体积混合比不变作为控制参数,其混合装置有四蝶阀、三蝶阀和二蝶阀等几种形式。建有干式煤气柜的工厂管网压力较稳定,在系统中可不设压力调节阀。用这种系统配置出的煤气,其热值波动范围一般可以控制在 ±418 kJ/m^3 之内。热值指数调节系统是在流量配比调节系统中加入了热值指数调节单元,使煤气燃烧特性易维持恒定。热值指数(W)亦称华白指数(Wobbe index),$W=\dfrac{H}{\sqrt{S}}$。式中 H 为煤气的高位热值,S 为煤气的比重(以空气为 1)。热值指数是衡量燃烧装置热流量大小的特性指数。用它可以判别煤气的互换性和互换限度。其允许波动范围一般控制在 $\pm5\%$ 以内。热值指数计是在线连续测量仪表,安装有热值指数计的调节系统,特别适用于原料煤气成分有波动的场合,或掺混两种以上原料煤气的配置系统。这种系统配出的煤气热值波动值一般可控制在 ±209 kJ/m^3 之内。

混合装置的允许压力降一般控制在 $980\sim1\,960$ Pa 之内。对有条件的工厂,混合器的结构宜设计成引射器型;也可用 $35°\sim45°$ 角度的管道汇交。结构为旋流板式或折流板式的新型混合器已在设计中采用。

2. 混合煤气的配比计算

混合装置一般须采用两种煤气的混合比计算和混合煤气热值的计算。混合煤气热值按公式(1-14)或公式(1-15)计算。

$$H_h=\frac{H_dV_d+H_gV_g}{V_d+V_g} \tag{1-14}$$

$$H_h=\frac{Q_h}{\dfrac{Q_d}{H_d}+\dfrac{Q_g}{H_g}} \tag{1-15}$$

式中:H_h——混合煤气热值,kJ/m^3;

H_d ——低热值煤气热值,kJ/m^3;

H_g ——高热值煤气热值,kJ/m^3;

V_d ——低热值煤气体积,m^3;

V_g ——高热值煤气体积,m^3;

Q_h ——混合煤气总热量,kJ/h;

Q_d ——低热值煤气分热量,kJ/h;

Q_g ——高热值煤气分热量,kJ/h。

煤气的混合体积百分比按式(1-16)和式(1-17)计算。

$$X_d = \frac{H_g - H_h}{H_g - H_d} \times 100\%$$ (1-16)

$$X_g = \frac{H_h - H_d}{H_g - H_d} \times 100\%$$ (1-17)

式中:X_d ——低热值煤气在混合煤气中的体积百分率;

X_g ——高热值煤气在混合煤气中的体积百分率。

煤气的混合热量百分比按式(1-18)和式(1-19)计算:

$$Y_d = \frac{H_g - H_h}{H_g - H_d} \times \frac{H_d}{H_h} \times 100\%$$ (1-18)

$$Y_g = \frac{H_h - H_d}{H_g - H_d} \times \frac{H_d}{H_h} \times 100\%$$ (1-19)

式中:Y_d ——低热值煤气在混合煤气中的热量百分率;

Y_g ——高热值煤气在混合煤气中的热量百分率。

1.9.3 加压设施的选择与机房布置

1. 加压机选择

冶金企业常用离心式加压机。单机容量的选择和机组的台数(包括备用台数)要合理配置。同时还要考虑多台机组同时运转时并车系数的影响。加压机的工况点一般选择在较高的效率区内,其出口压力须满足用户的压力要求及克服输气管道及其附件的全部压力降。当选用升压不同的加压机时须进行综合方案比较。为简化设备,通常尽量选配规格、型号和性能相同的加压机。当设计条件与加压机产品的规格性能(如煤气密度、流量与升压)不符时,需进行性能换算。在升压允许波动值范围内,可适当改变加压机性能曲线上的额定工况点。为适应用户投产初期和高峰用气期的负荷变化的需要,国内在加压机上采用入口静叶可调技术;也可选用单机容量不同的机组,分期设置;或采用回流煤气冷却器等。对容积式加压机,还可设计成调速型,以节约能耗。

2. 机房布置

有户内式和露天布置两种方式。上海宝山钢铁总厂的煤气加压机采用露天式布置。这种布置投资省,操作人员少。户内式布置是把加压机布置在厂房内,机组一般按单列式布置。机组的布置和连接管道要合理配置,以利操作和检修。为防止单机在喘振极限量下运转,出现"飞动"现象,在机组的进、出口总管之间一般设计有大回流管和调节阀。在加压机和管道的最低部位,需设置煤气冷凝水排出装置。按机组的结构形式和大小的不同,机房可设置成单层或两层。加压设施一般还包括控制室、变配电室、通风机室和机修间等辅助间,其配置要求随工厂具体情况而定。站房设计需符合有关规程、规范要求。

李洪林　潘华珊　杨若仪

1.10 煤气发生站设计

煤气发生站设计是指以固体燃料气化方法生产煤气的设施设计。固体燃料(煤、焦炭)在高温下与气化剂(空气、氧气、水蒸气)在煤气发生炉内互相作用,制取煤气过程称为固体燃料气化。用不同的气化原料和气化剂可制得不同成分和热值的煤气(如空气煤气、混合发生炉煤气、富氧煤气、蒸汽氧气煤气、水煤气和二重水煤气等)。

按气化方法,煤气发生炉可分为固定床、流化床和气流床3种;按操作压力又分为常压气化和压力气化两种。中国冶金工厂多采用常压固定床煤气发生炉,以无烟煤、烟煤或褐煤为气化原料,以空气-蒸汽为气化剂,生产混合发生炉煤气,作为冶金工厂、特殊钢厂的气体燃料。有时根据冶炼和加热工艺的特殊需要(如作为冶金还原气和要求煤气热值较高时)也采用无烟煤或焦炭为原料、以蒸汽为气化剂生产水煤气。

煤气发生站设计内容主要包括:气化原料与气化指标的选择确定;气化方法选择;煤气发生炉选型和煤气发生站相关设施的确定与布置。

1.10.1 气化燃料质量要求

气化原料通常采用无烟煤、烟煤、褐煤和焦炭。作为气化原料,应该通过气化试验或实际气化生产证明适用于气化时方可使用。不同炉型和气化方法对气化原料的要求不同。常压固定床煤气发生炉对气化原料的质量要求如下:

(1)粒度分级 无烟煤(焦炭)为 $6.0 \sim 13$ mm, $13 \sim 25$ mm, $25 \sim 50$ mm;烟煤(褐煤)为 $13 \sim 24$ mm, $25 \sim 50$ mm, $25 \sim 80$ mm 和 $50 \sim 100$ mm。

(2)块煤下限率 $25 \sim 50$ mm 和 $25 \sim 80$ mm 粒度级的不大于 18%, $50 \sim 100$ mm 粒度级的不大于 15%。

(3)含矸率 一级小于 2%;二级 $2\% \sim 3\%$。

(4)灰分(干基) 一级不大于 18%;二级 $18\% \sim 24\%$。

（5）全硫（干基）　不大于2%。

（6）煤灰软化温度（ST）　当灰分（干基）不大于18%时，ST不低于1 150 ℃；当灰分（干基）大于18%～20%时，ST不低于1 250 ℃。

（7）热稳定性（$Rw+6$）　大于60%。

（8）抗碎强度（>25 mm）　大于60%。

（9）胶质层厚度（Y）　发生炉无搅拌装置时$Y \leqslant 12$ mm；生炉有搅拌装置时$Y \leqslant 16$ mm。

（10）低热值（应用基）　无烟煤大于23 MJ/kg，烟煤大于21 MJ/kg。

1.10.2　气化指标

常压固定床煤气发生炉主要气化指标见表1.10。

表1.10　主要气化指标

煤气成分及指标	混合煤气				水煤气
	煤气发生炉			两段煤气发生炉	水煤气发生炉
	无烟煤，焦炭	烟煤	褐煤	烟煤	无烟煤，焦炭
CO	25～31	25～28	25～30	28～30	35～38
H_2	10～15	12～15	12～15	13～17	48～52
CH_4	0.5～1.5	2～3	1.5～2.5	2～5	0.5～1
$C_m H_n$		0.2～0.5	0.2～0.5	0.2～0.5	
H_2S	0.1～0.5	0.05～0.2	0.1～0.2	0.05～0.2	0.2～0.4
CO_2	4～6	4～6	4～6	4～6	6～8
N_2	50～55	48～55	48～51	46～50	4～6
O_2	0.1～0.3	0.1～0.3	0.1～0.30	0.4～0.6	0.1～0.3
煤气低热值/kJ·$(m^3)^{-1}$	4 810～5 440	5 650～6 280	5 650～6 280	6 070～6 700	10 050～10 890
气化强度/kg·$(m^2·h)^{-1}$	200～250	300～350	250～300	250～300	350～450
干煤气产率/m^3·kg^{-1}	3.3～3.8	3～3.3	2～2.5	2.8～3.3	1.3～1.7
空气消耗率/kg·kg^{-1}	2～2.8	1.8～2.2	1.2～1.5	1.8～2.2	2.5～2.8
蒸汽消耗率/kg·kg^{-1}	0.4～0.5	0.25～0.35	0.12～0.22	0.22～0.32	1.2～1.8
气化效率/%	72～77	70～72	66～72	70～77	60～61

1.10.3 煤气站

冶金厂的煤气站按不同原料和工艺分为热煤气站、无烟煤冷煤气站、烟煤冷煤气站、两段炉冷煤气站和水煤气站5种。

1. 热煤气站

气化原料主要为烟煤。制得的煤气中含有焦油,煤气温度在500℃左右,不经冷却;经旋风除尘器除尘后,通过盘形阀和热煤气管道(内有砖衬)直接送往邻近的煤气用户。由于煤气不经冷却,故可以利用煤气的显热和其中焦油的燃烧热。这种流程工艺设备简单,热效率高,基建费用少;但不适用于远距离输送(一般管道长度不超过80 m)和要求对煤气进行调节控制的场合。

2. 无烟煤冷煤气站

气化原料为烟煤或焦炭。制得的煤气不含或只含少量的焦油。气化流程见图1.19。粗煤气经竖管、洗涤塔清洗和冷却,再经煤气加压机加压和除滴器除去水滴。具有一定压力的净煤气通过冷煤气管道送往煤气用户。由于煤气经过净化,故便于用户进行调节控制。

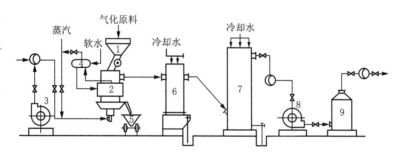

图1.19 无烟煤冷煤气站气化流程

1—贮煤斗;2—煤气发生炉;3—空气鼓风机;4—集汽包;5—运渣车;
6—竖管;7—洗涤塔;8—煤气加压机;9—除滴器

3. 烟煤冷煤气站

气化原料为烟煤或褐煤。制得的煤气中含有焦油。粗煤气经竖管洗涤塔后进入半净煤气管道,通过隔离水封进入静电捕焦油器清除焦油,然后再经洗涤塔清洗冷却成为净煤气。净煤气经过煤气加压机和除滴器后通过冷煤气管道送往煤气用户。该流程回收的焦油质量较差,难以利用,含酚污水也难以处理。

　　4. 两段炉冷煤气站

　　气化原料为烟煤或褐煤。煤气发生炉上段为干馏段,下段为气化段,上、下段所产生的煤气分别引出发生炉。上段煤气中含有轻质焦油,经旋风除尘器和静电捕焦油器除去灰尘和焦油,然后再经间接冷却器冷却;下段煤气几乎不含焦油,经竖管洗涤塔后再经间接冷却器(或洗涤塔)冷却。上、下两段煤气汇合后经过煤气加压机和除滴器。有时根据需要在间接冷却器后、煤气加压机前设两级静电捕焦油器。净煤气通过冷煤气管道送往煤气用户。通过该流程回收的焦油质量较好,容易处理和利用。由于上段煤气采用间接冷却,故循环水不受焦油和酚的污染。

　　5. 水煤气站

　　气化原料为无烟煤或焦炭。水煤气生产过程为间歇式操作,由鼓风升温和蒸汽制气两个过程交替进行。通常,每个周期分为鼓风、蒸汽吹净、上吹制气、下吹制气、两次上吹制气和空气吹净 6 个阶段。制得的煤气经集尘器除去灰尘,经废热锅炉回收余热,再经过洗气箱和洗涤塔清洗冷却后走入缓冲气柜。净煤气通过管道送往煤气用户。水煤气的热值较高,且其中 CO 和 H_2 的含量在 80% 以上,可作冶金还原气。但该流程设备复杂,气化效率低,煤气成本高。

1.10.4　煤气发生炉选型

　　煤气发生炉根据生产煤气的种类和气化原料选型。无烟煤、焦炭和不黏结性烟煤宜选择无搅拌装置的煤气发生炉(如 W-G 炉和 3АД-21 炉);弱黏结性烟煤和褐煤宜选用有搅拌装置的发生炉(如威尔曼炉和 3АД-13 炉)。两段煤气发生炉适用于气化不黏结或弱黏结烟煤和褐煤。生产水煤气采用专用的水煤气发生炉。

　　煤气发生炉的台数,一般每 5 台或 5 台以下宜另设 1 台备用炉。

1.10.5　煤气发生站的组成与布置

　　煤气发生站一般由原料储运和破碎筛分、煤气发生、灰渣排出、煤气净化与加压、煤气储存和输送、供排水和污水处理、水蒸气的鼓风供应以及副产品和能量回收等生产设施以及机修、检验和煤气防护等辅助设施组成。

　　煤气发生站宜设在工厂主要建筑物夏季最小频率风向的上风侧，靠近主要煤气用户的地方，并便于煤、灰渣、焦油和焦油渣的贮存和运输。煤气发生炉厂房与空气鼓风机、煤气加压机厂房宜分开布置。煤气发生炉宜优先采用单排布置。煤气净化和储存设备一般均露天布置。煤场、循环水设施和焦油回收设施宜布置在煤气发生炉厂房和空气鼓风机、煤气加压机厂房夏季主导风向的下风向侧。

车玉奇　杨若仪

1.11　德士古煤气化技术在冶金工业中使用的可能性

我国煤炭资源丰富,石油与天然气资源相对贫乏,在能源构成中煤炭所占的比例比发达国家高得多。缺油、缺电是长期存在的问题。这个问题还会随时间的流逝,油、气资源的渐趋枯竭而日趋严重。以煤代油、以煤代天然气将是我国长期的能源决策。新建工厂,特别是能耗大的工厂应该尽量选用以煤炭为能源的工艺路线。

在煤炭转化技术中,德士古(TEXACO)煤气化是一株鲜艳的奇葩。从20世纪50年代开始,该技术已在合成氨、一碳化工及煤炭联合循环发电中得到大规模应用,取得了引人注目的成绩。该项煤气化技术预计可用在钢铁工业直接还原工艺中,用于制造冶金还原气,这也是一个很有作为的领域。

德士古煤气化是用水煤浆、纯氧、高压的气化工艺,它具有煤种适应性广、气化效率高、生产强度大、无污染等特点,产品气成分主要为 CO 和 H_2,适合于做合成原料和还原剂。炉子副产的高压蒸气若用于发电,电量可满足制氧需要。德士古煤气化技术的主要缺点是用氧量大,建设投资大、喷头、耐火材料、高压煤浆泵等关键部件与材料还需从国外引进。

1.11.1　德士古煤气化发展概况

德士古技术是国外开发成功的第二代煤气化新技术,已在大工业上得到应用并在不断获得新发展。

美国德士古石油公司所属的德士古开发公司是一个开发气化技术有经验的公司。该公司于1945—1953年开发了天然气、石脑油、重油、渣油、煤炭气化制化工原料气的德士古气化技术,1956年建设了第一套气化渣油的工业化装置。

德士古煤气化技术开始于 20 世纪 40 年代末。1948 年在美国加州蒙特贝罗建第一套中试装置,投煤量 15 t/d,采用水煤浆蒸发路线;1956 年在西弗吉尼亚州的摩根城建 100 t/d 原型炉,操作压力 4 MPa。由于受当时石油、天然气冲击,加上技术上有问题,德士古的开发曾一度被搁置下来。

在 1973 年世界石油危机后,在蒙特贝罗重建了实验室,并增建了 3 套中试装置,工艺由煤浆蒸发改变为直接入炉,操作压力 4～8.5 MPa,热量回收方法有激冷和废热锅炉两种。

从 1925 年到 1986 年联邦德国鲁尔煤、石油及天然气公司与鲁尔化学品公司也联合开发德士古煤气化并使之实现工业化应用。在鲁尔化学品公司产业中心,联邦德国的奥伯豪森、霍尔顿建立一套用煤量 150 t/d 的德士古气化装置。

根据美国蒙特贝洛实验室(MRL)中试装置的经验,世界上陆续有大型工业装置建成并运行,生产规模 720～1 500 t/d。各地建设的德士古气化装置见表 1.11 和表 1.12。

伊斯曼化学公司是德士古工业装置使用最早的工厂(1983 年夏天),2 座气化炉一开一备,每天投煤 820 t,生产的合成气用于生产醋酸酐,也可生产甲醇。投产以后运行正常。1989 年单台实际生产能力为 1 130 t/d。

表 1.11　世界上几套德士古煤气化示范装置

公司名称	RCH/RAG	DOW	TVA
工厂所在地	德国奥伯豪森	美国路易斯安那州	美国亚拉巴马州
开车年份	1978	1979	1982
生产能力/t·d^{-1}	150	360	170
气化剂	O_2	空气	O_2
热量回收方式	废热锅炉	激冷	激冷
气化压力/MPa	3.5	2.5	4.0
气化炉台数	1	1	1
($CO+H_2$)产量/$10^4 m^3·d^{-1}$	24	—	26
最终产品	含氨化学产品	电力	氨

表 1.12　德士古煤气化工业化装置

工　　程	田纳西伊斯曼	冷水	日本宇部	SAR	Nynas-hamn	KEMA	鲁南
工厂所在地	美国田纳西州	美国加州	日本山口县	德国	瑞典		中国山东滕县
开车年份	1983	1984	1984	1985	设计中	设计中	1990
生产能力/t·d⁻¹	820	900	1 500	720	4 550	410	360
气化炉台数	1＋1	1＋1	3＋1	1	4		1＋1
气化剂	O_2	O_2	O_2	O_2			O_2
气体冷却方式	激冷	废热锅炉	激冷	废热锅炉			激冷
气化压力/MPa	6.5	4.0	3.6	4.4			2.6
$(CO+H_2)$产量/$10^4 m^3 \cdot d^{-1}$		150	250	120			
最终产品	甲醇醋酐	电力	氨	含氧化工产品	甲醇燃料气	电力	氨

　　凉水煤气联合循环发电工程建在美国加利福尼亚州,于 1984 年 5 月投产,有一套间接冷却型德士古气化炉,气体用辐射余热锅炉及对流余锅炉冷却;还有一套直接冷却(激冷)型德士古作备用,以保证足够的发电量。气化炉的投煤量 900 t/d 左右,气化炉辐射锅炉框架高达 85 m。生产的煤气经冷却、除尘、脱硫后驱动燃气轮机发电。煤制气联合循环发电(IGCC)工程具有污染少、造价低,发电效率高和净化装置小的优点。该装置的运行情况也比较好。操作指标见表 1.13。

表 1.13

项　　目	设计数据	实际操作数据
碳转化率/%	95	98～99
氧/碳原子比	0.99	0.97～1.04
煤浆浓度/%	60	58～60
氧耗/1 000 m^3 $(CO+H_2)$	421	382～418
冷煤气效率/%	71.2	72.1～73.9

据称该厂只要平均运行负荷能在 77% 以上,6.54 年内可以回收全部投资。投产以来不少工艺环节经过改进,1988 年 7 月电厂作业率达 98%。1988 年 8 月单台气化炉作业率 90.6%,单台炉的实际生产能力提高到 1 200 t/d。

1984 年 7 月,日本宇部采用德士古煤气化技术完成了当时世界上最大的以煤生产合成气的合成氨厂(见图 1.20)。该厂位于日本山口县宇部市,全部工程由宇部兴产株式会社承建。1983 年 2 月开始设计,6 月动工建设,1984 年 7 月试运转,7 月 23 日正式生产,运转情况良好。气化炉采用激冷式工艺,总能力 1 500 t/d,单炉能力 500 t/d,4 台炉子 3 开 1 备,日产合成氨 1 000 t。炉子操作压力 4 MPa,气化温度 1 450 ℃。炉子用过加拿大、美国、南非、中国的煤,气化生产总成本比用石脑油和液化石油气降低 20%。宇部认为这座煤气厂对化学工业将起重要示范作用。

图 1.20　日本宇部德士古气化炉装置外形

第四套装置为联邦德国奥伯豪森的萨尔工厂的一座德士古气化炉,能力为 720 t/d,实际生产能力 800 t/d,煤气产量 50 000 m^3/h(CO+H_2),用于生产多种有机化合的原料。

我国于 1969 年在上海化工研究院开始研究该工艺,但因"文革"的影响中断了试验工作。

1979 年又在陕西临潼化工部化肥工业研究所进行了模型试验,规模为 20 kg/h,压力 1.5 MPa。1985 年 6 月一套处理煤量 36 t/d 的德士古中试装置建成,压力 2.6~3.4 MPa。该所是国内对德士古煤气化进行煤质评价与试烧单位,已与美国德士古公司合作,其评价与试烧结果得到德士古公司认可。该所取得的陕西铜川陈家山煤的实验数据如下:

碳转化率/%			90~95	
冷煤气效率/%			66	
有效气($CO+H_2$)浓度/%			76	
气相组成	CO	CO_2	H_2	CH_4
体积分数/%	39	23	37	<0.03

该装置的磨煤成浆设备已经过关;但整套装置尚不能长期稳定运行,与美国蒙特贝洛的试验装置相比尚有较大差距,需要进一步完善和提高。

为加速我国煤气化技术的发展。拓宽用煤炭生产化肥的道路,化工部在我国山东滕县鲁南化肥厂兴建 2 台 400 t/d 德士古氧化炉,用激冷流程气化压力 5 MPa,生产合成氨原料气。工程的关键设备与技术软件从德士古公司引进。

20 世纪 80 年代末首钢计划抽调 1 000 000 m^3/d 焦炉煤气供北京市已用,工厂改用德士古气化炉制造燃料气完成民用气置换。当时计划建设 3 台 500 t/d 气化炉,二用一备,采用废热锅炉工艺,气化压力 5 MPa,生产发热量 2 310×4.18 kJ/m^3 的净煤气 1 800 000 m^3/d。气化原料用京西无烟煤,主要设计指标如下:

用煤量(干基)/t·d^{-1}	989
用氧量(纯度 100%计)/t·d^{-1}	919.7
冷煤气效率/%	71.2
煤气发热量/kJ·$(m^3)^{-1}$	2 310×4.18
碳转化率/%	95
粗煤气产率/m^3·kg^{-1}	1.822
有效成分($CO+H_2$)产率/m^3·kg^{-1}	1.44
煤气产量/$10^4 m^3$·d^{-1}	180
副产电力/kWh·h^{-1}	24 240
原水用量/m^3·h^{-1}	184

1.11.2 关于煤种适应性问题

德士古气化炉对原料煤的适应性较广,能气化多种煤种,对煤的颗粒度没有限制,对煤的含硫量也没有限制,对煤的发热值和含灰量要求也不高;但它也不是"万能气化炉",用煤要通过试烧来确定技术经济效果,对煤的灰熔点和成浆性有要求,不宜气化褐煤。

1. 煤种

美国蒙特贝洛实验室(MRL)中试装置烧过以下煤种。

有烟煤 12 种——美国肯塔基、伊利诺斯、犹太、田纳西、阿肯色、宾夕法尼亚、德国、澳大利亚、南非、加拿大、意大利和中国烟煤。

次烟煤 4 种——美国怀俄明、亚利桑拿、犹他州和日本的次烟煤。

褐煤 3 种——美国得克萨斯、北达科他州和希腊褐煤。

无烟煤——中国京西无烟煤。

石油焦 4 种——液态焦、延迟焦、焙烧过的焦、历青焦。

煤液化残渣 4 种(即 SRC-1,SRC-2,氩煤法残渣、EOS 法残渣)。

以上共 28 种。

西德鲁尔化学中试装置也试烧过 16 种原料,都能顺利气化。取得了较好的结果,这些原料的分析结果见表 1.14。

表 1.14 德国中试炉烧过的原料分析数据

国别	煤 矿	煤种	元素分析 重量%						V 重量%	灰熔点℃
			C	H	N	S	Cl	A		
煤										
德国	Friedyiob-Heinrich	LVB[b]	85.4	4.0	1.6	0.8	0.1	5.6	16.0	1 360
	Friedyiob-Heinrich	MVB[c]	81.9	4.7	1.5	1.1	0.1	6.8	24.0	1 350
	Lohbrg	HVB[d]	80.9	5.0	1.5	1.1	0.2	6.5	32.1	1 360
	Osterfeld	HVB	79.4	4.9	1.6	1.0	0.1	8.5	29.0	1 450
	Mix	HVB	74.3	4.6	1.4	1.0	0.1	12.7	27.0	1 390
	Westerholt	HVB	80.2	5.1	1.5	1.3	0.2	4.8	35.2	1 460
	Westerholt	HVB[e]	76.9	4.7	1.5	1.3	0.2	8.9	34.2	1 260
	Prosper	HVB[f]	60.0	3.8	1.1	1.4	0.1	27.9	24.2	1 270
法国	Merllebach	HVB[f]	60.1	3.8	0.7	0.8	0.25	27.8	25.9	1 420
美国	Illinois 6[#]	HVB	70.9	5.0	1.2	3.6	0.05	12.2	38.5	1 380
	Utah	HVB	68.6	4.6	1.2	0.6	0.01	12.6	37.6	1 370
	Pittsburg	HVB	74.5	5.1	1.3	3.5	0.08	10.4	39.1	1 270
南非	Mine A	HVB	67.3	3.8	1.6	0.8	0.03	19.2	24.8	1 400
	Mine B	HVB	65.8	3.5	1.5	0.8	0.02	19.8	23.8	1 410

（续表）

国别	煤 矿	煤种	元素分析　　重量%						V 重量%	灰熔点℃
			C	H	N	S	Cl	A		
			残渣							
西德	Bottrop	RSh	72.1	4.5	1.4	1.9	0.3	19.5	41.2	1 300
	Bottrop	RLi	67.5	4.2	1.1	2.0	0.4	24.2	39.8	1 290
美国	Baytown	RS	61.8	3.7	1.2	1.1	0.02	29.9	32.6	1 240

注：a. 还原气氛　b. 低挥发粉煤　c. 中挥发粉煤　d. 高挥发粉煤　e. 加助熔剂 f. 泥煤　h. 煤加氢液化残渣（固态）　i. 煤加氢液化残渣（液态）

试验结果表明：煤的变质程度、入炉前粒度、结焦特性、膨胀指数及灰分含量对在气化炉内气化的行为没有明显影响。从已经气化过的煤种以烟煤居多，但对无烟煤也适用，我国京西无烟煤经过试烧后认为适合气化，京西无烟煤的主要煤质指标见表 1.15。

表 1.15　京西无烟煤的主要指标

工业分析	A	V	W	C	Q
重量%	19.02	4.43	6	70.87	6 216 * 4.18 kJ/kg
元素分析	C	H	N	S	O
重量%	76.12	1.01	0.21	0.24	3.4
灰熔点	$T1$	$T2$	$T3$		
℃	1 200	1 250	1 300		

褐煤孔隙率大，内在水分高，在成浆过程中还要加水，煤浆浓度提不高，气化效率低，所以褐煤不宜用德士古炉气化。

2. 煤的灰熔点问题

为了使气化炉排渣顺畅，液渣黏度需低于 250～300 P，最好能在 150～200 P 之间。一般在用煤试烧过程中需测定在还原气氛下的渣黏度与温度之间的关系曲线。以选择适宜的操作温度。如不具备测黏度曲线的条件，可根据其灰熔点（流动温度 $T3$）粗略地估计出气化温度，一般气化炉操作温度应该高出 $T3$ 温度 50～100 ℃。

考虑氧耗和耐火材料的承受特性，反应温度应以 1 450 ℃ 为宜，这样 $T3$ 应低于 1 350 ℃，最高不高于 1 420 ℃。

3. 气化高灰熔点煤的办法

对高灰熔点的煤气化需要降低灰熔点，可以用加助熔剂（一般是加 $CaCO_3$）或采用配煤这两种办法。其原理都是提高酸性灰的碱性物质含量，降低灰熔点。德国 Krupp-Koppers 公司为我国所做报价书中，我国提供的两个煤样如下：

项目	T1	T2	T3
1 号样	1 545	1 675	1 710
2 号样	1 510	1 625	1 650

针对灰熔点高的问题，该公司建议添加相当于总煤量 2% 的 $CaCO_3$。

美国德士古开发公司测得山东七五煤的 $T3 = 1\ 450\ ℃$，也建议加 $CaCO_3$，其量按 CaO 计算为灰含量的 20%。

纯 CaO 的熔点高达 2 570 ℃，但它与高熔点 Al_2O_3（2 050 ℃），SiO_2（1 625 ℃）能反应生成低熔点共聚物

$CaO \cdot FeO + CaO \cdot Al_2O_3$，　　　　　　　$T3 = 1\ 200\ ℃$；

$CaO \cdot Al_2O_3 + SiO_2 + CaSiO_3$，　　　　　$T3 = 1\ 770\ ℃$；

$CaO \cdot FeO + (MgFe)_2SiO_4 + CaSiO_3$，　　$T3 = 1\ 093\ ℃$。

4. 对原料煤含硫量不限

德国鲁尔化学厂示范装置用含硫 0.5%～4% 的原料煤，美国田纳西-伊斯曼采用硫含量 3.3% 的田纳西次烟煤。可用高含硫量的煤主原因是当代的煤气净化技术已经能够处理含硫较高的气体。

1.11.3　关于德士古气化炉的适用范围与作为冶金还原气的设想

德士古炉气产品是粗煤气，其大致成分如下：

	CO	CO_2	CH_4	H_2	（CO＋H_2）
体积分数%	45～55	10～20	＜0.1	20～35	80～85

这种气体（CO＋H_2）的含量较高，几乎不含 CH_4，很适合做化工合成（氨、甲醇）气及冶金还原气。这种气体也是中热值煤气适用于燃气轮机联合循环发电。

从表 1.11、1.12 可知，在已投产、设计或计划建设项目中大多数用于生产化工产品、发电和作燃料气。化工合成是目前德士古煤气化的首选目

标。在一般情况下用德士古炉单纯生产燃料气是不经济的,但如果与联合循环发电相配套,可以充分利用德士古炉的一些基本优点,如生产力大、环境污染小等,从而得到较好的社会效益和经济效益。

德士古煤气化技术目前尚未涉足冶金工业,但德士古合成氨原料气与冶金还原气成分大致是一致的,这说明德士古煤气在冶金工业上会有用武之地(表 1.16)。冶金对还原气的基本要求是:有效成分($CO + H_2$) > 90%;氧化度($CO_2 + H_2O$)/($CO_2 + H_2O + CO + H_2$) < 10%;温度 850~900 ℃。德士古煤气需净化和脱除 CO_2 与 H_2S 之后,净煤气的($CO + H_2$)可以大于 95%,氧化度达到了还原气的要求。可以设想,再用 1 个米德列克斯(Midrex)直接还原技术中的管式加热炉将净煤气加热到 850~900 ℃就可以制成质量优异的冶金还原气,用于直接还原生产海绵铁或用作高炉喷吹气。世界上直接还原竖炉的还原气大都用天然气生产的(CH_4 水蒸气或 CO_2 分解),用德士古煤气经净化生产还原气是用煤制气得到还原气的方法。

表 1.16　德士古炉应用一览表

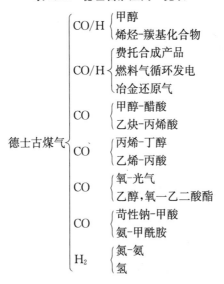

图 1.21 是德士古煤气化与竖炉结合用于生产海绵铁的气体循环流程图。气化炉制造还原气供竖炉用。竖炉顶气一部分做工厂燃料气,或者部分经脱碳脱水后成还原气回用。利用造气炉副产的蒸汽与高压气化的煤气压力膨胀发电所产电力可满足氧气站的用电需要。这个流程对原料煤的含

硫量没有限制,在产高硫煤的地区可能有特殊意义。

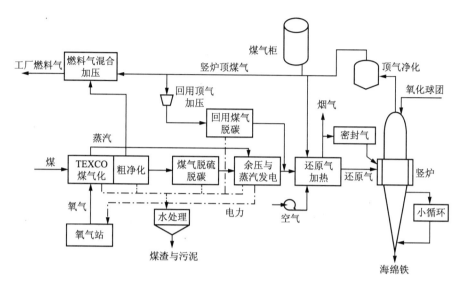

图 1.21 德士古煤气化在竖炉直接还原工厂中的燃气流程

1.11.4 关于操作压力和气化规模问题

气化炉的容积气化强度(用 t/(m³·h) 或 m³/(m³·h) 表示)与操作压力的 0.5 次方成正比:

$$(G_1/G_2) = (P_1/P_2)^{0.5} \tag{1-20}$$

式中:P_1, P_2 是两种工况的气化压力;

G_1, G_2 是两种工况的气化强度。

可见,提高气化压力能增加气化强度,高压是第二代煤气化技术的特点。试验实践也表明,气化压力在 3~8.5 MPa 范围内,气化压力对气化指标已经影响不大。当德士古炉用于生产化工合成气时,因合成工序需要较高的压力,气化压力可根据合成压力从节能的角度选择最佳操作压力。当德士古气化炉用于生产冶金还原气时,也可选择 3~5 MPa 的操作压力,维持炉子的生产能力,也有利于脱除煤气中的水分,煤气压力可用余压发电装置回收转变成电力。

由于气化需要氧气和高压,生产规模不宜过小。从后文的表 1.21 可见世界上大工业生产装置单炉煤处理量在 500~1 000 t/d,低于 500 t/d 时生产装置的经济效益要差一些。

1.11.5　关于废热回收

德士古煤气化过程属并流疏相气流床反应,气化温度高于熔融灰渣的流动温度,且温度场的轴向分布基本上是均匀的,煤气在离开反应区温度高达 1 300~1 450 ℃,回收煤气显热也是德士古气化工艺的重要组成部分,有如下两种回发方法(图 1.22,图 1.23)。

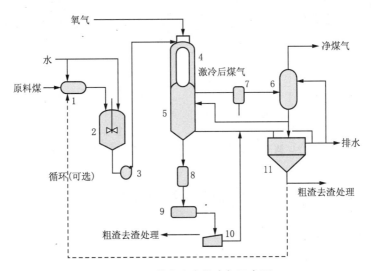

图 1.22　德士古直接冷却示意图

1—球磨机　2—搅拌机　3—煤浆泵　4—气化炉　5—淬渣区　6—洗涤塔
7—缓冲器　8—气锁　9—沉渣箱　10—分渣器　11—沉淀分离

1. 直接法(激冷法)

直接法又称激冷法,高温煤气用热水激冷至露点温度。这种方法投资省,但不回收高压蒸汽,经济性要差些,激冷法适用范围有:

(1) 化工合成气中 CO 要全部变换成 H_2 时,能使利用激冷产生的湿含量。如果是不变换或部分变换(如生产 CH_3OH_2),不利用或部分利用湿含量,要产生热量损失。

(2) 适合煤浆浓度高(≥ 68%)的情况;若煤浆浓度太低,激冷后湿含量过高,大于变换用气量也不经济。激冷法煤气中增加湿分过多,不适用于制造冶金还原气。

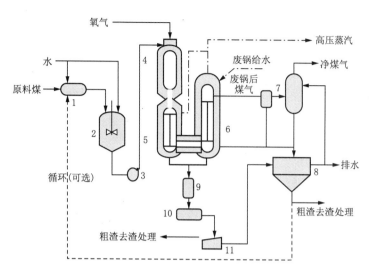

图 1.23　德士古间接冷却示意图

1—球磨机　2—搅拌机　3—煤浆泵　4—气化炉　5—辐射废热锅炉　6—对流废热锅炉
7—洗涤塔　8—沉淀分离　9—气锁　10—分渣器缓冲器　11—分渣器

2. 间接法又称废热锅炉法

此法的优点是能回收高参数蒸汽,做到能量分级利用,总能耗较低,但设备投资大。据估算与激冷法相比设备总投资(不含空分设备)高出 1/3。要根据建设投资和操作费用作技术经济比较合理选择,以决定采用何种热量回收方法。废热锅炉有双废锅(辐射＋对流)和单废锅两种,前者适用于冶金还原气、联合循环发电等情况,后者适用于一氧化碳部分变换制甲醇、合成氨、费托合成等。

总之,在选择热量回收方法时应该综合考虑气体用途、煤浆浓度、投资和操作诸因素,进行可行性研究后慎重决定。

1.11.6　关于耐火材料、喷嘴材质和测温保温套的材质

气化炉操作要求较为严格,耐火材料的损蚀是重要因素。评价耐火材料的主要指标是单位时间时的腐蚀量(mm/h)。德国鲁尔化学厂耐火材料的腐蚀率在逐年降低,如表 1.17 所示。

表 1.17　耐火材料腐蚀率

年　　份	1978	1979	1980	1981	1982
腐蚀率/mm・h^{-1}	0.2	0.1	0.05	0.02	0.01

耐火材料使用寿命开始只有 4 000 h；1985 年左右提高到 26 000 h，使用寿命可达 3～4 年。

我国洛阳耐火材料研究所也做了不少研究工作，但与国外比较还有不少差距，目前工业装置的耐火材料要从法国、奥地利等国进口。

——喷嘴材料 国外喷嘴使用寿命 2～3 个月，更换喷嘴需要 2～3 h。国内冶金部钢铁研究总院、中国科学院沈阳金属研究所研究出的喷嘴耐火材料，与国外的差距已经不太大。

——测温保护管 国外大多数采用碳化砖，寿命 1 个月左右，重庆仪表材料研究所试制的二硅化钼管性能较好，已经接近或达到国外水平。

鉴于上述材料的使用寿命都还较短，而气化炉连续开车时间约要 1 个半月，单台炉的作业率可达 90％以上，因此，要连续供气除备用炉外尚需一定数量的备品备件。气化炉的总作业率在 90％以上已经可与冶金工厂的竖炉作业率相匹配。

1.11.7 气体净化

煤气净化的方法很多，其中以物理溶剂吸收法较有优势，这种方法能耗低、流程简单，与煤气中的杂质不起化学作用，技术经济指标优于化学溶剂吸收法。物理溶剂吸收法已经工业化的有低温甲醇洗（rectlsol）和 Selexol 法。

Selexol 法是用多种聚乙二醇二甲醚混合物做吸收剂。它对 H_2S、CO_2 等酸性气体有很强的吸收能力，能有效脱除酸性气体；溶剂无毒性、化学稳定性和热稳定性都较好；吸收剂的蒸气分压可以较低，在常温下或略低于常温即可达到煤气净化要求。因此，国外煤气净化多数采用 Selexol 法。

图 1.24 是同时脱除 H_2S 和 CO_2 的工艺流程。

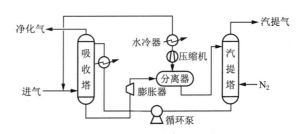

图 1.24 Selexol 法脱除 H_2S 和 CO_2 的工艺流程

煤气经净化后 CO_2 浓度可降到 0.5%，H_2S 含量 1×10^{-6}。

用 Selexol 法净化煤气中国南京化学公司研究院进行了长期研究，近来已经在不少合成氨厂(例鲁南化肥厂)投产应用。在制作冶金还原气时这部分技术有可能立足国内解决。

1.11.8　三废治理

脱除酸性气体的尾气经净化后放空，主要是 CO_2 排放，不涉及其他污染超标问题。废水所含酚、氰等有毒物质极少，只需做一般性处理即可达到排放标准。

德士古气化炉内高温区域及还原气氛使煤中的有机物全部分解，从而防止了烃类污染物的形成。那些游离状态下可溶于水的无机物融合在玻璃状的熔渣中，也排除了水体污染的可能性。

表 1.18 是鲁齐(Lurgi)煤气化和德士古煤气化水体中污染物的对比。

表 1.19 是德士古工艺排水与城市污水及饮用水水质对比。

表 1.18　鲁齐与德士古污染物对比　　mg/L

污染物	鲁齐	德士古
有机碳总量 TOC	≤ 5 000	≤ 500
化学握着需要量	≤ 80 000	≤ 400
氰化物	≤ 5	3
苯酚	≤ 5 000	≤ 0.02
氨	≤ 11 000	≤ 1 600
羰酸	≤ 700	≤ 100

表 1.19　德士古工艺排水与城市污水标准的对比　　mg/L

元素	德士古污水	美国饮用水	城市污水
砷	0.003	0.05	1
钡	0.06	1.0	
镉	< 0.01	0.01	0.5
氯化物	60	250	

元素	德士古污水	美国饮用水	城市污水
铬	0.03	0.05	3
铜	0.05	1	
氟	40	2	60
铁	0.3	0.3	—2
铅	<1	0.05	
锰	0.03	0.05	0.05
汞	<0.03	0.002	0.05
硝酸盐	<1	10	600
硒	0.4	0.01	1
银	<0.03	0.05	
硫酸盐	18	250	600
锌	0.04	5	4

　　废渣从锁斗中排出,分成粗渣和细渣两种。从洗洗塔系统排出的灰泥,由于炉子碳转化率高,洗洗塔的捕集效率高,致使排灰量不多,灰的含碳量低。固体排放物的组成见表1.20。

　　从表1.20可知,这些固体排放物不会造成环境污染。日本宇部还用灰渣制作水泥。

表 1.20　固体排放物组成

项　　目		锁渣斗排出物		洗涤塔排出物
		粗渣	细渣	
含碳量/%		<0.5	20~25	14~22
含 H 量/%		<0.05	0.1~0.2	~0.5
含 S 量/%		~0.3	1.5~2.5	
粒级组成/%	+8目/%	30~40	0	
	+40目/%	~90	40~45	
	+200目/%		80~87	
固体排出物比例/%		~80	~12	~8

主要参考文献

〔1〕　化学工业部科学技术部.关于"水煤浆加压气化"主要技术政策和技术路线的意见.1986.

〔2〕　四川攀西钢铁二基地工艺流程考察团.德士古造气炉考察报告.1990.2.

〔3〕　方德巍.西德煤气化新技术.城市煤气,1981,(2).

〔4〕　徐昌明.国外煤气化现状分析.煤气与热力,1983,(4).

〔5〕　黄锋.德士古煤气化技术概况.煤气与热力,1985,(4).

〔6〕　袁国汀.德士古煤制气工艺的开发与应用.煤气与热力,1986,(3).

〔7〕　范·海克.联邦德国煤气化技术开发现状.煤气与热力,1987,(5).

〔8〕　顾长藩.国外煤气化联合循环发电的几个典型装置.工业煤气,1988,(3).

〔9〕　徐振纲,彭万旺.德士古煤制气工艺开发研究结果.工业煤气,1988,(3).

杨若仪

1.12 洁净煤气化技术和在钢铁企业的应用

我国是煤炭生产大国,煤的气化利用一直备受重视。随着干煤粉纯氧气化技术的开发和引进,我国的煤化工产业出现突飞猛进的发展,一批以干煤粉气化为基础生产合成氨、合成甲醇、合成烯烃的工厂已经投产,经几年的探索生产已经走向正常。国内自己开发的大型整体煤气化联合循环发电(IGCC)项目也已建设,并已投产试运行,更大规模的用煤生产液体燃料和天然气的计划也在实施。这对我国能源合理利用和结构调整将会有很大影响。煤气化技术也可为钢铁厂提供冶金还原气和燃料气,是一个值得重视的重要技术侧面。

1.12.1 煤气化技术简介

1. 煤气化技术概况

煤制气有悠久的发展历史,在化工与发电上得到广泛应用。世界上为适应不同用煤和用气要求,开发的制气方法繁多。一般说,煤气化技术经历了从固定床(或称移动床)法到流化床(或称沸腾床)法再到气流床法的演变与发展。气化的温度和压力不断提高,气化炉的单台生产能力也不断提高,煤气化的生产也从有污染的门类向少污染和无污染发展。我国试用过多种气化方法,是集世界上气化技术最多的国家。各类气化炉的主要参数可参阅表 1.21。干煤粉纯氧气化是目前处于顶端的气流床液态排渣煤气化技术,具有煤气成分好、能源转换效率最高、煤种适应性强、环境友好的特点。

表1.21　各类气化炉的特点

项　目	固定床		流化床		气　流　床	
	干灰	熔渣	干灰	熔聚灰	熔　渣	
典型炉子	发生沪 Lurqi	Lurqi 熔渣	恩德 Winkler	U-gas 熔聚灰	水煤浆 Texco 等	干煤粉 Shell、GSP 等
气化强度	低	高	较高	较高	高	高
进料粒度	块状 7~50 mm		0~6 mm		<100 目	<100 目
进料含细粉	少量	稍多	0.15 mm >10%	可	无限制	无限制
可否有黏结性	可适应弱黏结性		可以	可以	无限制	无限制
煤活性及其他	高到适中		高	高低均可	要求成浆性好	不适合水量过高褐煤
气体出口温度/℃	200~430		900	900		掺冷后 950
气化温度/℃	850~1 050	1 300~1 400	950~1 050	850~1 050	1 300~1 400	1 350~1 700
氧化剂要求	富氧鼓风蒸汽吹入量多		空气鼓风或富氧鼓风带部分蒸汽		氧 400~450 m³/1 000 m³$_{(CO+H_2)}$	氧 280~320 m³/1 000 m³$_{(CO+H_2)}$
蒸汽要求	高	低	中	中		
耐火材料要求	一般	用水冷壁	一般	一般	高或用冷壁炉	用水冷壁
碳转化率/%	80		92	84~90	96~98	98~99
冷煤气效率/%	74~79		72~76	73	65~70	80~83
技术关键	细粉和焦油利用		碳利用	熔聚灰细粉	喷嘴和耐火材料	
其他	干灰炉粗煤气中含焦油、酚、氰		降低排灰碳量	半焦循环量大	粗煤气显热大	

　　属于干煤粉气化炉从国外引进的有 SHELL(SCGP 壳牌)、GSP，国内自己开发的有粉煤炉、二段炉和航天炉等。

　　2. 干煤粉纯氧气化技术概况

　　几种干煤粉纯氧气化方法的主要技术特性示于表1.22。它们的共同点是冷煤气效率高(80%~85%)；热效率高(~95%)；煤气有效成分(CO+H_2)含量在 90% 以上；气化用煤的煤种适应性较广，从褐煤到无烟煤都可用，煤的灰熔点 <1 500 ℃，含灰 <20%；入炉煤含水 ≤2% 干煤粉，粒度

表 1.22　几种干煤粉纯氧气化方法的主要指标

指　标	壳牌 SCGP	GSP	粉煤炉	二段炉
炉子结构示意				
气化炉特点	干粉供料;下部多喷嘴,承压外壳有水冷壁;材质碳钢、合金钢、不锈钢;废锅流程,充分回收废热产生蒸汽;外运或去磨煤	干粉供料;顶部单喷嘴,承压外壳冷壁,水冷壁水质蒸汽,材质喷嘴外全为碳钢	干粉供料;气化炉位于废锅上部,顶部设置单喷嘴,承压外壳水冷壁回收蒸汽;材质除喷嘴外全为碳钢	干粉供料;炉子两段结构;煤料热量部分用干气化,气化效率高;氧耗减少,水冷壁外壳
气化压力 /MPa	2～4	2.7～4	2～4	2～4
气化剂	氧气＋蒸汽	氧气＋蒸汽	氧气＋蒸汽	氧气＋蒸汽
比氧耗 m³O₂/ 1 000 m³(CO＋H₂)	340	320	290～310	290～310

（续表）

指　标	壳牌 SCGP	GSP	粉煤炉	二段炉
气化温度/℃	1 500~1 700	1 350~1 750	1 400~1 600	1 400~1 600
煤气冷却	废锅	激冷	废锅或激冷	废锅或激冷
排渣方式	液态排渣	激冷后排固体渣	液态排渣	液态排渣
煤气出炉温度/℃	1 500~1 600 掺冷后 950	1 500~1 600,掺冷后 950	950	1 350
碳转化率/%	99	99	99	98~99
冷煤气效率/%	80~83	80	81~84	81~84
干煤气成分：CO+H$_2$/%	92~95	92~95	92~95（CO$_2$输送）	92~94
水含量/%	~2	激冷饱和或~2	~2	~2
喷嘴寿命/a	1~1.5	10 年前端部分 1	1	1
耐火砖与水冷壁寿命/a	20	炉壳 20,喷嘴 1	水冷壁 20	水冷壁 20
年作业时间/h	可单炉配置	可单炉配置	7 200	7 200
负荷变动率/%	40~100	40~100	40~100	40~100
技术资源	引进	中外合资	自主开发	自主开发
装置能力/t煤·d^{-1}	900~3 000	750~2 000	设计能力 900~3 000	设计能力 2 000

90％＜100 目(GSP 250~500 μm)；气化剂以氧气为主,有的可配入少量蒸汽；气化压力均为高压。

另外,它们都属于洁净煤净化技术。表 1.23 和表 1.24 示出了 SHELL 炉循环污水污染物分析和熔渣特性的数值。

表 1.23 Shell 法废水污染物分析

项　　目	含量/ mg·L⁻¹	项　　目	含量/ mg·L⁻¹	项　　目	含量/ mg·L⁻¹
固体悬浮物总量	6 450	Br^-	＜6	NH_3	299
固态溶质总量	477	CN^-	26	SO_4^{2-}	40
有机碳总量	120	SCN^-	60	NO_3^-	0.2
CL^-	258	$HCOO^-$	21	主要有机污染物	＜0.001
F^-	30	$HCONH_2$	90	PH	7.8

表 1.24 Shell 法熔渣特性试验数据

金属成分	毒性限制/ mg·L⁻¹	熔渣/ mg·L⁻¹	金属成分	毒性限制/ mg·L⁻¹	熔渣/ mg·L⁻¹
As	5.0	＜0.002	Hg	0.2	＜0.000 6
Ba	100.0	0.11	Pa	5.0	＜0.002
Cd	1.0	＜0.002	Se	1.0	＜0.003
Cr	5.0	＜0.001	Ag	5.0	＜0.002

在水处理系统中几乎没有挥发性有机化合物,处理后的洗涤水可循环使用,使水的零排放成为一种选择。煤中的灰 90％以上以水渣的形式排出。煤灰水渣是一种有用的建筑材料也可用于水泥原料。原料废热锅炉和干式除尘器的干灰也是非活性的材料,可用于陶瓷业或直接销售。

3. 各种方法发展情况

(1) SHELL 炉 荷兰壳牌公司技术。试烧过 30 多个不同煤种,于 1998 年正式商业化推广。从 2000 年到 2008 年中国已引进生产装置 19 个项目 26 台炉子,主要用于合成氨、合成甲醇与制氢等。炉子煤气冷却为废热锅,炉顶煤气温度控制有冷煤气外循环系统。引进初期生产并不理想,各种原因造成作业率较低,经过多年改进大都正常。其中安庆石化厂的 SHELL 炉在 2011 年单炉连续运行 150 d 创造了世界同类设备运行最好纪录。

(2) GSP 炉　前民主德国燃料研究所(DBI)开发的技术。用于生产化工合成气、燃气轮机联合环发电和生产城市煤气。炉体水冷壁结构并有碳化硅保护层，一个主喷嘴和一个点火烧嘴位于炉子顶部。2005 年 5 月瑞士可持续控股公司与中国神华宁厦煤业集团成立合资公司北京索斯泰克煤气化技术有限公司，成为在中国推广此技术的单位。目前已与神华宁厦煤业集团、安徽华华集团等签订了生产合成二甲醚、合成氨项目合成气的建设项目。神华宁厦煤业集团煤基烯烃项目引进 5 套西门子 GSP 的 SFG500 MW 气化炉(日投煤 2 000 t/d·台)投资产顺利。气化炉生产操作简单，开车迅速，运行平稳。

(3) 干粉煤炉　我国华东理工大学与兖矿集团共同开发。2004 年建成具有自主知识产权的粉煤加压气化中度装置。装置能力 15～45 t 煤/d，操作压力 2.0～2.5 MPa。在我国引进 Shell 粉煤加压气化装置尚未投运之时，它率先展示了粉煤加压技术的优越性，达到了干煤粉纯氧气化的基本指标，水平与 Shell 炉和 GSP 技术相当。到 2010 年装置已试烧过 3 个煤种，正在做第 4 个煤种试验。并率先进行了 CO_2 输送试验，得出操作数据。试验装置以制取化工合成气为目标，除尘用旋风除尘加湿式除尘，出洗涤塔的煤气含尘量小于 1 mg/m^3。工业化推广也在进行，用于生产合成氨的 1 000 t/d 装置可能于 2011 年试生产；上海 IGCC 项目 3 000 t/d 气化炉也将采用这种技术。其技术特点是单喷嘴或多喷嘴技术，喷嘴可置于气化炉顶部；在气化炉下部设粗煤气辐射冷却锅炉吸收粗煤气的高温热量，减少或不要 Shell 炉的炉外冷煤气掺入循环。

不同输送介质的出炉粗煤气的成分见表 1.25。

表 1.25　不同输送介质的出炉粗煤气成分　　　　　%

项　　目	CO	H_2	CO_2	N_2	(CO＋H_2)
N_2 输送时	58—62	29—32	2—4	2—7	89—93
CO_2 输送时	59—64	28—31	1.5—7	0.7—0.9	89—95

(4) 二段炉　国内华能西安热工研究院研发。从 1994 年开始研究炉型；1997 年建成了 0.7 t/d 试验装置，完成了 14 种中国动力煤加压气化试验；2004 年建成处理煤 36～40 t/d 中试装置，完成了 4 种粉煤的气化试验。2010 年在天津建设一套 IGCC 工业化试验项目，采用了二段炉设备。处理

煤量 2 000 t/d。另外还在内蒙古自治区世林、山西华鹿合成甲醇工程中被选用,该技术有自主知识产权。

气化炉为直立圆筒式,炉膛分上炉膛和下炉膛两段,下炉膛为第一反应区,是 1 个两端窄中间宽的膛体。下炉膛内壁设有气化水冷壁,主要进行纯氧气化反应,生成气体以 $(CO+H_2)$ 为主。上炉膛为第二反应区,喷入过热蒸汽夹带的粉煤,此段水蒸气气化吸热使炉内煤气从 1 400 ℃ 左右降到 900 ℃ 左右,可以取消 Shell 炉导入炉外冷煤气激冷的设施。当两段喷煤比为 0.1 时,冷煤气效率提高接近 2%～3%,氧耗量可降 10% 左右,碳转化率还维持 99%。天津的 IGCC 项目 2 000 t/d 炉子已经运行。

(5) 航天炉　航天炉又名 HT-L 粉煤加压气化炉,由北京航天煤化工工程公司提供技术。它是借鉴 SHELL、GSP、TEXACO 煤气化工艺中先进技术,配置自己研发的盘管式水冷壁气化炉而形成的一套结构简单、有效实用的煤气化工艺。

烧嘴设计同 GSP,采用单烧嘴顶烧式,设计"嫁接了"航天火箭喷嘴耐高温技术。与 GSP 环形喷嘴不同,航天炉顶端喷嘴分 3 路旋转斜喷进料。炉内辐射段类似于 GSP 炉,水冷壁盘管则采用四进四出平行并绕,与 GSP 单管并绕不同。设置有 8 个温度检测点,可以作为气化温度的参考点,也可以判断炉壁挂渣的状态。激冷室以下段与 TEXACO 炉完全相同。炉体温度、压力均同 Shell 炉;煤气除尘、出渣及灰水处理系统与 TEXACO 工艺相同。

航天炉拥有完全自主知识产权,专利费用低,关键设备已经全部国产化。因此投资少,建设周期短也是它的一种优势。

在几种国产新气化技术中航天炉在国内推广速度最快,安徽临泉化工股份有限公司、山东鲁西化工、河南晋开、四川泸天化等十几个项目签约采用这种炉型,但煤气冷却都是激冷流程,还没有采用废热锅炉冷却煤气技术。

总之,近几年国产化技术发展迅速,煤粉炉、二段炉和航天炉的不断工程化抑制了 Shell 炉和 GSP 炉子的引进,今后的干煤粉气化工程基本可以立足国内,这对降低造价和加快建设进度十分有利。

4. 我国以煤气化为基础的化工与发电进展

(1) 煤制天然气　2010 年我国天然气缺口达 300×10^8 m³,对外依存度升至 13% 左右。因我国天然气价格的不断上涨,使煤制天然气行业已有生存发展的空间,发展这个行业也是国家减少对国外天然气资源依赖的重要手段。

2010 年底国家发改委已经批准建设煤制天然气项目有 4 个,产能合计 151×10^8 m³/a。4 个项目分别是大唐内蒙古赤峰 40×10^8 m³/a、大唐辽宁阜新 40×10^8 m³/a、汇能内蒙古鄂尔多斯 16×10^8 m³/a 和庆华新疆伊犁 55×10^8 m³/a。大量煤制天然气产品的外输寄希望于进入中国石油国家天然气管网,也有项目在考虑加工成 LNG(液化天然气)外运。新疆与中石化、浙江省计划建设一条新疆到浙江的煤制天然气的专输管线,为新疆处于规划和建设阶段的 10 个煤制天然气项目输气。

预测到 2015 年我国将形成 300×10^8 m³/a 的煤制天然气的能力,成为国家相对可靠与廉价的天然气供应来源。

(2) 煤制烯烃和煤制油 烯烃类产品原来都用石油资源制造。煤制烯烃以煤气化为基础,由煤制合成气→甲醇→烯烃产品技术路线来制备,每生产 1 t 烯烃需用甲醇2.6~2.8 t。煤制烯烃的开发也是国家缓解对石油依赖的重要一步。2011 年随神华包头 60 万 t/a 煤制烯烃示范装置、神华宁煤 50 万 t/a 煤制聚丙烯项目、大唐多伦煤基聚丙烯项目陆续成功投产,中石化和中国电力投资公司等大型国企将成为今后煤制烯烃的有力推动者。中石化的河南濮阳(60 万 t/a)项目正在建设,另外在河南鹤壁、安徽淮南和贵州毕节项目也在积极推进。道达尔和中国电力与内蒙古自治区签署了"煤制烯烃战略合作框架协议"。上述事例说明这个方向随着石油资源多元替代化而得到发展。

同样,中国的煤制油技术的发展也已经从示范装置成功进入大规模商业化。在煤制油工艺中也有用煤气化为基础的间接合成工艺。按国家发改委规定,今后要建的都是产能 100 万 t/a 以上的大企业。

(3) IGCC 众所周知,IGCC 因发电效率高、清洁生产,是当今世界火电的发展方向。中国自己的 IGCC 技术也在积极开发:2011 年天津 IGCC 项目 2 台 2 000 t/d 二段式气化炉已运行;上海更大规模的 IGCC 项目也在计划建设中,气化装置准备用投煤 3 000 t/d 的国内开发的粉煤炉。

从上可知,以洁净煤气化为基础的工业在我国已经形成规模并将继续发展,特别是新疆的加速发展,规划了大量煤化工和煤电项目,今后新疆将成国家重要的能源、化工基地。这个行业的发展给钢铁业资源、技术、结构调整提供了不少启示,也提供了坚实的煤气化技术基础。

1.12.2　煤气化技术在钢铁企业的应用

钢铁企业在使用天然气之前曾经用低压固定床气化炉大量生产过发生炉煤气和水煤气作为一些特殊钢厂气体燃料。目前看,煤气化技术除提供燃料气外,还可以给钢铁企业提供冶金还原气,用于高炉喷吹或用于生产直接还原铁。

1. 冶金还原气

(1)高炉喷吹　国内对高炉喷吹高炉煤气、转炉煤气和焦炉煤气已经做过一些基础操作研究乃至工业试验,无论喷吹介质还是喷吹条件与不同的高炉喷吹煤气都取得了不同程度的成果:炉内($CO+H_2$)的浓度提高,还原温度下降,焦比下降,铁水产量提高,鼓风量减少,高炉煤气热值提高产和煤气量减少等等。注意到喷吹试验都以冷煤气方式喷入,当用以 CO 为主的煤气时吨铁的 CO_2 排量不减稍增,钢铁厂的自产煤气中以焦炉煤气喷吹效果最好。

按冶炼原理炉子喷吹高浓度($CO+H_2$)的热还原气,喷吹量可大幅度提高,节焦量和炉子产量都可以更大幅度地提高,高炉鼓风量更大幅度减少,高炉煤气含氮量大幅度减少,煤气发热值相应提高。按国外试验,焦比可能到 $300\ kg/t_{Fe}$ 以下。只需满足高炉料柱支撑需要,热还原气喷吹在改变钢铁厂燃料结构上有很大余地。

图 1.25 是用干煤粉纯氧气化法制造热还原气直接用于高炉喷吹的系统示意。

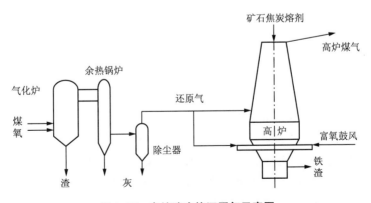

图 1.25　高炉喷吹热还原气示意图

干煤粉纯氧气化炉出炉煤气中$(CO+H_2)$90％～95％；CO_2，H_2O，CH_4的含量都少，不用调整成分就是很好的还原气。出炉煤气用废热锅炉冷却至850℃，用高温旋风除尘器除尘(含尘量≤20 g/m³)就可以直接喷入高炉。喷入位置、喷嘴、喷入量需实验摸索以取得最佳效果。

热还原气喷吹系统除选用干煤粉纯氧气化和废热锅炉冷却，可用非炼焦煤粉煤气化；还建议用CO_2做气化炉粉煤输送介质，可进一步提高还原气的有效成分含量，减少冶炼过程的CO_2排放量。为保证高炉需要的作业时间，煤气化炉应有适当备用炉。

用煤气化喷吹的办法不受钢铁厂副产煤气(COG，LBG，BFG)资源量的限制，喷吹设施的规模、节焦量和增产量可提高，并且高炉煤气热值提高之后可改善冶金企业煤气供应条件，节省冶金企业天然气用量。

(2) 用于海绵铁生产　煤气化竖炉生产直接还原铁流程示于图1.26。国内外不少单位做了大量研究与试验。考虑炉顶煤气回用后，系统有少量(1 800×4.18 kJ/m³)煤气输出时，用非炼焦煤628 kg/t_{DRI}，用氧气377 m³/t_{DRI}。当竖炉用60％球团为原料时，含球团用能的工序能耗为428.39 kg_{ec}/t_{DRI}。

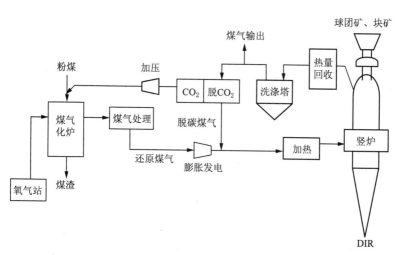

图1.26　煤气化竖炉生产直接还原铁概念图

国外海绵铁多用天然气生产。我国天然气资源相对匮乏，价格高，用煤制气生产还原气有成本上的优势。海绵铁是电炉炼钢的重要原料，预计随着我国电炉钢的增长海绵铁的需求量会有所增长。

2. 燃料气

特殊钢厂和轧钢车间发达的钢铁厂联合企业气体燃料往往不够用,需解决气体燃料补充问题。几十年前用发生炉煤气来补充,后来为重油和天然气所取代。随着重油、天然气价格升高和煤气化技术发展(气化效率和清洁生产程度的提高),以煤气化取代天然气是否合理的问题又摆到了人们面前。笔者分析这个问题得到的结论是:当煤气化做还原气经济上已经合理时,做燃料气还不一定合理。因为还原煤气追求煤气的还原度和显热,而燃料气要求的是煤气的热值。煤变成煤气时的能量损失两种情况都存在,但重油和天然气仅在有还原度需要时有能量损失(当重油或天然气直接喷吹时炉内分解能耗也存在),当做燃料时则可直接使用;所以用昂贵的煤气化技术制燃料气的适应范围要小得多,可能只能在煤价特别便宜而天然气特贵的地区才有机会。

但当冶金企业设置喷吹或直接还原铁气源装置时,适当扩大造气能力,煤气的还原度先被还原反应使用,竖炉煤气或富化的高炉煤气供冶金企业燃料气,符合煤气梯级利用原则又补充了全厂气体能源,并且提高了全厂煤气平均热值,可减少全厂天然气购入量。

当工厂单独建设煤气发生炉供燃料气时,可根据用煤情况选择气化效率高、清洁、廉价的气化技术,如鲁奇炉、恩德炉、灰熔聚等技术。

1.12.3　气体能源应用方式的探讨

1. 煤层气资源问题

我国天然气资源紧缺,但还有一定数量的煤层气、页岩气资源,从长远看还有可燃冰资源。但煤层气和页岩气的地域分布与钢铁业的地域分布并不相同,而且煤层气和页岩气的采集过程中不可避免地要混入少量空气(含氧量在爆炸限以下),气体成分与纯天然气有较大差别,它在钢铁厂的利用与天然气不能相提并论,需要重新评价使用方法,而且它的输送系统不可能与天然气共用管网,故它们在钢铁厂的使用前景还较难认定。可燃冰的使用前景更难以预测。

2. 钢铁厂自建气化炉的可能性

我国煤制天然气已经作为一个不小的行业在迅速发展,可以想象几年后国家天然气干管中会有一定比例的煤制天然气流向各个用户。煤制天然气采用的是煤气化生产合成气→合成气合成天然气(CH_4)的工艺路线,而钢铁业大量需要的是合成气,若直接取用管网中的天然气还需将天然气再分解成合成气。这提醒人们考虑当钢铁厂需要还原气时自建煤气炉的经济性问题。自建气化炉至少有天然气合成、天然气远输、天然气分解、出气化炉煤气显热这4部分能量可以利用。显然,这对社会起到了节能、降碳的效果。钢铁厂使用还原气量较大时,自建煤气发生炉是一种必然选择。

当钢铁厂用煤大量制造还原气用于喷吹或制造直接还原铁时,就意味着炼焦煤和天然气用量的减少。当然,这种计划必须经过包括煤源、原煤运输、炼铁产能变化、全厂能源平衡、经济评价等多因素的严格论证之后才能实施。

我国煤气化技术的发展提供了钢铁厂大量使用还原气的技术基础。

主要参考文献

[1] 倪维斗. 煤的清洁高效利用是中国低碳发展的关键[C]. 中国国际煤化工发展高峰论坛论文集. 乌鲁木齐:2011.

[2] 于遵宏,王辅臣. 煤炭气化技术[M]. 北京:化学化学工业出版社,2010.

[3] 王洋,房倚天. 煤气化技术的发展[J]. 东莞理工大学学报,2006,13(4).

[4] 亚太咨询. 2011年中国煤化工产业回顾. 煤化工期刊,2012(1).

[5] 姜从斌,卢正滔. 航天粉煤加压气化技术的发展及应用[D]. 中国国际煤化工发展高峰论坛论文集. 北京. 2010.

[6] 储满生,郭宪臻,沈峰满. 高炉喷吹还原气操作的数学模拟研究[J]. 中国冶金,17(6).

[7] 徐州钢铁厂技术科. 高炉喷吹焦炉煤气工艺简介. 徐州钢铁厂.

[8] 胡俊鸽,周文涛,郭艳玲. 高炉喷吹焦炉气技术的研究进展[J]. 世界钢铁,2011(4).

[9] 李福民,吕庆,李秀品. 高炉喷吹煤气对成渣过程的影响[J]. 钢铁,2007,42(5).

[10] 方觉. 非高炉炼铁工艺与理论[M]. 2版. 北京:冶金工业出版社,2010.

[11] 杨若仪,王正宇,金明芳. 煤气化竖炉生产直接还原铁在节能减排与低碳上的优势[J]. 世界金属导报.

[12] 杨若仪,王正宇,金明芳. 发展我国直接还原铁的几点看法[J]. 世界金属导报,2010-4-28.

杨若仪　金明芳　王正宇

1.13 天然气储配站设计

天然气储配站设计是指利用天然气的自然压力或加压储存、计量、调压、分配给工厂或居民用气的设施设计。天然气中的甲烷含量在90%以上，热值 34 750～36 000 kJ/m³，是冶金工厂和民用的优质燃料。前苏联与美国常将天然气用作高炉喷吹与加热炉燃料。1963年中国重庆钢铁公司的平炉与轧钢加热炉用天然气加热，以后在四川、辽宁等地逐步使用天然气。随着天然气勘探与采掘的发展，冶金工厂使用天然气日益增多。

工厂天然气输配站的规模根据全厂流体燃料平衡表确定（见本书液体燃料平衡输配设计）。

1.13.1 工艺流程

储配站采用两级调压、高压储气、次高压供气工艺。天然气由气矿配气站输入工厂储配站，高压干管压力为 0.5～1.5 MPa；经储配站调压后输入工业和民用的次高压供气管网，压力为 0.3 MPa。当储配站在低峰负荷时，进站天然气经计量调压直接向次高压管网供气，同时向储气罐充气。当进站气压低于储气压力时，需经压缩机增压至储气压力后再向储气罐充气，一般储气压力为 0.8～1.5 MPa。当用户高峰负荷时，储气罐须放出天然气，经调压并入供气管道。详见储配站工艺流程图（图 1.27）。

1.13.2 储配站组成与配置

储配站包括储气罐、压缩机和调压设施，以及相应的水、电系统、机修、化验、控制室、环境卫生及生活等设施，在需要时还配置清管球的收、发装置。天然气储配站属于易燃易爆站房，压缩机室和仪表室为防爆建筑。

储配站的站址宜选在非居民稠密区，又不远离用户和居民稠集区，要靠

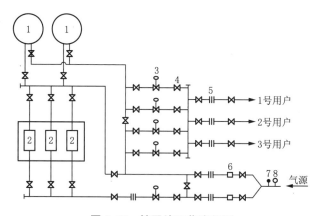

图 1.27 储配站工艺流程图

1—球罐；2—压缩机；3—调压器；4—阀；5—流量孔板；6—过滤器；7—温度计；8—压力表

近水源、电源和道路。

储配站规模和储气罐容积，主要根据工厂高峰低谷用气的不平衡量与居民日用气量和高峰系数确定。民用气比工业用气波动大，民用气储存容积一般为日供气量的30%～40%。总之，储气罐用来调节气井来气与用户波动之间的不平衡。当工业用气比例大、民用气比例小时，储气量可适当减少。储气罐大多为球形压力容器，一般选用两个以上球罐。通常球罐结构容积为1 000～5 000 m³，储气压力为0.8～1.2 MPa。压缩机一般选用活塞式压缩机，每站配置两台或两台以上。

调压设施由调压器、阀门、过滤器、安全装置、旁通管路及检测仪表组成。一般设置两组调压器，一组用于输出系统，另一组用在球罐充气系统。调压器有气动和电动两种形式，选用气动时，可选用天然气作动力气源。

站区配有输入、配出流量纪录仪表与温度、压力指示仪表。大型储配站采用计算机监控，对球罐、压缩机、调压系统、供气管网以及消防和供电系统进行监测、监视、控制和管理。

储配站要连续供电，若供电只有一路电源时，站内须设柴油发电机作为备用电源，以保证传动和照明用电。站内生产、生活和消防用水由站外管网供给，站内设有消防水池和泵房。储配站还要根据具体情况考虑设置设备维修、站区围墙、环卫和生活福利等设施。

邓大周 杨若仪

1.14 煤气柜设计

煤气柜设计是指低压煤气储存设备及辅助设施设计。冶金工厂设置煤气柜的作用是稳定煤气管网压力,缓冲煤气生产与使用之间的不平衡和减少煤气放散。转炉煤气柜还起到混匀煤气成分的作用。煤气柜的设计主要包括容积、柜型、柜体结构及辅助设施(油泵站、内外部电梯、放散管、容量指示器、安全检测)选定等。

1.14.1 简史

1789 年法国出现了湿式煤气柜雏形,1812 年英国伦敦建造了第一座直立道轨式湿式煤气柜,1890 年英国制造了螺旋道轨式湿式煤气柜。继湿式煤气柜之后,1915 年德国开发了曼型(MAN)干式煤气柜。1927 年德国又开发了可隆型(Klonne)干式煤气柜。20 世纪 30 年代中国大连建造了 0.2 万 m^3 可隆型煤气柜,鞍钢建造了 8 万 m^3 曼型煤气柜各一座。20 世纪 80 年代上海宝山钢铁总厂引进了 15 万 m^3 可隆柜两座,12 万 m^3 曼型柜和 8 万 m^3 威金斯(Wiggins)煤气柜各一座。1982 年以后,中国自行设计稀油密封和橡胶膜密封的干式煤气柜,到 1991 年底已建成与设计了一批干式煤气柜。其中稀油密封干式煤气柜容积 2 万~30 万 m^3,直径 26~67 m,侧板总高 43~99 m,最高储气压力 8 kPa;橡胶膜密封干式煤气柜容积 3 万~8 万 m^3,直径 38~58 m,侧板总高 32~39 m,最高储气压力 3~6 kPa。

1.14.2 煤气柜容积确定

冶金工厂煤气柜容积须考虑安全供气、满足煤气调度需要、减少煤气放散等原则,用分析计算煤气生产与使用过程中各种因素造成的波动量的方法来确定容积。

1. 安全容量

在煤气柜运行过程中为保证结构安全,活塞上升或下降均应留有一定余量:干式煤气柜约占总容积的 10％～15％;湿式煤气柜约占总容积的 15％～20％。

2. 调节容量

煤气生产和使用的正常波动量:高炉煤气与焦炉煤气,波动量随时间的分布符合正态分布统计规律,可用概率统计的方法计算;转炉煤气,调节量是指间歇回收与均衡外供所需的调剂气量。

3. 安全容量

煤气发生设备突然事故,煤气产量突然减少,在采取措施之前必须有安全储量。对焦炉煤气柜是指焦炉鼓风机突然故障、用户减量过程中所必需的焦炉煤气储量。

4. 剩余容量

高炉煤气柜剩余容量是指高炉产生料柱烧穿事故时,煤气产量急增,在打开放散管之前所必须进柜的煤气量;对于焦炉和转炉气柜则是指用户加压机或柜后加压机突然事故时,在打开放散管之前必须进柜的煤气量。

5. 合成转炉煤气所需容量

为合理使用转炉煤气,在转炉停产转炉煤气时,需要用高炉煤气和焦炉煤气合成转炉煤气代替转炉煤气,因此,对焦炉煤气柜应考虑合成转炉煤气所需的煤气储量(高炉煤气柜可不考虑此量)。

煤气柜的总容积为上述各项容量之和;此外,还必须校正煤气的温度、压力和湿含量对煤气体积的影响。

1.14.3　煤气柜选型

干式煤气柜与湿式煤气柜相比,其优点是:

(1) 储气压力高,而且压力波动小;

(2) 使用寿命长,湿式煤气柜寿命 15～20 a,而干式煤气柜寿命长达 50 a以上;

(3) 干式煤气柜储存的煤气不增加湿含量,无排水污染;

(4) 基础荷重轻,湿式煤气柜的基础荷重为干式煤气柜的 15～20 倍;

(5) 活塞升降速度快,煤气吞吐量大;

（6）占地面积小，操作安全可靠，自动化程度高。

但由于干式煤气柜制作、安装要求严格，投资高于相同容积的湿式煤气柜。

煤气柜设置须满足储存压力和吞吐量的要求，储存煤气压力高、吞吐量大的场合须选用干式煤气柜。在煤气露点低于常温、储气过程不允许增湿时也宜选用干式煤气柜。各种煤气柜对储存煤气的温度、含尘量有不同要求：含尘量不大于 15 mg/m³ 的高炉煤气、焦炉煤气和天然气可采用稀油密封干式煤气柜；温度高（30～80 ℃）、含尘量多（15～100 mg/m³）、升降速度快又吞吐频繁的场合，适宜选用橡胶薄膜密封干式煤气柜；可隆型干式煤气柜用润滑脂密封，系统复杂，密封性也不如稀油密封干式煤气柜好，它适合储存含尘量不大于 15 mg/m³、温度为常温的煤气。

在储气压力低，允许管网有较大压力波动，气体无腐蚀性，吞吐量不大，要求投资少时则可以考虑采用湿式煤气柜。

1.14.4　煤气柜结构

湿式煤气柜由水槽、一个钟形罩和数个塔节组成。钟形罩和塔节随煤气进出升降，在相互搭接处靠环形水封密封。湿式煤气柜的最高储气压力不大于 4.5 kPa，压力波动范围 1.5～3 kPa，高径比不大于 1。湿式煤气柜按升降方式分直立道轨式（见图 1.28a）和螺旋道轨式（见图 1.28b）两种。直立道轨式的钟形罩和塔节借助于安装在周围的直立道轨升降，升降速度不超过 1.5 m/min。螺旋道轨式在每个塔节和钟罩外壁均安装有与水平成 45°夹角的螺旋形道轨，钟形罩和塔节沿螺旋轨道升降，升降速度为 0.92～1.0 m/min。这种湿式煤气柜与直立式道轨相比钢材消耗节省 25%～35%，投资省。

干式煤气柜按密封方式分为稀油密封型（见图 1.28c），润滑脂橡胶圈密封型（见图 1.28d）和橡胶薄膜密封型（见图 1.28e）3 种。稀油密封干式煤气柜为正多边形结构，活塞周边设有用弹簧压紧的钢滑板和油沟，沟内注密封油，充填密封油的高度要保证底部油位静压力大于煤气压力，以防止煤气外逸，活塞随煤气进出而升降；柜外设有油泵站，活塞油沟渗漏的密封油沿柜壁流入底部油沟，经脱水后用油泵重新打入活塞油沟循环使用。密封油曾采用特制的煤焦油，1945 年后改用矿物油。密封油的黏度（50 ℃）为

38～55厘斯,凝固点应低于建柜地区大气的最低温度,闪点大于180 ℃,密度为0.88～0.9 g/cm³,具有良好的水分离性能和抗乳化性能,对柜体金属无腐蚀性。油泵站个数随柜容的增大而增加,一般为2～6个。活塞升降速度最大为3 m/min,储气压力68 kPa,高径比1.5～1.9,压力波动±150 Pa,最大柜容约为40万 m³。活塞上部设有煤气浓度检测器,柜内设有超声波柜容器和绳轮柜容器,最高和最低柜位设有报警器。为防止活塞冲顶,在柜体上部设紧急放散管,柜外设大放散管。

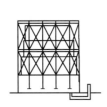  

a 直立导轨式湿式煤气柜　　b 螺旋导轨式湿式煤气柜　　c 稀油密封干式煤气柜

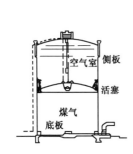 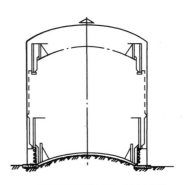

d 润滑脂橡胶圈密封干式煤气柜　　e 橡胶薄膜密封干式煤气柜

图1.28 煤气柜结构示意图

橡胶薄膜密封式干式煤气柜柜体为圆柱形,在柜体下端与活塞周边用柔性橡胶薄膜连接,活塞与橡胶薄膜可随煤气的充入或放出而升降。橡胶薄膜为3 mm厚的合成橡胶,外侧为耐空气的氯丁橡胶,内侧为耐煤气的丁腈橡胶。活塞最大升降速度为5 m/min,储气压力为3 kPa,压力波动为500～700 Pa,最大柜容为14×10^4 m³。

润滑脂橡胶圈密封干式煤气柜,柜体结构为圆筒形,活塞周边安装有橡胶密封圈,用重陀压紧使密封圈紧贴柜的内壁以密封活塞下的煤气。密封圈内注入润滑脂以减少摩擦力。地面和活塞上部设有润滑脂供应系统。最高储气压力 8 kPa,压力波动±500 Pa,活塞升降速度最大为 7 m/min。为便于检查、维修活塞密封装置,柜外设有外部电梯,柜内设有内部电梯和求助吊笼,内部电梯可自动跟踪活塞位置。

1.14.5　煤气柜发展趋势

20 世纪 90 年代煤气柜向优化结构和进一步提高储气压力方向发展。日本开发了新型干式煤气柜,采用圆筒拱顶结构和稀油橡胶圈密封,有利于提高储气压力,减少漏油量,增长使用寿命,降低加工制造难度,缩短建设周期,节约钢材与投资;1985 年 20 万 m³ 新型煤气柜已经建成投产,储气压力为 10 kPa,尔后又建造了 40 万 m³ 新型煤气柜。中国煤气柜设计也在向干式煤气柜大型化、高压力方向发展,并且也在设计干式煤气柜的新型结构。

贾德训　杨若仪

1.15 氧气站设计

氧气站设计是指以空气为原料,用深冷分离方法生产氧、氮或同时生产空气中其他组分产品的工厂或车间的设计。氧气站生产的氧、氮等产品供给冶金工厂炼钢、炼铁、轧钢等用户使用。氧气站内通常包括氧、氮的生产、加压及储存输配。根据需要还可以设置氩气及氖气、氦气、氪气、氙气的生产及精制设施(见本书 1.16,1.17 节)。其设计内容主要包括空气分离工艺流程、设计规模、设备选用、站区布置及车间组成、工艺及设备布置和氧气管道设置。

1.15.1 氧气站设计简史

1902 年由德国林德公司设计制成第一台小型单级精馏的空气分离设备(俗称制氧机)。随着技术进步,促进了制氧机的发展,各国空分设备厂商不断改进制氧流程和进行设备大型化,逐步使制氧的电耗从 $2\ kW \cdot h/m^3$ 降到 $0.5\ kW \cdot h/m^3$ 以下,为冶金工业大量使用氧气创造了条件。中国的空分设备制造业发展是从 1951 年开始的,1953 年制造了小型制氧机,1958 年首次制造成大、中型空分设备,20 世纪中叶以来特别是 1980 年以后中国的空分行业有了巨大发展。氧气在冶金工厂的应用,早期只是用于金属焊接与切割,20 世纪 40 年代欧美一些钢铁厂开始在高炉采用富氧鼓风以及平炉、电炉加氧冶炼。1952 年奥地利林茨(Linz)钢厂氧气顶吹转炉炼钢方法取得成功并在世界各国迅速推广,使氧气在钢铁厂的用量激增到一个新阶段。1989 年奥钢联(VAI)在南非伊斯科(ISCOR)公司熔融还原炼铁法(COREX 法)投入生产,钢铁厂的氧气用量又进一步增加。1958 年中国在首钢建成第一个氧气转炉用的大中型氧气站。

在氧气生产的同时得到的纯氮在钢铁厂已被广泛用作转炉炉口及高炉炉顶密封用气,也用作钢材热处理中的保护气体。

1.15.2   空分工艺流程

原料空气经过过滤、加压及冷却(有的流程还再经净化)后进入空分塔。空分塔是热交换、净化及精馏等设备的汇总,也称冷箱。空气通过其中由热交换器返回的冷产品气体冷却到液化温度进入精馏塔,利用空气中各组分沸点的差别在塔内进行精馏分离,得到的气态产品氧、氮经热交换器复热至环境空气温度后送出,液态产品氧、氮直接从精馏塔取出。

氧气的输送系统,通常采用如下 5 种办法:

(1) 氧气出冷箱的压力为 5~20 kPa,对低压用户可以直接用管道输送,例如向高炉鼓风机入口侧加氧供富氧鼓风系统。

(2) 供炼钢、连铸及切焊用氧,需要通过氧气压缩机加压,并将压力调定为 1.0~1.5 MPa 经管道送出,管道系统中设置一定容积和储气罐用以调剂负荷波动。

(3) 对零星用气点及无法用管道输气的用户,用高压氧压机将氧气压缩到 15 MPa,在充填台装入钢瓶外供。

(4) 为了避免在氧气生产中发生故障或在设备检修时影响重要用户的供氧,将精馏塔流出的液氧导入低温液体储槽积存,需要时启动液氧泵将液体加压到氧气压缩机排压相同的压力,再经气汽化器汽化后送入氧气管网。

(5) 从液体储槽给用户供液氧,氮气出冷箱的压力约 5 kPa,需要加压输配。对管道用户,一般由氮气压缩机加压并经调压装置调定为 0.7~1.1 MPa 送出。为调剂负荷波动,也须在管道系统中设置储气罐。零星用户则以瓶装高压氮供应。当氮气有重要用途时,还需设置液氮储存、加压和汽化设施作为后备气源。也可以从液体储槽向用户供液氮。

氧气、氮气生产及输配过程见图 1.29。

1.15.3   设计规模

在确定氧气站设计规模前要编制出全厂氧气平衡表,根据冶金工厂主要用户的需求来确定氧气站的生产规模。钢铁厂内的用户主要为炼钢、特别是氧气顶吹转炉炼钢。随着高炉富氧鼓风技术的应用,炼铁厂也逐渐成为氧气的重要用户。氧气平衡表的主要内容包括各用户名称及用途,各用

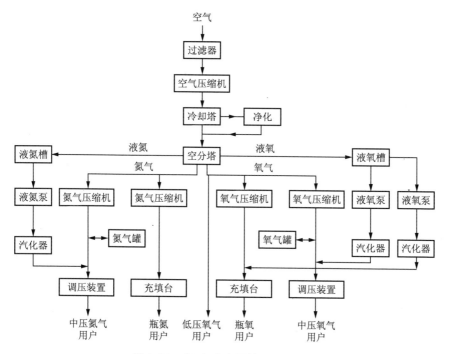

图 1.29　氧、氮生产及输配工艺过程

户车间的年产量和车间作业率,单位产品耗氧量和小时平均用氧量等。全厂用户小时平均用氧量合计值并考虑 5% 损耗后的总量,即为确定氧气站生产规模的依据。用户小时平均用氧量,一般可按下式计算:

$$Q = \frac{WU}{365 \times 24Y} \tag{1-21}$$

式中:Q——小时平均用氧量,m^3/h;

$\quad\quad W$——用户车间产品上产量,t/a;

$\quad\quad U$——单位产品用氧量,m^3/t;

$\quad\quad Y$——用户车间的年作业率,%。

单位产品用氧量的确定:钢铁厂氧气顶吹转炉吨钢用氧量约为50~60 m^3/t;高炉富氧鼓风当富氧率为 3%~4% 时,吨铁用氧量约为 30~45 m^3/t;熔融还原炼铁(COREX 法)每吨铁用氧 500~650 m^3/t;电炉吹氧吨钢用量约为 20~40 m^3/t;连铸吨钢坯用量约为 5~15 m^3/t。

工厂需用的氮气,其生产规模同样是按各用户小时平均量之和加上 5% 的损耗来确定。

氮气产品的压送、储存及输配等设施规模需要按照用户具体要求来确定。

1.15.4　设备选用

基本要求有如下 6 条：

（1）满足所需产品的品种、产量和纯度的要求，设备的流程要先进合理。电耗指标是制氧机的重要指标，大型空分设备的制氧（不包括氧气加压）电耗约为 $0.35 \sim 0.5 \, kW \cdot h/m^3$，氧气加压（当终压为 $2.5 \sim 3 \, MPa$ 时）电耗约为 $0.15 \sim 0.2 \, kW \cdot h/m^3$。此外，还要求设备安全可靠，运转寿命长。

（2）主要产品产量要接近设计规模，设备能力要按安装地区气压、气温对产量的影响进行校正，避免长期低负荷运转或造成大量放空。

（3）制氧机原则上不设整套备用机组，但设备台数必须考虑设备检修时不影响或少影响对重要用户供氧，并适应分期建设的需要。宜选用多台机组并联运行。

（4）当一个工厂兼有高、低两种纯度氧气用户时，设备的选用须经全面技术经济比较后择优确定。

（5）产品气体加压、储存、输配设施，按用户条件选用适当形式与压力的加压机。活塞式氧压机一般需设备用机组，备用台数需根据生产设备的多少来确定。储气罐应满足调剂高峰低谷负荷变化的容量和必要的安全储量。对零星分散的小用户和个别高压氧气用点采用高压瓶装氧气供应，须配置高压氧压机和相应的充瓶汇流排等辅助设施。

（6）重要工艺用氧的大、中型空分设备应能在生产气态氧、氮的同时生产一部分液氧、液氮，并配置一定容量的液体储槽和相应的加压、汽化设备。

1.15.5　车间组成及站区布置

氧气站站址应选择在乙炔及其他烃类等有害气体散发源的全年最小频率风向的下风侧，并且空分设备的空气入口与这些散发源之间的距离须符合有关规范的要求。氧气站一般由下列建（构）筑物及设施组成：

（1）空分车间（通常包括空分塔及各种压缩机，单供压缩机用的房间有时也俗称机器间）；

（2）空分产品充瓶间和瓶库；

（3）气体产品储罐和压力调节输配间；

（4）液体产品储槽及加压汽化设施；

（5）变配电站；

（6）循环水泵房,凉水架和水处理设施；

（7）化验设施；

（8）修理间；

（9）绝热材料库和润滑油库等。

进行氧气生产、加压、充瓶、储存输配的建(构)筑物及设施的防火类别须符合国家规范。站区布置时,各建(构)筑物及设施彼此之间及与其他各地点、线路之间的防火间距,须符合有关规范的要求。站区布置要因地制宜,合理布局,通路畅通。站区四周一般设安全防护围墙或围栏。

1.15.6　工艺及设备布置

小型空分设备的空分塔和压缩机等一般都集中布置在单层建筑物内。大、中型空分设备的空分塔一般露天布置,在特别寒冷的地区可采用半封闭式布置或采用其他防寒措施。各种气体压缩机宜集中安装在靠近空分冷箱的机器间内,也可视具体情况将氧气压缩机或氮气压缩机布置在单独的厂房内。机器间可根据压缩机结构形式、操作条件等决定采用单层或两层建筑物。机器间内布置设备时要满足操作及检修要求。氧气站的环保污染源主要是噪声,因此对机器间及管道等要采取隔音设施,使之符合有关规范要求。为了对大、中型空分设施进行检测的操作监控,氧气站宜设置集中的中心控制室。中心控制室视空分设备仪表的配置水平及是否便于监控操作等条件,可依附在机器间内或单独设置;但必须采取措施防止设备等产生的噪声和振动对其影响。生产、压缩和储存氧气或液氧的设备和设施,不应设置在地坑或地下建筑物内。氧气站内的充瓶间宜单独设置,高压压缩机宜布置在充瓶间内。液体产品储槽、加压及汽化设施的位置宜靠近冷箱。各种气体储罐宜集中在同一区域内,并符合有关规范要求。

1.15.7　氧气管道设计

管径按流体力学计算确定,在不同压力下管内气体流速不得超过有关规范规定。管子、阀门和其他管件与氧气接触部位应光滑,无锈或不锈,不含油脂及任何可燃物。关键部位采用铜合金或不锈钢制作。管路系统中,要防止局部地方流速急骤变化,并采取防止静电积聚的措施。氧气管道常架空敷设;必须地下敷设时,要采用不通行地沟敷设或直接埋地敷设。氧气管道的布置与其他管道、电力线路等的间距和要符合有关规定。

1.15.8　发展趋势

在空气深冷分离法中采用分子筛吸附净化原料空气、用规整填料精馏塔代替筛板塔、用直接精馏提取精氩代替用氢气转化氩气中氧之后再提取精氩的办法,以及空分装置采用计算机控制等技术。随着冶金工厂用氧量的不断增加,制氧设备趋向大型化,单台制氧机的制氧能力扩大到 70 000 m^3/h,制氧电耗降低到 0.38 kW·h/m^3 以下。除深冷分离法外,变压吸附制氧装置将从小容量阶段发展到工业性大容量生产。

肖家立　罗　让　杨若仪

1.16 氩气生产及精制设施设计

氩气生产及精制设施设计是指在用深冷分离方法生产氧气、氮气的同时制取氩气并对其进行精制的设施设计。氩气生产及精制设施通常设在氧气站内。其主要设计内容包括氩气的用量、生产工艺流程、设备选用和布置、氩气充瓶。

1.16.1 氩气的性质、用途和用量

氩气在常温下为无色、无味、无嗅的气体,在空气中的体积含量为0.932%;分子质量为 39.95,密度为 1.784 g/cm³,沸点为 87.29 K(在161.325 kPa时)。氩气为惰性气体,其化学性质不活泼,不燃烧,也不助燃。

氩气在冶金工业中的应用,在稀有金属冶炼工业中用于半导体材料硅、锗精炼和单晶制作的环境气氛。在钢铁厂用于炼钢、炉外精炼和连铸生产中往钢水包吹氩搅拌、调温。20 世纪 60 年代发展起来的氩、氧炼钢法,开拓了不锈钢冶炼工艺。此外,氩气作为保护气体还大量用于铝、镁、不锈钢的焊接以及用于电子工业等。

氩气在钢铁厂的用量,可按全厂氩气平衡表中各用户小时氩气量的合计值并考虑5%的损耗后的总量来确定。在用户的小时平均用氩气量的计算公式(见本书 1.15 节氧气站设计)中,各用户的用氩单耗为炼钢为0.1 m³/t,连铸为 0.2~0.35 m³/t;氩、氧炼钢为 8~15 m³/t。

1.16.2 生产工艺流

从空分设备的精馏塔上部适当部位抽出富氩馏分(其中含氩 8%~10%,其余为氧及氮)引入粗氩塔,在粗氩塔中精馏后得到氩含量为95%的粗氩。粗氩出粗塔后经加压送入接触炉,入炉前加入适量氢气。在接触炉

中催化剂的作用下,粗氩中的氧与氢化合成水,同时产生大量的热量。出炉的灼热气体经冷却、水分离及干燥后,送往精氩塔。在精氩塔中再将氩中的氮除去,塔底得到 99.99% 或更高纯度的液态纯氩产品,并经管道送至储槽。另外,20 世纪 80 年代空分设备上已有只用精馏,不需用氢气除氧生产精氩的设备。产品氩气的输配一般有 3 种形式:①液氩经低温泵加压到 1.5～3 MPa,再经汽化器汽化后用管道送往用户,管路中设置储罐以调节负荷波动;②液氩直接装入低温槽车运往用户;③对不固定的零星用户及向市场供应,气态氩用膜式压缩机,液态氩用高压低温泵加压到 15 MPa,汽化后去充填台充瓶供应。

氩的生产、精制及输配流程见图 1.30。

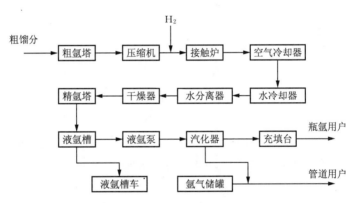

图 1.30　氩的生产、精制及输配工艺过程

1.16.3　设备选用和布置

氩的生产及精制设备是随空分设备配套,根据空分设备的原料空气量和氩的提取效率(提取效率与空分设备的流程和制造水平有关)来确定氩的生产和精制设备能力。在不同空分设备不同提取率下的氩气产量(m^3/h)约为:

空分设备氧气产量/$m^3 \cdot h^{-1}$　　6 000　　10 000　　30 000
氩气产量/$m^3 \cdot h^{-1}$　　90～170　　190～320　　1 000

因此,在确定氧气站生产规模及选用设备时,制氧与制氩要同时兼顾,空分在满足产氧要求的同时还要根据全厂氩气用量选择合适的氩气生产和精制设备。氩的生产及精制设备中的粗氩塔及精氩塔,由于需要冷源必须

设置在空分装置的冷箱内或另外设置单独的冷箱。从粗氩压缩机到干燥器等一系列净化设备，一般都集中在空分车间的外侧房间（净化间）内。其中用氢气进行净化的接触炉的布置和电气设施的安全要求，应符合有关规程、规范的规定。

1.16.4 氩气充瓶

当用钢瓶盛装高压氩气时，为了防止钢瓶内壁有积锈，水汽及其他杂质造成对氩气的污染，降低产品质量，在未充气之前要对钢瓶进行预处理。处理的一般程序见图1.31。

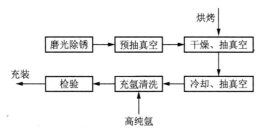

图1.31 钢瓶处理程序

钢瓶内壁磨光除锈，一般采用机械方法打磨，并预抽真空，目的是检查全系统的密封性。钢瓶的干燥方法，可以用蒸汽、红外线或其他热源烘烤，并在干燥的同时抽真空。钢瓶的冷却是在空气中自然冷却。到达预定的真空度之后，往钢瓶中充入高纯氩清洗，再用火花检测和取样分析进行检验。氩气充瓶间和瓶库，可与氧气充瓶间和瓶库合建在同一个建筑物内或单独分建。当有高纯氩充瓶时，还应有钢瓶处理所需的打磨、烘烤、分析等房间。

肖家立 罗 让 杨若仪

1.17 氖、氦、氪、氙气生产及精制设施设计

在用深冷分离方法生产氧、氮的同时制取氖、氦、氪、氙气时，须对其进行精制的设施设计。这些气体的生产及精制设施通常设在氧气站内。其主要设计内容包括生产工艺流程、设备选用和布置。

1.17.1 氖、氦、氪、氙气的性质、用途和用量

氖、氦、氪、氙气在空气中的体积及物理性质见表1.26。

表 1.26 氖气、氦气、氪气、氙气的物理性质

项　　目	氖气	氦气	氪气	氙气
空气中的含量/×10⁻⁶	18	5.24	0.1	0.08
相对分子质量	20.179	4.002	83.8	131.3
密度(空气=1)/kg·(m³)⁻¹	0.674	0.104	2.818	4.53
沸点(气压 101.325 kPa 时)/K	27.09	3.2	119.79	165.02
色	无	无	无	无
嗅	无	无	无	无

由于这些气体(包括氩气)在空气中的含量极少，化学性质不活泼，不燃烧，也不助燃，故俗称稀有气体，又称随性气体。

氖、氦、氪、氙气的产量取决于空分设备的原料空气量和各气体的提取效率。一台氧气产量为 10 000 m³/h 的空分设备在较佳回收率下可提取纯度为 99.99％以上稀有气体的产量大约为：氖气 13 m³/d；氦气3.8 m³/d；氪气 0.9 m³/d；氙气 0.06 m³/d。一台氧气产量为 30 000 m³/h 的空分设备可

提取纯度为 99.99% 以上稀有气体的产量大约为:氖气 40 m³/d;氦气 11.5 m³/d;氪气 2.4 m³/d;氙气 0.195 m³/d。

氖、氦、氪、氙气在钢铁厂应用不多,但广泛用于其他工业,氖气多用于充填航标灯,霓虹灯和用作低温实验室安全制冷剂;氦气用作稀有金属冶炼的保护气体和配置深水作业、宇宙航空等呼吸用气,也用于压力容器、真空系统检漏和制作氦氖激光器,还在原子能、红外线探测、低温电子等方面得到应用;氪气用来充填高级电子管和特殊照明灯具,也可用于制作激光器;氙气具有极高发光强度,可用于充填光电管、高压氙灯和能穿透雾气的导航灯等。这些气体数量少,售价高,有较好的经济效益。因此,在钢铁厂氧气站选择空分设备时,应该根据空分设备的大小、市场对氖、氦、氪、氙气的需求来确定是否配置生产这些气体的生产和精制设施。

1.17.2 生产工艺流程

氖、氦气的生产及精制工艺见图 1.32。氖、氦气在空分设备精馏塔内部都不冷凝,而以气态集中在主冷凝器顶部和氮回流液中。这部分气体和液体被导入浓缩塔,得到含氖、氦 40%~45% 粗混合气;然后进入净化工序,用催化剂除去粗氖氦混合气中的氢,用低温冷凝法和吸附法除去其中的氮,获得含氖氦约 99.9% 的混合气;再借氖、氦沸点的差异,纯混合气经分离装置在低温下节流膨胀,氖被液化而氦仍为气态,液氖再经纯化塔精馏而得到精液氖,气化后加压充瓶,粗氦则在净化装置用低温吸附除去杂质,得到成品纯氦,加压后充瓶。

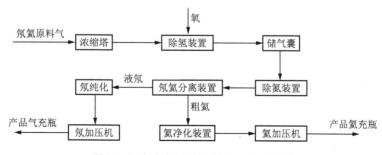

图 1.32 氖氦气生产及精制工艺流程图

氪氙气的生产及精制工艺流程见图 1.33。从空分设备精馏塔抽取液氧,经吸附器清除乙炔等碳氢化合物后进入一氖塔,浓缩后得到含氖氩约0.3%的原料气,原料气送入接触炉,借催化剂的作用使其中甲烷与氧直接反应而被除去;随后进入二氖塔进行精馏,得到含氖氩约35%粗混合液,粗混合液汽化后经接触炉再次清除甲烷;之后在三氖塔用间歇精馏操作得到粗氖粗氩,粗氖经加氢混合后在接触炉除去其中的氧,得到纯品氖气,加压后充瓶,粗氩则经一系列净化方法除去微量氢、氧和甲烷得到纯产品氩气,加压后充瓶。

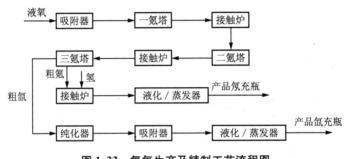

图 1.33　氖氩生产及精制工艺流程图

1.17.3　设备选用和布置

氦、氖、氪、氩气的生产及精制设备与空分设备配套,因此,在选用空分设备时,可按需要的稀有气体种类选配相应的设备。生产及精制设备中的氖氩塔及一氖塔、二氖塔由于需要冷源,应布置在氧气站的空分冷箱内,其余装置宜布置靠近空分冷箱的单独房间内。其中采用氢气进行净化的接触炉的布置及其电气设备的布置的安全要求,应符合有关规程、规范的规定。

肖家立　罗　让　杨若仪

1.18 攀钢氧气厂供氮系统爆炸事故小结

　　1978 年 9 月 18 日零时 13 分,攀钢氧气厂供氮系统发生了强烈爆炸,2 台氮压机及约 3 800 m 的供氮管线同时炸坏,此次爆炸给国家造成的经济损失约 100 余万元。氮气本身无爆炸特性,它在冶金工厂主要作为灭火防爆介质使用,供氮系统全线同时爆炸国内外罕见。为了总结经验教训,笔者整理了这份材料,针对这次爆炸事故提出今后对类似供氮系统设计、使用的几点看法,供有关部位参考。

1.18.1 爆炸事故

　　攀钢氧气厂供氮系统如图 1.34 所示。

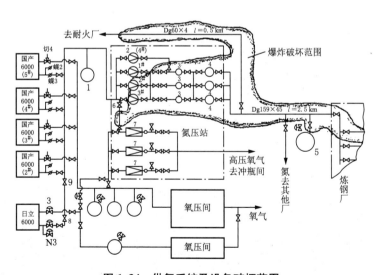

图 1.34 供氮系统及设备破坏范围

1—氮气吸入缓冲罐;2—1#～4#氮压机;3—后冷却器;4—出口贮罐;5—球形贮氮罐;6—机前氧氮联络阀;7—充瓶氧压机;8—联 N-1 阀;9—联 N-2 阀

空分设备所产纯氮气经压缩机压缩,用近 2.5 km 的管道送至炼钢厂作氧气顶吹转炉的密封气用,也有少量氮气供耐火材料厂作仪表动力气源。供氮系统在爆炸之前已安全运行了 7 年。

1978 年 9 月 17 日氧气厂国产 2×6 000 m³/h 制氧机与"日立"6 000 m³/h 制氧机及辅助设施正常运转。国产 4×6 000 m³/h 制氧机正常停车。3 台高压充瓶用氧压机完成当天生产任务后,于 22 h 15 min 停车。#2,#3 氮压机在运行。23 h 23 min 因高压供电线路遭遇雷电产生瞬时电压降低,全厂除水泵房内#2 水泵、氮压站内#2 氮压机继续运行外,其余设备都相继自动停车。在电压恢复正常后,23 h 30 min 将#4 水泵启动运行,氮压机操作工也开动了#3 氮压机。23 h 35 min 国产制氧机#2 大螺杆空压机启动时,因电机故障未开动起来,国产制氧机未投入生产。23 h 50 min"日立"制氧机的空分塔导入空气。23 h 54 min 纯氮管道送出富氧空气 2 600~3 800 N·m³/h,18 日 0 h 启动膨胀机。2 台氮压机运行至 18 日 0 h 13 min,突然闪光与巨响,供氮系统同时全线爆炸。

事故发生之后立即组织了调查,爆炸损坏范围见图 1.34。

高压氧氮 180 m² 厂房屋顶石棉瓦全部碎落,天窗炸坏,一侧墙壁炸裂,门窗冲坏。#2 氮压机二级气缸盖炸裂,二级气缸及中间冷却器损坏。#3 氮压机二级气缸炸坏,进、排气阀崩出,中间冷却器炸坏。事故发生时没有运行的#1,#4 氮压机完好。氮压机 3 个后冷却器全部炸毁,2 个贮气罐底脚螺栓拉脱,罐体倾斜。氮压机高压侧及供氮管网上共有 25 个阀门炸碎,埋地管线全部炸毁。

氮气管道破坏总长度 3 800 m,送炼钢厂的 D159×4.5 干管 2.5 km 长几乎全部炸毁,去耐火厂的 D60×4 管道损坏近 0.5 km。管道有 75 条焊缝、55 个弯头、13 个∏形补偿器共 143 处被拉断或炸裂。大部分管道从煤气管道上掉下来,多数从焊缝口断裂。与球形氮气贮罐连接的管道和阀门炸飞,但球罐却安然无恙。炼钢厂内供氮管道总阀门被炸毁,转炉车间内部管道破坏程度较轻。

氮气管道、煤气管道和氧气管道共架敷设,全线煤气管道被打漏 4 处,其中一处着火,氧气管道被打漏一处。

管道附近建筑物受损问题也十分特出:距管道 13 m 处有一座楼房墙壁被打穿 2 孔,砸坏室内家具,屋檐被飞出的管段打坏数处;飞出的氮气管段打倒木质照明电线杆 1 根,电线断裂下落;打坏了水泥电线杆 1 根。

1.18.2　爆炸的直接原因

为了找出产生爆炸的直接原因,攀钢组织调查组,进行了深入细仔的调查工作。为了找出科学根据,先后做了氮气管道金相分析;做了 D50 氧、氮连接阀泄漏试验;事故停车后氮压机开动时送出氮气纯度试验;氮压机气缸润滑油化验和氮气管道接头电阻试验等。综合各种分析都表明事故是爆燃产生的。

1978 年 10 月上旬,攀钢查出了 9 月 17 日 23 h 53 min"日立"空分塔在恢复生产过程中,3 个液化器空气上塔入口阀门没有关,空气串入下塔,主冷凝器受换热负荷影响,主冷液氧迅速蒸发进入氮气管道。为此,10 月 17 日按事故前"日立"空分塔的工艺操作做了模拟试验。试验时将 A117,A118,A119,A111(旁通),N1,N2,O1,O2 阀门打开;A101,A102,N101,N102,O3 阀关闭;除 N3 放空阀为了在试验中调节氮气输出量而打开外,其余阀门均与事故前相同(流程图参阅 1.35)。试验从上午 9 h 45 min 起,停车 27 min(与事故前停车时间相同)。10 h 17 min 空装置空气导入空分塔。10 h 20 min 启动膨胀机,空气流量为 16 500 m^3/h,纯氮取出量 3 000 m^3/h,分析纯氮气体纯度的取样点取样化验。其结果如表 1.27 所示。

表 1.27　取样点纯氮气体纯度　　　　　　　　%

序号	时　间	含氮量	含氧量	序号	时　间	含氮量	含氧量
1	10 h 27 min	77.8	22.2	5	10 h 37 min		
2	10 h 30 min	68.0	32.0	6	10 h 45 min	99.8	0.2
3	10 h 32 min	55.2	44.8	7	10 h 45 min	99.94	0.06
4	10 h 35 min	43.0	57.0	8	10 h 51 min	99.96	0.04

试验中,10 h 27 min 开始取样化验,氮气纯度为 77.8%,以后由于空气经板翅式热交换器与 3 个液化器的出口阀门 A117,A118,A119 进入下塔,使主冷凝器的热负荷增加,造成了主冷凝器液氧急剧沸腾蒸发(表现为液面波动大);又由于 N101,N102,A101 阀关闭,上塔无回流液体无法进行精馏,使含氧量迅速增加的气体从污氮和纯氮管道送出塔外,并经联 N-1、联 N-2 阀进入氮压机入口管道内。10 h 37 min 开 N101 阀 50%,N102 阀 60%,上塔开始喷淋液氮,开始精馏,使出塔气体氮纯度很快上升。10 h 20 min 开 A102 阀 20%,下塔压力 0.38 MPa。空气流量 27 000 m^3/h,

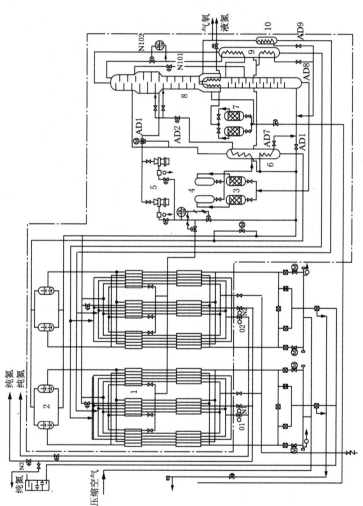

图 1.35 "日立"6 000 m³/h 空分设备流程图

1—可逆式热交换器；2—自动阀箱；3—碳氢化合物吸附器；4—液空过滤器；5—透平膨胀机；6—液空过冷器第一液化器；7—循环氮吸附器；8—精馏塔；9—液氮过冷器第二液化器；10—第三液化器

恢复正常操作,在 10 h 41 min 试验结束。这次试验从 10 h 7 min 空分塔导入空气到 10 h 35 min 共历时 18 min,比 9 月 17、18 日事故时缩短了 5 min(怕引出气体含氧过高出事故,试验不敢继续进行),但导出气体含氧量已增至 57%,照此增长速度外推,事故时送出气体含氧量可达 72.8%左右。试验证实了事故前"日立"空分塔纯氮管道送到氮压机的气体是含氧越来越高的富氧空气。

40 余天的调查试验,证实了事故是燃烧产生的。从掌握的材料看,燃烧的几个因素已经全部具备:

第一,9 月 17 日 23 h 23 min 空塔全部停转后,#2 氮压机应停未停在继续运行,#3 氮压机自动停后又开了起来。在空分塔全停的情况下,2 台氮机继续运行,这是造成这次事故的前提条件。

第二,两台氮压机向氮气管道里压送的不是氮气而是富氧空气。9 月 17 日在空分塔全停的情况下,#2 氮压机应停未停,#3 氮压机停后又开起来,致使空分停产后到"日立"空分送出富氧前止,共送出空气 1 100 m³,而氮气管道系统里的氮气贮存量仅为 496.8 m³,空气置换了管道时的氮气。23 h 54 min"日立"空分塔再开车时,操作不当,N101,N102 阀应开未开,致使"日立"空分塔向氮气管道送出富氧空气;又逐步转换了氮气管道中的空气,使管道富氧空气的含氧量平均高达 45.2%,发生爆炸瞬间局部最高含氧量可能高达 72.8%。这是氮气管道爆炸的主要原因。

第三,氮压机气缸用 19 号压缩机油润滑油,由于长期运行,氮气管道和冷却器中沉积了一定数量的油;另外,氮压机出口气流将油雾化成液滴:因此,爆燃的条件是具备的。氮压机原设计采用无润滑压缩机,因基建时无货供应改用 4L-20/8 型普通空压机,自 1971 年投产以来,管道内壁已经附着一层油脂,管路的低洼与死角处油的沉积就更多一些,这种可燃物质存在于富氧条件下,是造成这次爆炸的必要条件之一。

第四,雷击或阀片与阀座撞击使局部温度升高至燃点,都有可能是引爆的原因。根据国外氧气管道燃烧爆炸的研究,润滑油在氧气管道燃烧爆炸的温度为 273～320 ℃。根据气象局资料,1978 年 9 月 17 日 23 h 3 min 厂房的位置正是当时的雷击区。虽然测得氮气管道的接地电阻仅有 0.4 Ω,根据电气防火资料介绍,即使接地电阻很小,雷击也能引起易燃易爆物质的燃烧爆炸。雷电遇上管道内混合得很好的随时有爆炸危险的混合气体,爆炸是完全可能发生的。另外,氮气管道与氮压机的设计都没有考虑防爆措施,如氮压机进、排气阀不严,阀片与阀座撞击时发生火花,均可引爆。

同时具备以上几个因素,爆炸就难以避免了。至于引爆原因的进一步定量确定,曾派人到四川省有关研究单位与大专院校联系,均无条件做到;因此,这次爆炸只能如此定性。

1.18.3　对供氮系统设计、使用的几点意见

针对这次事故,笔者对今后供氮系统的设计使用提出下列参考意见。

(1)氮气压缩机应该选用无油压缩机,已经安装使用的压缩机应该改为无油压缩机。这与冶金工厂用户对氮气的质量要求以及供氮系统本身的安全要求是一致的。

(2)氮压机的供电应与空分生产相互连锁。当空分全部停车时,氮压机应该自动停车,只有当一台空分设备启动以后氮压机才允许启动,以杜绝空分设备停车时氮压机继续运行吸入空气或富氧空气的危险。氮气主要供氧气炼钢厂料仓和氧枪密封用。如密封氮气改成空气,炼钢厂的料仓也有爆炸的可能。这次事故时炼钢厂的转炉正在补炉没有出现事故,也属不幸中的万幸。

(3)有时为了满足氧气厂有生产高纯瓶装氮的需要,要利用冲瓶氮压机压缩氮气。为此,需要在冲瓶氮压机与氮压机前设氧、氮联络管,同时必须在联络管阀门后加盲板,只有需冲高纯氮时临时拆盲板,见图1.36。

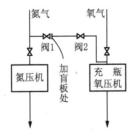

图 1.36　压缩机前氧氮联络管

(4)多台空分供氮的系统氮压站的管道连接与调节检测的要求,建议按图1.37水平配置。

第一,各台空分的手动放散蝶阀-2一般情况下处于关闭状态,氮气集中用调-1阀放散,以保证氮压机前供氮总管压力与纯度的稳定。机前管道

压力过低,也可用调-2阀回流。调-1、调-2阀受压力自动调节系统控制,机前氮气总管压力为纪录型,并带低压报警。

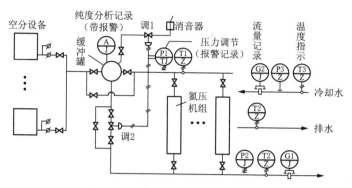

图 1.37　氮压站系统及控制要求

第二,机前总管设置氮气成分连续分析仪纪录气体含氧量。含氧过高应报警停机,确保用户与氮压站自身安全。

第三,其余检测仪表如图要求配备。压缩机后氮气压力过高可在用户贮氮罐处设置调压阀放散。氮压机及机后贮罐本身也带有安全阀,在系统图中未表示出来。

(5)氮压站的厂房除供电设施外,最好按防爆型厂房修建,轻质屋顶,大窗户,门朝外开等。当大型氮压机与空压机、氧压机同厂房时,可服从空压机、氧压机的厂房要求。

(6)单独设置的氮压站与氧气厂总调度室之间必须设置直通电话。

(7)输氮管线与建筑物、构筑物之间需保持一定距离。氧气、氮气等压力管道与各类工业建筑物之间的最小净距国家已有规定,设计人员应严格执行。管道与民房之间的净距国家尚无规定,从这次爆炸事故看,压力管道也应该在可能的条件下远离民房。

(8)氧气、氮气管道与煤气管道共架敷设,管道之间应该有一定净空,尤其是煤气管道与氧气管道之间净空不宜过小。这次事故处理中,煤气管道打漏处进行补焊时,曾引起煤气管道着火事件,严重威胁了共架敷设伴行的全厂供氧总管的安全。

(9)设计、施工对压力管道的焊接质量应该有严格要求。这次管道爆炸的破坏绝大多数是焊缝断裂,发现许多焊缝没有焊透。今后对壁厚 4.5 mm左右的压力管道焊接最好采用坡口焊接,并保证焊接质量和严格验收过程。

（10）管道上禁止架设与本管道操作无关的一切电缆。

1.18.4　事故后的几项措施

（1）严格执各行规章制度，加强调度指挥系统。重申氮压机开、停车必须得到调度的同意方可操作。联 N-1、联 N-2 阀开关必须得到调度的指令，否则不准开与关。

（2）氧、氮联通阀加装盲板，用时临时拆盲板。

（3）氮压机房与厂调度室需设直通电话，以便及时联系。全厂空分停车时立即停运氮压机。

（4）认真检查供电系统保安与连锁装置，并设专人负责定期校正，使其时刻保持灵敏动作。

（5）空分送出的氮气必须进行化验，合格后方可送入系统。对氮压机进口和出口氮气纯度也要定时进行化验，以保证纯度。安装自动化验仪表并带报警、停车装置。

（6）供氮系统拟改成密闭循环，氮压机入口装压力自动调节装置，使其不得吸入空气。

（7）现有的 4L-20/8 型氮压机改成无油压缩机，在二期工程中实施。

（8）全厂设备全停时，有关厂、车间领导、工程技术人员必须亲临现场指挥，确认无问题后方可再行开车。

杨若仪　赵雅泉

1.19 COREX 炼铁与空分装置

COREX 炼铁是一种熔融还原炼铁法，是奥钢联（VAI）开发的专有技术。1989 年 12 月，南非伊斯科（ISCOR）一套日产 1 000 t 铁水的工业装置正式投产，宣告了这种炼铁方法的诞生。由于这种方法流程短、污染少、成本较低，并适合中、小企业等特点，这些年来得到了适度发展。COREX 设备也在不断大型化，日产 2 000 t 铁的设备于 1997 年 4 月在韩国浦项投产，日产 3 000 t 铁水的设备也已在我国建成投产。

COREX 炉每炼 1 t 铁需消耗氧气 520～650 m^3， 钢铁联合企业用 COREX 炼铁、转炉炼钢，综合氧气用量可达 540 $m^3/t_{钢}$～710 $m^3/t_{钢}$，使钢铁厂的氧量比常规流程成倍增长。COREX 炼铁的发展，必将促进制氧机行业的进一步发展。国外一些著名的工业气体集团都在密切注视 COREX 的发展，并为其研制合适的空分设备。本节就中国的 COREX 装置在前期规划过程中与国外气体公司探讨的技术问题作一个归纳与小结。

1.19.1 COREX 炼铁

1. COREX 炼铁过程简介

COREX 由熔融气化炉、预还原炉、加料设备、出铁设备和气体处理设备组成（图 1.38）。还原煤用氧气在熔融气化炉内气化，同时将预还原炉下落的热海绵铁熔化。熔融氧化炉下部出铁、出渣，顶部导出高温煤气。高温煤气经掺入冷煤气调温并经除尘，送到预还原炉作还原气用。从预还原炉顶部导出煤气经过冷却除尘作商品煤气外供。

从煤气化的观点看，熔融气化炉是一个液态排渣、固定床和流化床并存的纯氧气化炉。在熔融气化炉上部球形区进行传热与挥发分的裂解；中部扩张段为煤粒流化区，煤在此处干馏与气化；炉子胫部有一个固定半焦气化层；炉子下部酷似高炉的下部完成铁水生成过程。炉子操作压力 0.5 MPa，

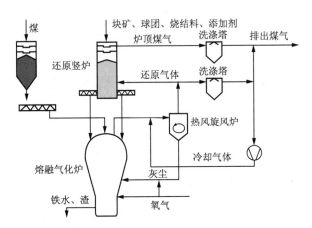

图 1.38　COREX 炼铁原则系统图

铁水温度 1 470 ℃,气化温度 1 200～1 800 ℃,拱顶温度 950～1 150 ℃,煤气出口温度必须控制在 950 ℃ 以上,才能保证煤气中有机物的分解。煤气成分主要为 CO 和 H_2,没有焦油、酚、氰等污染物质。

热煤气除尘后导入预还原炉,将炉内铁矿石还原成海绵铁。煤气中的部分 CO 和 H_2 被氧化成 CO_2 和 H_2O,然后从炉子顶部导出,再经冷却除尘成副产煤气输出。热海绵铁用螺旋输送机排入熔融气化炉。

在这一过程中氧气的作用与煤气化工业中用氧十分相似。

2. 对空分产品的需求

COREX 大量用氧,用氮较少。VAI 认为纯度 95% 的氧气可满足工艺需求。但当 COREX 煤气用去制作生产海绵铁的还原气时,因后工序的要求用氧纯度应该在 98% 以上。钢铁厂因考虑转炉炼钢也采用纯度 99.6% 氧气,提高氧气纯度对 COREX 工艺是有利的。表 1.28 示出了用 COREX 炼铁的钢铁联合企业对空分产品的需求。

表 1.28　COREX 炼铁与钢铁联合企业对空分产品的需求

项　目		作业率/%	氧　气			氮　气		氩　气		
			纯度/%	单耗/$m^3 \cdot t^{-1}$	压力/MPa	单耗/$m^3 \cdot t^{-1}$	压力/MPa	纯度/%	单耗/$m^3 \cdot t^{-1}$	压力/MPa
COREX 炼铁		92～94	95～99.6	520～650	0.75	100	0.8			
联合企业转炉流程	COREX 炼铁	92～94	95～99.6	520～650	0.75	100	0.8			
	氧气转炉炼钢	80	99.6	55～60	1.6	30	0.8	99.999	1.7	1.6
	连铸	80	99.6	2	1.6					
	小计			577～712						

（续表）

项　目		作业率/%	氧　气			氮　气		氩　气		
			纯度/%	单耗/$m^3 \cdot t^{-1}$	压力/MPa	单耗/$m^3 \cdot t^{-1}$	压力/MPa	纯度/%	单耗/$m^3 \cdot t^{-1}$	压力/MPa
联合企业电炉流程	COREX炼铁	92～94	95～99.6	520～650	0.75	100	0.8			
	电炉炼钢	80	99.6	20～40	1.2	100	0.8	99.999	1.8	1.6
	连铸	80	99.6	2						
	小计			542～692						

注：表中金属平衡铁钢比按1计算。

对一个由COREX炼铁、氧气转炉炼钢与全连铸的钢铁企业，当年产合格钢坯160万t/a时，全厂作业时间用氧量约为125 000 m^3/h，用氮量为35 000 m^3/h，用氩量为450 m^3/h。90%左右的氧气用于COREX，10%左右的氧气用于炼钢等。工厂对氧气供应可靠性要求较高，在钢铁厂的生产能力计算中没有考虑供氧中断对钢产量的影响，工艺用氧不能中断。从工厂对氧、氮、氩的消耗比例看，对空分机组氮、氩的提取率要求不高。

1.19.2　空分装置

1. 世界上COREX炉的空分配置情况

表1.29示出了COREX已经建设与计划建设项目空分设备的配置情况。

表1.29　已建和计划建设COREX项目空分配置

序	项　目	COREX炉		空分设备				备注
		座数×型号	产量/×10^4 t·a^{-1}	座数×产量	氧气纯度/%	供氧压力/MPa	设备供货商	
1	南非伊斯科	1×C1000	30	2×20 000	99.6	1.6	BOC	老厂增建
2	韩国浦项	1×C2000	60		99.6		AL	老厂增建
3	印度勤达尔	2×C2000	160	1×71 000	99.5	1/3	PRAXAIR	老厂增建
4	南非萨尔达尼亚	1×C2000	65	1×70 000	95/99.6	1/3	AL	新建
5	西澳CONPACT	1×C2000	80	1×63 000	95/99.6	1/3	BOC	计划项目

注：BOC原英国氧气公司，AL法液空公司，PRAXAIR美国普莱克斯公司。

　　南非萨尔达尼亚与西奥 CONPACT 是 2 个平地起家的建设项目,空分设备完全根据设计需要合理配置的。其他项目都是老厂改建、扩建项目的空分设备选择均与原有供氧设备有关,为便于与原有供氧系统联为一体或考虑空分设备互为备用等因素,大多沿用钢铁厂双高流程的空分设备。

　　2. 氧气纯度与相关流程

　　目前供 COREX 用的空分设备,从氧气纯度考虑可有如下 4 种方式。

　　(1) 全低压,氧、氮双高纯度的流程　如上所述,目前大部 COREX 的供氧装置还是沿用了双高流程。这种流程是大家所熟知的,在老厂改建与增建中在所难免。因 COREX 供氧装置都是大型装置,机组一般采用分子筛净化、增压膨胀透平、上塔和粗氩塔采用结构填料、直接精馏提氩、计算机负荷控制等先进技术。原料空气的进气压力一般只为 0.59 MPa(绝对压力),氧气出压力≤0.11 MPa(绝对压力),把各种电耗集中到氧气上的分离电耗为 0.38 kWh/m³ 以下。图 1.39 是为 COREX 工厂设计的这种空分流程,它与目前钢铁厂新建大型空分的主要不同点是氧气输出的 2 种压力,部分氧气用压缩机。这种流程提供的低压氧气只能满足高炉富氧需要,不能满足 COREX 的压力需要。

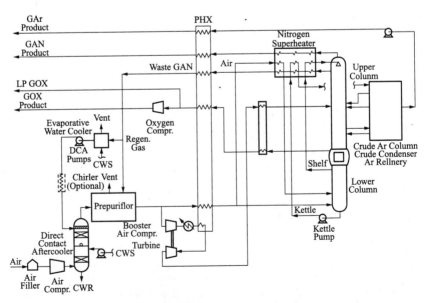

图 1.39　双高纯度二种氧气压力带氩的空分流程

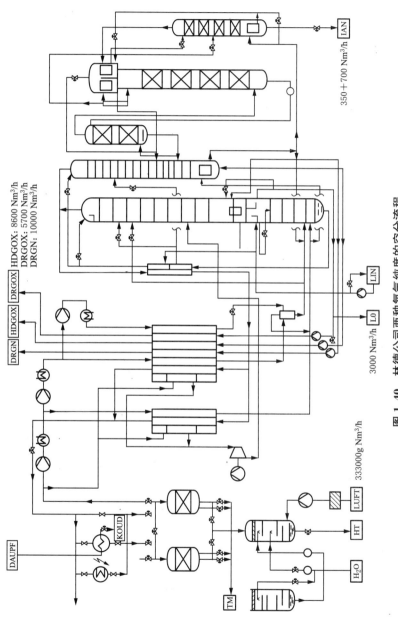

HDGOX: 8600 Nm³/h
DRGOX: 5700 Nm³/h
DRGN: 10000 Nm³/h

350＋700 Nm³/h

3000 Nm³/h

333000g Nm³/h

图 1.40 林德公司两种气纯度的空分流程

（2）双纯度空分　为 COREX 服务的新建空分采用双纯度产品的流程比较合理,典型装置是法国液化空气公司为南非萨尔达尼亚提供的70 000 m³/h 空分装置。它 90% 产品氧纯度为 95%,另外 10% 产品氧纯度为 99.6%。因空分的作业率高于冶炼设备,空分不考虑用机组。这种流程与只供 99.6% 纯度的机组相比投资增加不多,能耗下降较多。纯氧分离电耗0.36～0.37 kWh/m³,95% 氧分离电耗 0.31～0.32 kWh/m³,空分塔与气体压缩机都露天布置。

双纯度空分不同气体公司有不同的流程组织,图 1.40 是林德公司为COREX 工厂设计的 63 000 m³/h 空分装置,其主要指标为:

加工空气量:　　　　333 000 m³/h;
高纯度氧:　　　　　8 600 m³/h,纯度 99.5%;
低纯度氧:　　　　　57 000 m³/h,纯度 95%;
低纯度液氧:　　　　3 000 m³/h,纯度 95%;
液氩:　　　　　　　350～700 m³/h,纯度 99.999%。

双纯度空分直接从冷凝器底部抽取 95%～96% 的液氧,用液氧泵加压至 0.8 MPa,气化复热后送出气态产品;高纯氧部分是从下塔底部抽出液态空气,进入纯氧塔提馏,从塔底取出 99.5% 纯度的液氧,用泵加压至2.5 MPa,气化和复热后送出。

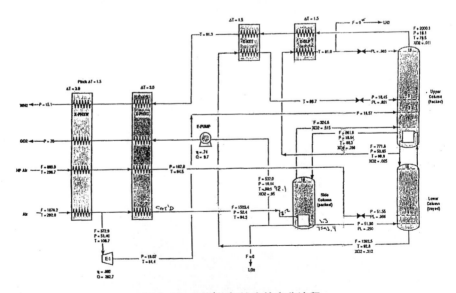

图 1.41　95% 氧气纯度的空分流程

（3）95％纯度的空分设备 图 1.41 示出了 PRAXAIR 公司为 COREX 设计的一种内压缩低纯氧空分流程。该流程设备简单，出主冷凝器液氧纯度 78.6％，另设一个副塔再将氧纯度提馏到 95％，主精馏塔与副塔均用结构填料塔，液氧泵将成品升压至 0.7 MPa，气化复热后出箱。该设备与双高流程相比空压机负荷减少约 20％，分离功减少约 15％。但这种空分设备在钢铁联合企业采用时，还必须另配置生产氩气的高纯氧空分，采用图 1.42 所示 A 配置，其总投资要比采用双纯度空分的 B 配置高 20％～30％。

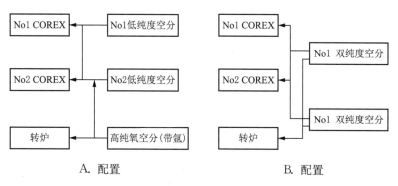

图 1.42 不同纯度空分设备配置图

（4）98％纯度的空分设备 奥钢联是氧气炼钢的技术开发者也是 COREX 技术开发者，1997 年在工程设计方案中正式提出过钢铁厂用 98％纯度的氧气可同时满足转炉炼钢和 COREX 的需要。98％氧气纯度的空分投资和能耗比双高流程略有下降。但 98％的氧气是否满足顶吹转炉炼出好钢的要求还是一个有争议的问题。

3. 供氧压力与内压缩流程

炼钢用氧压力 1～1.2 MPa，间歇使用，供氧系统设置氧气球罐，氧气站的氧气的输出压力为 3 MPa。炼铁用氧（含 COREX 和高炉富氧鼓风）使用压力为 0.5 MPa，用量基本上是连续平稳的，氧气站氧气输出压力可为 0.7～1 MPa。用户的供氧压力也是流程组织和压氧设备配置必须满足的。

空分的内压缩流程是指在空分设备内部，用液氧泵与产品位头把产品压缩到需用压力，并在冷箱内部气化，回收产品能量之后得到带压气体产品的流程。有时为了延伸讨论的问题，也把采用内压缩流程之后，产品压力与到用户还有一定距离再加升压不高的氧压机也放在内压缩流程的范围内分析。

一般公认,供氧压力高或供氧压力低时采用内压缩流程都是合适的。例如化工合成氨、煤气化要求用氧压力高,氧压机难以制造或氧压机运行的安全性差,需要采用内压缩流程。钢铁厂供炼铁的氧气 1 MPa 可满足用户要求,内压缩流程设备简单也是合适的。对 3 MPa 左右的供氧压力,采用内压缩流程是否合适需要做认真比较。

内压缩可有很多流程安排,共同点是要设置液氧蒸发器和液氧泵,并设有弥补产品氧携带能量多造成的不可逆损失的循环压缩机。图 1.43 是用净化空气经循环压缩机作液氧蒸发器热源的流程。该流程入下塔的空气全部经过透平膨胀机,产冷量大,有利于多产液体产品,而且有精馏塔高回流比和高回收率的特点,系统的能耗也比较小。

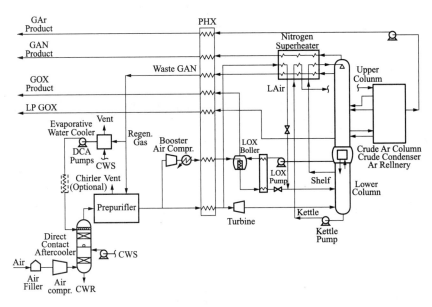

图 1.43   部分空气循环的内压缩流程

图 1.44 示出的是采用部分氮气循环的内压缩流程,这种流程用氮气作液氧蒸发器的热源,用增压透平膨胀,流程有下塔的回流量多,有比较高的产品回收率的特点。

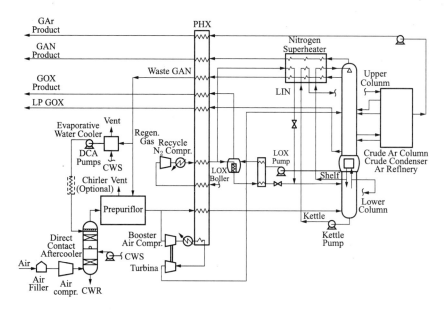

图 1.44 部分氮气循环的内压缩流程

图 1.45 流程是吸收了上两种流程的优点,循环压缩机有两个叶轮既可加压空气也可加压氮气。这种流程在能耗与氩回收率上可找到最佳操作点。

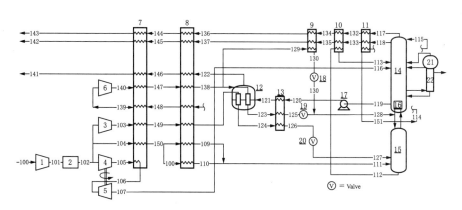

图 1.45 空气与氮气循环的内压缩流程

工厂采用内压缩流程是否合理需要从能耗、设备费、安全与维修诸方面综合分析后确定。

从能耗上看,内压缩流程是否节能要看循环压缩机、液氧泵与氧压机

（大多数情况下应该没有氧压机）三者能量之和是否比外压缩流程的空压机和氧压机的能耗低。所以,它与空气内部流程组织、用户供气压力、压缩机、液氧泵的配置等因素有关,需针对具体工程设计参数做详细比较。

内压缩流程的设备都有一个产品压力的最佳值。对 3 MPa 供氧压力,60 000 m^3/h 的空分机组,PRAXAIR 公司做了这方面的分析,提出如图 1.46 的曲线。曲线说明出冷箱处的压力为 207 kPa 时压氧系统的能耗最低。此时可比一般外压缩流程电耗降低 300 kW 左右,约占压氧总电耗的 1.5%,这是一个比较小的数字。当氧气出冷箱压力提高到 345 kPa 以上时,内压缩流程反而比外压缩流程费电。

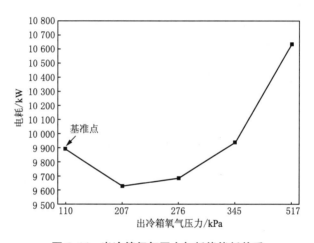

图 1.46   出冷箱氧气压力与耗能能耗关系

对 1 MPa 左右的供氧系统,几家国外公司都认为只设液氧泵的内压缩流程是合适的。

关于内压缩与外压缩设备费用的比较,因循环压缩机和液氧泵的设备费比氧压机要小,而且内压缩流程可以不建氧压机厂房,估计节省投资 5% 左右。

对运行安全性而言,氧压机容易出安全事故,而且氧压机因投资大不可能设备用机,相对运行的安全性差,设备维修费用也高。内压缩流程的液氧泵可以有备用设备,使运行安全性提高,设备维修费用也比较小。

4. 关于结构填料塔

结构填料塔是 20 世纪 80 年代初开发的产品,目前大型空分的上塔与氩塔已经普遍采用这种结构。苏尔寿公司生产的一种 MELLAPAK 铝合金制作的结构填料主要性能如下：

波高	板厚	倾角	比表面积	空隙率	开孔孔径
12 mm	0.2 mm	45°	250 m²/m³	97%	4 mm

精馏塔采用结构填料代替筛板后塔板阻力降低 5～10 倍，相同直径填料塔的流通能力比筛板塔高 20%～25%。当处理能力一定时，结构填料塔的直径可比筛板塔缩小 10%～15%。空分采用结构填料塔以后操作弹性增大，能适应 50%～100% 的负荷变化率。因塔板效率提高，结构填料塔的分离效果明显提高，氩的提取率可提高 5%～12%。结构填料塔塔盘上的持液量明显减少，阻力减少，生产操作中要对氧、氮产品进行调整时反应加快，能缩短开车与负荷调整时间。

上塔与下塔采用结构填料都有好处，但上塔用的经济性要比下塔用好得多。上塔需要的理论塔板数多，采用结构填料以后入塔空气压力可下降 0.068～0.069 MPa，节省空气分离功 5%～7%，降低空分设备总能耗 4%～6%。表 1.30 是林德公司 60 000 m³/h 空分用结构填料与筛板塔的比较。

表 1.30　60 000 m³/h 空分结构填料塔与筛板塔的比较

项　　　目	单　　位	结构填料塔	筛板塔
原料空气压力	MPa	0.54	0.61
氧气出冷箱压力	MPa	0.117	0.14
空压机功率	kW	19 950	21 680
氧压机功率	kW	10 250	9 760
空压机氧压机总功率	kW	30 200	31 440
节能	kW	1 240	

结构填料塔的主要缺点是投资比筛板塔贵。

5. 关于直接精馏提氩

传统精氩提炼方法是将从粗氩引出冷箱，在转化炉中加氢脱氧，经冷却与分子筛二级脱水后再送入冷箱，在精氩塔中氩、氢分离而制得纯氩。这种办法要消耗氢气，要有供氢设备。氢气的需要量约为精氩产量的 3%～3.5%。直接精馏提氩是在上塔(结构填料塔)取出粗氩馏分，再在氩塔(结构填料)中直接分离出纯氩。氩的提取过程不消耗氢气，并在冷箱内完成，使设备间化，占地面积缩小，能耗下降，氩的提取率提高。

表 1.31　两种提氩方法的比较

比较项目	常规氢气净化法制氩	直接精馏制氩
供氢设备	有	无
除氧器、冷却器、干燥器	有	无
氩/氢循环压缩机	有	无
粗氩塔	塔板式或结构填料塔	结构填料塔
附加冷箱设备		提氩塔高,有液氩循环泵
设备费		较贵

直接精馏提氩流程设备费用增加较多,有 COREX 的钢铁企业,可以考虑其中有一台空分设备配置制氩设备。

传统精氩提炼方法与直接精馏提氩方法的比较见表 1.31。

1.19.2.6　关于稀有气体回收

法国液化空气公司认为氖气从空分中提取不如从天然气中提取来得经济。

氖气、氙气的世界市场已经饱和,生产能力已经过剩(见表 1.32)。除俄罗斯、南非与东欧外,大部分稀有气体厂已经关门。中国的大型空分设备是否设置提取稀有气体设施取决于中国的国内市场的需求。

表 1.32　氖气、氙气年产量　　　　　　　　　　　　　$\times 10^4\,m^3$

气体	西方生产能力	俄罗斯生产能力	总生产能力	世界需求
氖气	30	30	60	15
氙气	4	3	7	1.7

1.19.3　制氧机与其他设施的联合循环

1. 利用废热的中压流程

钢铁厂可能会有合适的废热资源,被空分利用以后可能优化流程,降低生产成本。BOC 提出利用工厂废热采用中压装置的设想(图 1.47)。

全低压流程空分进气压力 0.5 MPa 左右,进气与产品气的压力比大约是 6,有设备大阻力大的缺陷。若进气压力提高到 1 MPa 以上,出冷箱的产品气压力可提高到 0.3 bar,压力氮可通过透平膨胀机回收电力,这种计划可

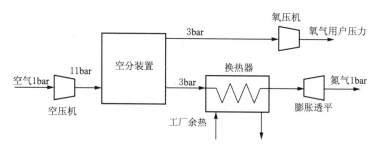

图 1.47 利用外部余热的中压流程图

缩小空分设备尺寸,节省设备投资,并减少总体用电量。特别是当氮气在进透平膨胀机之前用工厂烟道气或余热蒸汽加热后,回收电量加大,装置会取得明显的节能效果。BOC 计算供氧 30 000 m^3/h 左右,95% 纯度,压力 0.8 MPa 的中压装置,若用工厂废热能将氮气预热到 350 ℃,其总电耗可比同样要求的全低压系统降耗三分之一。

2. COREX—发电—空分的联合循环

COREX 炼铁要用大型空分设备,COREX 炉副产的煤气可用于燃气轮机联合循环发电,燃气轮机联合循环又可为空分设备提供电力与压缩空气。PREXAIR 公司注意到了这 3 个单元之间的关系,并进行了相互间物质流与能量流交换的组合计算,提出更大范围的动力循环系统,参阅图 1.48。

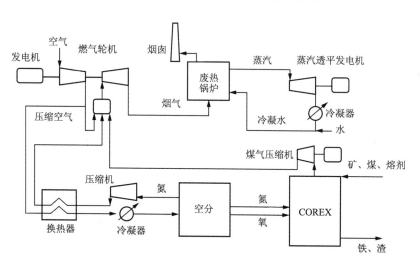

图 1.48 COREX—联合循环发电—空分联合循环流程示意图

在这循环中,空分装置的原料空气是燃气轮机提供的 1.8 MPa 的压缩

空气,空分装置中压操作,空分生产的 0.5 MPa 的氮气经过加压与换热喷入燃气轮机燃料室。这种循环有如下好处:

(1) 空分装置不建空压机,并提高原料空气压力,燃气轮机提供的压缩空气又把热量交给了氮气,相当于实现了利用废热的中压流程。空分装置精馏塔直径可以缩小,并提高了产品气压力,可实现比常规流程节能 30% 的效果,而且空分装置的投资也大为减少。

(2) 氮气掺入燃气轮机燃烧室,增加了燃气轮机的发电量。氮气的加入掺冷了燃烧室的废气温度,抑制了氮氧化合物(NOx)的产生,减少大气污染。

按日产 2 000 t 的 COREX 组成这样的动力循环推算,系统可增加发电量 5 500 kW。当然,组成这么庞大的动力循环也会给生产操作带来困难,采用时应考虑各单元运行参数变化对其他设备的影响,并考虑各设备开车、停车过程的操作协调。

1.19.4 关于空分设备的建设体制

1. 区域供气中心

我国已往做法是钢铁厂根据冶炼需要自建氧气厂,气体产品很少考虑外销。这种做法空分设备能力利用不好,资源浪费严重,氧气厂的投资效益不容易好。

钢铁厂的空分设备能力是以氧用量来确定的,氮气与氩气大量富余,其他稀有气体氖、氦、氪、氙气没有用处,造成大量资源浪费。

即使对于氧气利用钢铁厂也因高炉、转炉的作业率大大低于空分设备的作业率,空分设备每年约有 1 750 h 不能很好发挥能力,造成氧、氮、氩气的大量放散。

只为钢铁厂服务的空分设备有时也因用量有限使设备大型化产生困难,大型或超大型设备在能耗、单位投资上的优势也难以得到。

钢铁厂采用 COREX 技术以后,COREX 成为氧气主要用户,COREX 的作业率高达 92%~94%,炉子用氧波动较小,上述矛盾有所缓解,但总体看单独为钢铁厂服务的空分设备资源利用率还很低。表 1.33 示出了一个 160 万 t/a 的钢铁联合企业空分设备的能力与钢铁厂需求之间的差别,说明上述问题的严重性。

表 1.33 某钢铁厂空分设备资源利用情况   m³

项　目	氧气	氮气	氩气	稀有气体			
				氖气	氦气	氪气	氙气
2×63 000 机组资源量	10.9亿	114.7亿	0.2亿	60 707	17 453	3 462	296
钢铁厂总用量	9.99亿	2.63亿	315万	0	0	0	0
资源自用率	91.436%	17.89%	16.03%				

建设区域性供氧中心是解决上述问题的灵丹妙药,欧美国家钢铁工业用气大多是区域供氧中心供气的。世界上几个大的工业气体集团(AL、BOC、PRAXAIR、MG、APCI)都建有区域性的供氧中心。AL 在法国北部供氧中心的供氧范围跨越法国、比利时、荷兰等几个国家,各种管道总长 2 061 km,并再用大型槽车外送液体产品。这些中心除向钢铁厂提供空分产品外,还向化学工业提供氮、氢等气体;向电子工业提供高纯氮、稀有气体;向食品工业提供液体产品等等。供气范围扩大以后,各行业加在一起空分产品的用量大、品种全,一般都可采用大型空分有较好的运行指标,各种产品的利用率大为提高,气体的外销价格也可能降低。这种供应模式钢铁厂只是区域内的气体用户,自己不建空分设备,可节省投资与精力,可集中精力搞好钢铁生产。利用中国各种制造业的发展和各种工业区的规划与建设机遇,利用钢铁业新厂建设或老厂改造的契机,并利用大量涌入的国外投资,在中国建设区域供气中心的时机也日趋成熟。

2. 关于钢铁厂与外商合资建设氧气厂的效益分割

目前,国外气体公司对中国气体供应市场的争夺十分激烈,新建钢铁企业的空分设备由外商独资或与中方合资建厂成为可能。老厂由外商收购原有制氧设备转由外商为主经营或中外合资经营也是一种时行做法。这种做法使得钢铁厂与气体厂之间的效益划分变得十分重要。效益划分的关键是氧、氮、氩气等产品与能源价格的确定。气体产品定价高时气体厂容易赚钱,但钢铁厂的生产成本要提高;相反,气体产品定价低时钢铁厂的生产成本下降,但气体厂不易经营。这里介绍一种定价原则,供各界研究。

新建 COREX 装置的气体厂由外商为主(控股)建设与经营,钢铁厂以地皮与出少量资金参股,并负责气体厂水、电、蒸汽等能源介质供应。气体厂与钢铁和之间建立供应气体产品与能源之间的合同关系。钢铁厂是气体产品的基本用户,气体厂供应给钢铁厂的气体价格与钢铁厂等效益分割的原则计算确定。即用调整双方相互供应的气体与能源价格维持两个厂的投资效益率相接近。工厂投产以后,气体价格将随钢铁厂供给能源价格进行调整。气体厂除保证供给钢铁厂所需的氧、氮、氩等产品之外还可以发挥区域供气中心的功能,积极开拓富余气体与液体产品的外销,提高设备利用效率,进一步提高气体厂的投资效益率。气体外销提高的效益为气体厂所有(当钢铁厂作为气体厂的参股单位时还可以分红利)。这种建厂模式双方都不吃亏,也不限制双方的发展,更有利于气体厂的发展。

杨若仪

1.20 氢气站设计

氢气制备设施设计。氢气在冶金工业中的用途较为广泛,纯氢可做工业炉的保护气体,或与氮气混合成一定比例的混合气氛作保护气体。氢在金属冶炼和硬质合金、粉末冶金生产中作还原气体。氢在氩气和氮气纯化中,起除氧净化的作用。

在冶金工业中,氢气的工业性生产通常采用水电解法、变压吸附法(pressure swing adsorption,简称 PSA)和焦炉煤气深冷分离法。焦炉煤气深冷分离法能耗高、设备耗铜材量多,已经逐渐被淘汰。1966 年美国联合碳化物公司(Union Carbide Corporation)建立了世界第一套变压吸附制取纯氢的工业性装置,尔后在石油、化工行业得到应用。1978 年该公司又成功地解决了焦炉煤气 PSA 法制氢装置的技术问题。中国于 1990 年建成了第一套产氢 1 000 m^3/h 的焦炉煤气 PSA 法制氢装置。PSA 法制氢的单位电耗仅为水电解制氢的 1/8~1/10。焦炉煤气 PSA 法制氢具有能耗低、投资省、自动化水平高、大部分设备可露天布置、一次获得高纯度氢的等优点。

氢气站设计内容主要包括水电解制氢设施和变压吸附制氢设施设计。

1.20.1 水电解制氢设施设计

采用水电解槽制取氢气的设施设计。电解槽由浸没在电解液中的许多对电极组成。每对电极的中间以防止气体渗透的隔膜分开。当在水电解槽两端通以一定电压的直流电时,水就发生电解。在阴极上产生纯度为 99.7%~99.9% 的氢气,在阳极产生纯度为 99.2% 的氧气。

水电解法制氢的工艺流程,以公称能力为 24 m^3/h 的水电解槽为例(图 1.49)。

水电解槽是水电解装置的主要设备,有箱型和压滤型两种。大多数采用压滤型电解槽。根据产品的压力又可将压滤型电解槽分为压力型和常压型两种。在冶金工厂常使用的电解槽的能力及工作压力见表1.34。

表 1.34　水电解装置的能力及工作压力

公称能力/m³·h⁻¹	4	10	24	30	60	65	125	200	200
氢气产量/m³·h⁻¹	4	10	24	30	60	65	125	200	200
氧气产量/m³·h⁻¹	2	5	12	15	30	32.5	62.5	100	100
工作压力/MPa	0.98	1.47	≤0.8	≤0.006	0.8	1.57	0.005	0.002 5	3.0

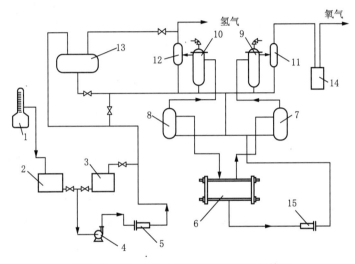

图 1.49　24 m³/h 水电解设施工艺流程简图

1—纯水制备;2—纯水箱;3—配碱箱;4—碱泵;5—碱液过滤器;6—水电解槽;
7—氧气分离器;8—氢气分离器;9—氧气洗涤器;10—氢气洗涤器;11—氧气调
压器;12—氢气调压器;13—高位水箱;14—水封;15—循环碱液过滤器

　　若用户要求生产高纯度氢气时,氢中的氧含量要求小于或等于 5/1 000 000～10/1 000 000,露点为 −40～70 ℃时,由水电解槽制得的氢气,需作进一步净化处理。一般处理流程为氢气经铜催化剂、钯催化剂或银催化剂等催化,其所含氧气与氢化合成水,然后再用硅胶或分子筛等脱水,使氢纯度达到要求。

　　水电解法的电解溶液,通常采用以工业纯固体氢氧化钾或氢氧化钠作电解质,纯水作溶液配置。氢氧化钾溶液浓度为 300～400 g/L,氢氧化钠溶液浓度为 200～260 g/L。配置溶液的纯水要求电阻率为 0.05～1 MΩ·cm,一般用离子交换法或蒸汽冷凝法制得。水电解槽的直流电源装置,目前常用硅整流器或可控硅整流器。电解装置的单位电耗为 4.3~5.6 kW·h/m³。

氢气站全站由水电解间、氢气净化间、碱液配置间、纯水制备间、加压间、氢气充瓶间、直流电源间、变压器间和分析间组成。如有副产氧气需要充瓶利用时,还要增加氧气压缩及充瓶间。

1.20.2　变产吸附制氢设施设计

利用分子筛对混合气体中各组分吸附容量的不同且随着压力变化而呈差异的特性,采用由选择吸附和解吸再生两个过程组成交替切换的循环工艺,以分离混合气体或提纯气体的工艺设备设计。变压吸附法又称等温吸附分离法。吸附和再生在相同温度下进行。从焦炉煤气中用变压吸附提取氢的工艺过程由加压工序、预处理工序、变压吸附工序、氢气净化工序组成。

经加压工序后的焦炉煤气中尚含有焦油、烷烃、稀烃、苯、萘、硫化物、氮氧化物等能使吸附剂失效的杂质。必须先经过预处理工序除去后,再进入变压吸附塔。变压吸附塔内装有吸附剂,周期性的进行吸附和解吸两个过程来生产氢气。吸附剂多为各种类型的分子筛。

变压吸附法制氢工艺除加压工序外,其他工序的设备均为露天布置。

1.20.3　站区设计要点

站区设计要点主要有:

(1)氢气站设计容量须根据用户使用氢的特点,按氢气昼夜平衡或班平衡的平均小时耗量确定。

(2)站房宜为独立建筑,布置在工厂常年最小频率风向的上风侧,并远离有明火或散发火花的地点。站房与建、构筑物的防火距离须符合有关规程规范的要求。

(3)制氢站房属于有爆炸危险的场所,电气设备要考虑防爆,建筑物应设有防雷击和防静电感应的措施,设备和管道应设有防静电积聚的措施。

(4)水电解间或焦炉煤气加压间、氢气净化间、氢气加压及充灌间均为有爆炸危险的生产场所,厂房结构需考虑必要的泄压面积。为防止泄漏的氢气积聚在建筑物顶部死角,屋盖须做成无梁无檩条结构,屋顶常设有通风帽或天窗。

（5）散发氢气源的厂房内，宜配置氢气泄漏报警装置，并与事故排风机相连锁。

（6）氢气放散管须设有阻火器。

姚震声　潘华珊　杨若仪

1.21 氮氢保护气体设施设计

制备氮氢混合保护气体的设施设计。氮氢混合保护气体常作钢材加热或热处理炉的控制气体。控制气体亦称保护气体。氮氢保护气体中氮是防止钢材表面发生氧化或脱碳的惰性成分,通常是保护气体中的基本组分。氢则是还原性气体,其含量取决于钢材品种和加热炉形式,一般保护气体的氢含量在 2%~75% 范围内。氮氢保护气体允许最大含氧量为 10/1 000 000,露点范围为 $-40 \sim -70\ \text{℃}$。氮氢保护气体一般分为氮氢混合保护气体、氨分解和氨燃烧气体、可燃物不完全燃烧制氮氢保护气体三类。

1.21.1 氮氢混合保护气体

将从氢气站来的氢气和从氧气站来的氮气按照保护气体的配比要求和质量标准进行脱氧、干燥、混合成一定含氢量的氮氢混合保护气体。脱氧在装有催化剂的脱氧器内进行,氢氧在催化剂表面反应生成水,反应热和部分水在冷却器被移走,剩余的水分通过吸附干燥器除去。当需要吸附剂数量较大时,吸附干燥器前可增设冷冻脱水器除去一部分水分,以减轻吸附干燥

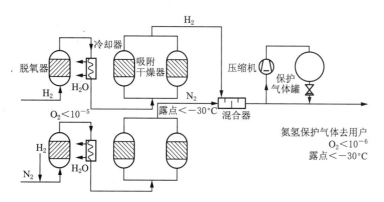

图 1.50　氮氢混合保护气体工艺流程图

器的除水负荷。通常,脱氧器催化剂是以三氧化二铝为载体的钯催化剂,干燥用吸附剂有硅胶和分子筛等。当从氧气站出来的氮气质量已经符合保护气体要求时也可不设氮气净化装置。氮氢混合保护气体的制备流程见图1.50。

1.21.2　氨分解与氨燃烧气体

以液氨为原料,通过催化热分解或在空气不足情况下氨燃烧制得氮氢保护气体。

1. 氨分解制气

蒸发液氨在镍催化剂和温度为 $650\sim850$ ℃条件下分解得到含氢75%、氮25%的保护气体。该气体可直接使用,也可与氧气站来的氮气进一步混合得到其他含氢量的氮氢混合保护气体。其混合流程见图1.51。

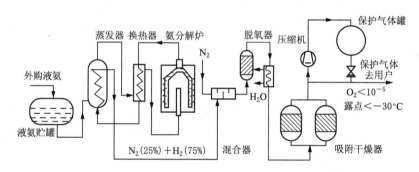

图 1.51　氨分解保护气体工艺流程图

2. 氨燃烧制气

气态氨在空气不足的情况下部分燃烧生成氮气和水,未燃的气态氨在

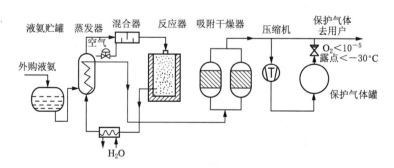

图 1.52　氨燃烧法制取保护气体工艺流程图

一定温度和催化剂存在的条件下分解成氢和氮。得到的氢、氮和水的混合气体经吸附干燥后得到氮氢保护气体。控制空气和气态氨的比例可控制两个反应的分量，从而改变保护气体的含氢量，得到工程需要含氢量的保护气体。其工艺流程见图1.52。该法用于没有氮气供应的工厂，氨燃烧过程产生的热量可用于未燃气态氨的分解，而不消耗电能。

1.21.3　可燃物不完全燃烧制氮氢保护气体

可燃气体或液体在空气不足的情况下燃烧，燃烧物转换获得氮氢保护气体。可燃物可以用焦炉煤气、发生炉煤气、天然气、丙烷以及煤油、柴油等。未完全燃烧产物有一氧化碳、二氧化碳、氮气和水。一氧化碳在催化剂存在的条件下与水蒸气进行变换反应转化成二氧化碳和氢气。二氧化碳可用羟基乙胺（MEA）水溶液等吸收剂洗涤去除。脱除二氧化碳的气体经过冷冻和吸附干燥后即可得到氮氢保护气体。其流程图参见图1.53。

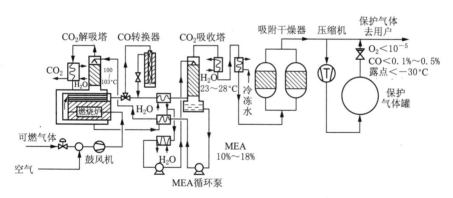

图1.53　可燃物不完全燃烧制氮氢保护气体工艺流程图

1.21.4　站区设计要点

站区设计要点主要包括：

（1）设备能力一般按平均用气量来确定，并用保护气体储罐和设备的变负荷能力来适应用户的用量波动。

（2）保护气体站房宜为独立建筑，布置在工厂常年最小频率风向的上风侧，尽量靠近用户并远离有明火或散发火花的地点。站房与建、构筑物的防火距离须符合有关规程规范的要求。

（3）设备应按防爆和非防爆要求分类，尽量按防爆设备和非防爆设备分别集中布置。

（4）氢气管道可采用无缝钢管，高纯氢管道连接采用焊接。

（5）车间入口及去各用户的支管上须设切断阀。

其他有关氢气的安全要求可参见氢气站设计（本书1.20节）。

杨涌源　潘华珊　杨若仪

1.22 燃料油站设计

储存与输配燃料油设施设计。燃料油作业冶金工厂的补充燃料,主要是炼油厂减压蒸馏或裂化的残余物,通称重油或渣油。燃料油常用于高炉喷吹、平炉炼钢和轧钢加热炉。特殊用油点也可用重油、轻柴油等。燃料油的热值约为 41.8 MJ/kg,密度为 0.92～0.95g/cm³,凝固点为 20～35 ℃,闪点一般在 120 ℃以上。

燃料油站又称油库,按管理级别为总油库、分油库、车间油库;按规模分大、中、小三类。燃料油站设计包括卸油设施、储油罐区、油泵站、油站消防、油管道等部门。

1.22.1 卸油设施

燃料油从铁路槽车、油船、汽车油槽车内卸出并输入储油罐的设施。

1. 铁路卸油

使用燃料油的冶金工厂,多数采用铁路油槽车运油,这种运输方式燃料油站内设有铁路专用线,并设有卸油栈桥。卸油前,需在油槽车罐体下部的蒸汽夹套内通入蒸汽,将燃料油加热至流动状态。铁路卸油方法见表 1.35。

表 1.35 铁路卸油方法表

卸油方法	卸油系统	适用范围
密闭式自流卸油[注]	油槽车下卸口→密闭卸油储槽或零位油罐→转油泵→储油罐	大、中型燃料油站
密闭式强吸卸油	油槽车下卸口→下卸油泵→储油罐	小型燃料油站
卸油泵强吸上卸	油槽车上卸口→上卸油泵→储油罐	当下卸口发生事故时用,一般设 1～3 上卸货位
倒罐油引虹吸上卸	将油倒灌入上卸油管内,造成虹吸卸油	
蒸汽引虹吸上卸	上卸油管内通入蒸汽,赶走管内空气,蒸汽冷凝造成真空虹吸卸油	

注:20 世纪 80 年代以前中国曾有过敞开式自流卸油系统,后因采用密闭式系统而被淘汰。

铁路卸油货位数量:在年用量 $1 \times 10^4 \sim 5 \times 10^4$ t 时,可设 $3 \sim 10$ 个货位;年用油量每增加 5×10^4 t,约增加 3 个货位。大、中型燃料油站的卸油货位,可按 1 列、1/2 列或 1/3 列油槽车数设置。

2. 码头卸油

沿海或沿江冶金工厂使用燃料油时,如采用船运,在厂内设卸油码头。对水位变化小,水域较窄的区域宜建固定式码头;对水域变化较大,水域较宽的区域,可建浮动式码头。通常设计停靠一条油轮的码头,长度不小于油轮长度的 2/3。根据油轮的卸油条件,决定是否设置卸油泵与接力泵,将船内的燃料油送至储油罐内。

3. 汽车卸油

距油源近、用油量少的用户,可采用汽车运油,燃料油自汽车上油槽卸入地下罐,再被转油泵送入储油罐内。

1.22.2　储油罐区

燃料油储存设施。

1. 储油罐容积

储油罐总容积应该根据冶金厂日平均耗油量及储存天数确定。大、中、小型总油库的储存期为:

燃料油站类别	大型	中型	小型
储存期/d	$10 \sim 15$	$15 \sim 20$	$20 \sim 30$

采用铁路运输、耗油量大或距油源近的用户可取下限,反之取上限。采用油船水运的,一般取上限。由汽车或管道输送的,储存期取 $2 \sim 3$ d。分油库、车间油库的储存期取 1 d,若油库内设有独立铁路卸油设施,其储存期与总油库相同。

储油罐数量应满足进油、加热、脱水、出油操作要求,一般不少于 2 个。

2. 储油罐结构

常用的钢质油罐为拱顶油罐,容积有 $100 \sim 10\ 000$ m³ 的系列;卧式油罐容积小于 100 m³。为满足燃油的安全储存、脱水、计量、输送,储油罐须配置必要的附件(见图 1.54)。

储油罐内底部设置排管式加热器,采用 $0.4 \sim 0.8$ MPa 蒸汽间接加热燃料油,加热后燃料油的温不大于 95 ℃。吞吐量大的储油罐,也可在油罐外设置加热器,将油加热后返回到油罐。地上钢质储油罐的罐壁需设置保温层及表面保护层,以减少热损失。

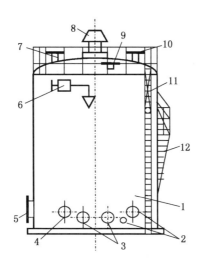

图 1.54　拱顶油罐装配图

1—罐本体　2—加热器进出口管　3—油进出口管　4—放水管　5—人孔
6—空气泡沫发生器　7—透气孔　8—通气孔　9—回油用扫线管
10—量油孔　11—油位计　12—梯子走台

3. 储油罐区布置

油罐间距,油罐与其他设施的间距,必须符合有关规程规范的要求。燃料油站设置的地上、半地下时储油罐四周须设防火堤,防火堤外建环形消防车通道。总油库储油罐区设隔油池,分离出从罐内排出水里的燃料油。总油库储油区,须力求靠近卸油设施与油泵房以节约用地。储油罐下部的进、出口油管、蒸汽管道与连接管道需设置可挠性的伸缩接头并采用钢质阀门。油罐需设防雷、接地设施。

1.22.3　油泵站

主要设施为油泵房与加热器。油泵房按功能可以分为卸油、转油、输油和供油 4 种泵房。

1. 油泵选择

油泵有离心泵、螺杆泵、齿轮泵、往复泵等种类。离心泵维护简单,对燃油所含杂质不敏感,流量大,但无自吸能力,效率较低。选用时必须根据油的黏度核对泵的性能曲线,满足输油要求。螺杆泵的制造精度高,体积小,重量轻,流量与压力均较稳定,效率高,适合输送洁净燃油。齿轮泵自吸能力好,维护简便,但流量小,易磨损。往复泵的自吸能力强,对油黏度适应性大,但设备体积大,油压易波动,驱动方式分气动及电动两类,蒸汽驱动的往复泵易于调节流量。

上卸油作业的油泵常用齿轮泵或电动往复泵。小型油站下卸油作业的油泵常用齿轮泵,也可兼作上卸作业用。大、中型油站下卸作业用泵要求流量大,而扬程不高,常用单级离心泵。从卸油储槽或零位油罐将燃料油转入储油罐的泵称作转油泵,一般要求流量大,可选用离心油泵。油库间输送燃料油的泵称作输油泵,常用离心油泵。总油库向分油库或车间油库送燃料油,有连续或间歇两种输油制度。直接向燃料油用户供油的泵称作供油泵,根据用户对油量、油压的要求可选用螺杆泵、离心泵或齿轮泵。供油泵一般需要连续运转。

卸油泵与转油泵一般不设备用泵,但需要考虑到一台泵检修时其余泵能否适当延长工作时间满足卸油与转油的需要。输油泵与供油泵一般一至二台运行,另设一台备用。

2. 加热器

供油泵送出的燃料油的黏度较高,为满足喷嘴雾化要求常在油泵出口或用户入口处设置加热器,控制油的黏度,加热器的热源为蒸汽或电力,一般采用低压蒸汽加热燃油。

加热器有套管式和管壳式两种。套管式加热器结构简单,便于清理,但体积大,耗钢量大。当供油泵离用户近,供油管口径比较小时,可直接在供油管道上设套管加热。管壳式加热器体积较小,耗钢量少,但结构较为复杂。加热管束分为U型和直管型两种,直管型易于清理而被经常使用。为增大加热器的传热系数,有时在管壳式加热器的管束上增设螺旋铝带的方法强化传热过程。

3. 油泵房设计

油泵房形式有地上式和半地下室两种,房内油泵的布置应考虑操作与检修方便。油泵房一般都有配电室与操作室,油泵入口处设置过滤器。油泵房属于有火灾危险的厂房。

1.22.4　油站消防

燃料油站属于有火灾危险的生产设施,需设计站区消防,常用消防措施如下。

1. 空气泡沫消防

分固定式、半固定式和移动式三类。固定式空气泡沫消防须设消防泵房,以集中产生与控制空气泡沫,用管道送至储油罐空气泡沫发生器后进入罐内。这类装置灭火迅速可靠,常用于油罐多而集中、地形复杂的油罐区。半固定式空气泡沫消防是用泡沫消防车向接至罐区防火堤外的固定消防管道送空气泡沫,管道将泡沫导入各储油罐灭火。移动式空气泡沫消防是用泡沫消防车或消防炮向储油罐发送空气泡沫。半固定式、移动式常用于储油罐区的消防,也可与固定式配合使用。

2. 其他消防措施

容量不大于 $1\,000\ m^3$ 的拱顶油罐也可装设浮于罐内油面上的烟雾自动灭火装置。油泵房灭火有时也采用蒸汽灭火。在卸油作业区及油泵房还需备有手提式或推车式灭火机。常用灭火剂有二氧化碳、泡沫、卤代烷、干粉等。

3. 油罐水冷却

地上式及半地下式油罐,需设水冷却设施,用水量按着火油罐沿整个周边冷却及相邻油罐半侧冷却考虑,一次冷却用水延续时间按 $4\sim6\ h$ 计算。

1.22.5　油管道

燃料油站的卸油、转油、输油、供油系统均需设置管道。厂区油管尽可能沿煤气管道或其他管道共架架空敷设。特殊情况也可采用地沟敷设,库区内油管可沿地面敷设。

燃料油管道沿线需设置蒸汽管伴热或电热元件伴热,油管与伴热蒸汽管区或伴热电加热元件外包铁丝网和保温层,以确保燃油在输送过程中不降温。在伴热蒸汽管的高点处通入蒸汽,低点处设疏水器,排出冷凝水。

油管需要蒸汽吹扫,吹扫时主管内的油全部吹入储油罐,并避免燃料油窜入蒸汽管。

燃油管道的热胀冷缩应尽量自用自然补偿,也可在直线段固定点之间用方形补偿器,补偿温度以蒸汽吹扫时管线温度计算。

燃油管道须有防静电积聚装置。

汪渭熊　潘华珊　杨若仪

1.23 乙炔站设计

用电石制造管道乙炔、瓶装乙炔的生产站房设计。纯净的乙炔是无色无味的气体,分子结构不稳定,易燃烧爆炸。乙炔的热值为 56 440 kJ/m³,氧气-乙炔火焰最高温度为 3 100 ℃,是工业上金属切割与焊接的重要物料。当冶金工厂无压缩焦炉煤气与天然气时常用乙炔作钢坯表面清理与切割、废钢切割与机修切焊的燃料,消耗量可达每吨钢 0.2~0.3 m³。

冶金工厂乙炔的供应方式有乙炔站制备和使用乙炔瓶两种。

乙炔站设计内容主要包括乙炔的制备方式、工艺系统与设备选择、站区组成与布置。

1.23.1 乙炔的制备方式

常用乙炔站的形式与特性见表 1.36。

1. 小型乙炔站

常为废钢切割车间、连铸坯表面清理与切割、机修切焊等车间单独分散设置。此类乙炔站因产量不大,污水与废渣处理设施往往不完善。

2. 溶解乙炔站

生产瓶装乙炔或增设管道乙炔。瓶装乙炔使用安全,供应灵活、乙炔站的服务范围大。溶解乙炔站产量比较大,乙炔气经化学净化,站区废水、废渣处理设施比较完善。

3. 低压乙炔站

不生产瓶装乙炔,其他部分的生产方式同溶解乙炔站。

乙炔瓶是一种特殊的中压容器,瓶内充填多孔硅酸钙填料,填料中浸润丙酮等有机溶剂,乙炔在丙酮中的溶解度很大,而且随温度、压力的变化而变化(表 1.37)。利用这一特性,在加压充瓶时乙炔大量溶解在丙酮里,减压时乙炔即从瓶中释放出来。这是溶解乙炔的生产工艺。

表 1.36　乙炔站常用形式与特性

名　称	发生器台产量/ m³·h⁻¹	发生器压力/ MPa	乙炔外供方式	服务对象
小型中压乙炔站	10~20	0.007~0.15	管道	用量较大车间单独设置
溶解乙炔站	40~100	<0.007	瓶装或瓶装加管道	全厂性或区域性集中设置
低压乙炔站	40~100	<0.007	管道	用量大的厂单独或区域性设置

表 1.37　乙炔在丙酮里的溶解度　　m³/kg

温度/ ℃	压力/MPa								
	0.1	0.2	0.3	0.5	1.0	1.5	2.0	2.5	3.0
0	0.049 9	0.094 3	0.136 1	0.207 6	0.453 2	0.785 7			
5	0.041 9	0.082 1	0.118 0	0.179 2	0.385 1	0.649 6	0.998 6		
10	0.035 4	0.071 5	0.105 0	0.156 8	0.330 8	0.547 9	0.825 4		
15	0.029 3	0.062 0	0.092 4	0.138 7	0.288 6	0.470 6	0.698 7	0.987 3	
20	0.024 0	0.053 7	0.081 2	0.122 6	0.252 4	0.406 2	0.593 6	0.827 0	1.117 4
25	0.019 3	0.046 1	0.070 8	0.109 1	0.223 1	0.355 8	0.514 3	0.708 2	0.946 8
30	0.015 4	0.039 4	0.062 1	0.097 4	0.198 2	0.313 2	0.448 9	0.611 7	0.809 8
40	0.009 0	0.028 4	0.046 5	0.079 7	0.154 9	0.249 0	0.351 5	0.470 4	0.610 8

1.23.2　工艺系统与设备

以溶解乙炔站为例,其流程如图 1.55 所示。

简装电石的方法是在电石间内开筒、破碎、筛分。小块电石包部分粉料装入吊筒内用提升机送至乙炔发生器上部,再用加料设备间歇加入发生器内。发生器里电石与水反应生成乙炔。从发生器出来的乙炔经水封送入储气柜,在化学净化器里用清洁剂清除乙炔中的氨、硫化氢、磷化氢等有害物质,并脱险臭味。用压缩机将净乙炔压至 1.5~2.5 MPa,并在充填台里充瓶外销,也可以用水环压缩机将其压至 0.1 MPa 用管道送至用户。

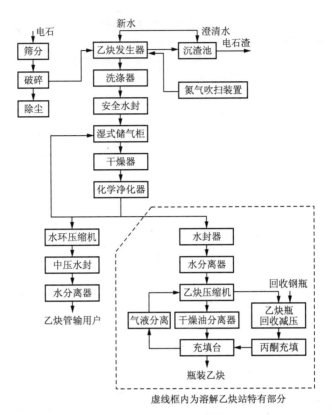

图 1.55 溶解乙炔站工艺流程图

为防止乙炔在压缩过程中分解爆炸,充瓶用的压缩机应是低压比、低转速的专用压缩机,一般常用 100 r/min 的三级活塞式压缩机,其压缩后的乙炔温度不高于 100 ℃。

充瓶时,乙炔溶解在丙酮里,并放出溶解热 1 450.12 kJ/(kg·mol)。溶解过程进行得比较慢,每个瓶的充瓶速度要严格控制在 0.8 m³/h 以下,且乙炔瓶的壁温不得超过 40 ℃,为此气瓶架上设有喷水冷却装置。充瓶终止的压力随温度而异,在 15 ℃时静止压力不大于 1.55 MPa。装瓶乙炔的充填量也可以用称重法确定,通常每瓶装乙炔 7 kg。

发生器排出的废渣主要成分为氢氧化钙,经沉淀沥干后可做建筑材料。澄清后的水可循环使用。废渣用吊车吊运。

溶解乙炔站内设有汇流排回收空瓶内残存的乙炔,还设有空瓶检修与试压设备。乙炔瓶的丙酮灌装有专用储槽、丙酮装瓶设备与称量设备。

1.23.3　站区组成与布置

乙炔站常有电石库、发生间、净化间、压缩间、充填台、水与渣处理设施组成。

乙炔站的生产能力按下式计算确定

$$Q = 1.13 \sum_{1}^{n} Q_i K \qquad (1\text{-}22)$$

式中：Q——乙炔站的生产能力，m^3/h；

$\quad\quad K$——同时系数，一般为 0.8；

$\quad\quad \sum_{1}^{n} Q_i$——各乙炔用户用量之和，$\text{m}^3/\text{h}$，统计时主要用户取最大量，其他用户取平均量；

$\quad\quad 1.13$——考虑额外量与漏损量的系数。

每个乙炔站的发生器一般选用同类设备，总台数不宜超过 4 台。

乙炔站的站址宜设在工厂全年最小频率风向的上风侧，远离有明火的车间，不宜设在易被水淹没的低洼地带。电石库要防潮，其地坪应有必要的高度，库内不允许有水管、蒸汽管道通过。

1.23.4　安全要求

乙炔站属于易燃易爆的生产场所，站区设计必须特别注意安全措施。电石库、发生间、净化间、压缩与充瓶间等厂房必须按防爆建筑设计。储气柜设有高、低位控制装置，低位时应切断压缩机电源，高位量应停止发生器进料。

乙炔能与铜、银、汞等反应生存乙炔-金属化物，具有爆炸危险性。因此生产与输送乙炔的设备禁止使用含铜 70% 以上的材料制造，也不得使用银焊条来焊接设备。

乙炔管道设计时要考虑流速与管径的限制，车间管道流速不得超过 8 m/s，站内管道流速不得超过 4 m/s。压力在 0.15 MPa 以下的中压乙炔管道内径不得大于 80 mm。管道需有排水坡度与防静电积聚装置。

乙炔设备开工、检修或化学净化剂再生时必须将残存在设备、管道内的乙炔吹扫干净。乙炔站须有氮气气源与吹扫管路装置。

杨若仪　　潘华珊

1.24　卤代烷灭火站设计

以卤代烷为灭火剂的固定灭火系统的设计。

1.24.1　卤代烷灭火剂种类与特性

卤代烷灭火剂通常使用二氟一氯一溴甲烷(CF_3ClBr 即卤代烷 1211)与三氟一溴甲烷(CF_3Br 即卤代烷 1301)两种。物质燃烧时,加卤代烷灭火剂会分解出卤素游离基,特别是溴元素游离基对燃烧起负催化作用,能快速夺取燃烧链式反应中游离 H 和 OH,中断燃烧反应,达到灭火目的。卤代烷灭火有高效、快速、灭火后不留痕迹、绝缘效果好、毒性低的特点。适用于扑灭各种易燃、可燃液体及气体火灾、电气火灾和可燃固体表面火灾。20世纪 60 年代国外开始采用卤代烷代替二氧化碳灭火,中国冶金工厂始用于1975 年,常用于计算机房、液压润滑油站灭火。卤代烷 1301 比 1211 毒性低,灭火效率高,价格较贵。

1.24.2　灭火剂用量计算

灭火剂总量等于灭火用量、开口流失补偿量、系统剩余量及备用量之和。

全淹没灭火剂用量按下式计算

$$M = \frac{K_c \varphi V}{\mu(1-\varphi)} \tag{1-23}$$

式中,M——灭火剂用量,kg;

$\quad\quad K_c$——海拔高度修正系数;

$\quad\quad \varphi$——灭火剂设计浓度,不小于灭火浓度的 1.2 倍,且不小于 5%;

V——防火设计防护区的最大净容积,m^3;

μ——防护区在 101.325 kPa 大气压和最低环境温度下灭火剂质量体积,m^3/kg。

防护区开口流失量。当开口进入的空气与含灭火剂混合气体之间形成的水平分界面下降到设计高度所需要的时间大于灭火剂浸渍时间(可燃固体表面火灾,不小于 10 min;易燃、可燃液体和气体及电气火灾,不小于 1 min)时,可不补偿,否则要予以补偿。开口流失补偿量和系统剩余量按规定计算。

重要防护区或超过 8 个防护区的组合分配系统必须有备用量。

组合分配系统灭火剂总用量不大于最大一个防护区的灭火剂总用量。

灭火站一般由喷嘴、管道及附件、阀门、储存容器和控制系统组成,适用于防护区全淹没系统和局部应用系统。

1.24.3　灭火系统设计

分无管网和管网两种。

(1) 无管网灭火系统常为悬挂式,自带喷嘴与感应元件,适合于小于 300 m^3 区域灭火。

(2) 管网灭火系统的一个防护区可大到 2 000 m^3。

灭火剂的喷射时间,对易燃、可燃液体和气体以及文物档案库不大于 10 s,其他不大于 15 s。灭火剂从容器阀流出到充满管道的时间不大于 10 s。管道与喷嘴宜布置成均衡系统,将灭火对象置于有效保护范围内。灭火系统工作时,灭火剂在管道与喷嘴中呈两相不稳定流动,需要根据规范和制造厂样本做管道和喷嘴的选择计算。管道宜采用内外电镀锌的无缝钢管,其他附件也应内外有电镀锌层。在镀锌层易受腐蚀的场所,采用不锈钢或铜质管道及附件。设置在有爆炸危险场所的管道系统必须设防静电积聚装置。备用储存容器须能与主储存容器交换使用。

灭火设施的控制与报警系统。无管网灭火设施有自动控制和手动控制两种启动方式。管网灭火系统须有自动控制、手动控制和机械应急操作 3 种启动方式。自动控制在收到两个独立的火灾信号后才能启动;手动控制设备设在防护区外易操作之处;机械应急操作设在储存间或防护区外易操作之处。系统设有能切断自动控制的手动装置。在喷射灭火剂前,防护区的门和通风系统应能自动关闭,一切影响灭火效果的生产设施必须停止运行。

防护区设有火灾自动报警和灭火剂施放报警系统,有能在 30 s 内使人员疏散完毕的通道和出口,且有事故照明和疏散指标标志。防护区外配置专用的空气呼吸器或氧气呼吸器。灭火后,经检查确认无复燃可能,并通风换气后人才能进入防护区作业。

韩可兴　杨若仪

1.25 高倍泡沫灭火站设计

高倍泡沫灭火剂固定灭火系统设施的设计。固定式高倍泡沫灭火站大多应用于全淹没系统,有时也用于局部系统。在一定的条件下,采用组合分配系统,一个灭火站可保护多个区域。

20世纪50年代中期,英国巴克斯顿(Buxton)矿山安全研究所首先研究用高倍泡沫扑灭煤矿火灾。之后,高倍泡沫灭火技术在世界工业发达国家中迅速发展。中国1958年开始研究。高倍泡沫的灭火机理是利用高倍泡沫层迅速覆盖火源,将燃烧物与空气隔绝而灭火。高倍泡沫灭火对冶金工厂油类火灾和一般固体火灾有良好的灭火效果,还可控制液化气体火灾,若与水喷淋结合使用,能更可靠地灭火。高倍泡沫灭火在冶金工厂地下液压站与润滑站等工段将会得到更多应用。

1.25.1 高倍泡沫制备

高倍泡沫灭火系统主要由高倍泡沫剂及储存、压力水(可由水池经水泵加压,或由工业压力水管直接供应)、比例混合装置、高倍泡沫发生器几部分组成(见图1.56)。

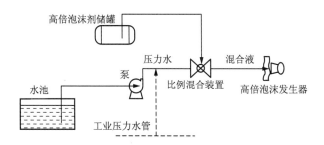

图1.56 高倍泡沫灭火系统图

高倍泡沫发泡剂与压力水经混合装置按一定配比成混合液,一般混发泡合液浓度 1％～3％,也有浓度为 6％ 的发泡混合液。混合液送至高倍泡沫发生器中,由喷嘴将混合液喷于筛网上,并向筛网鼓风,经网孔便连续不断地发生 201～1 000 倍体积的机械空气泡沫。

1.25.2　高倍泡沫用量计算

高倍泡沫最小供给强度计算式为

$$R = \left(\frac{V}{t} + R_s\right)C_n C_l \tag{1-24}$$

式中:R——高倍泡沫供给强度,m^3/min;

　　　V——淹没体积,m^3;

　　　t——淹没时间,min;

　　　R_s——喷淋水造成的破泡率(不与喷淋水结合时为 0);

　　　C_n——正常泡沫减少补偿系数;

　　　C_l——泄漏补偿系数。

1.25.3　高倍泡沫灭火系统设计

首先要确定泡沫的最小供给强度(对于组合分配系统,泡沫的供给强度按最大一个防护区考虑),以确定高倍泡沫发生器的数量、泡沫剂和水用量。从而可以进行高倍泡沫灭火站的工艺设计和管网设计。压力水的压力必须满足高倍泡沫发生器的正常工作要求。高倍泡沫灭火剂要按实际情况,选择淡水型、耐海水型或耐烟型。泡沫剂和水的配比常用压入式或置换式方法控制,小型灭火站可采用负压比例混合工艺。高倍泡沫发生器常选用电力或水力作动力,当采用烟气发泡或烟气对发生有影响时须选水力型。管网过长时,为缩短发泡时间,可设计成管道预充混合液的湿式管网。

高倍泡沫灭火站的启动方式要能自动控制和手动控制。灭火前,防护区的门、窗、防火阀须自动关闭,一切影响灭火效果的生产设备均需自动停止运转,事故照明和疏散标志自动接通。高倍泡沫灭火站的设计配有火灾自动探测和自动报警等控制设施。

张绪绅　潘华珊　杨若仪

1.26 低热值煤气燃气轮机联合循环发电技术在钢铁企业的应用

我国大、中型钢铁企业一般都建有自备发电厂,负责工厂供热与提供部分电力。自备发电厂燃用本企业富余煤气,提高钢铁企业供电的可靠性,降低用电成本,对节能、环保、提高全厂经济效益都起到良好的作用,所以自备电厂往往是钢铁企业的重要组成部分,也是钢铁企业重要利润增长点。从全国电力系统的结构调整看,国家并不鼓励建设独立的小电厂,但对节能与环保都有益的自备发电厂还是积极支持的。20 世纪 90 年代以前我国建设的自备电厂一般采用朗肯循环,用煤和煤气混烧锅炉,锅炉产生中压或高压蒸汽再用汽轮机发电,热电转换效率一般为 28%~35%,只有像上海宝山钢铁企业建设 350 MW 高蒸汽参数的大机组才有 38% 的转换效率。1995—1997 年宝钢引进一套 145 MW 的燃气轮机联合循环发电机组(简称 CCPP—Cabin Cycle Power Plant),开始了我国钢铁企业建设 CCPP 的先河。宝钢 CCPP 用高炉煤气作燃料,热电转换效率提高到 45.52%。2002 年通化钢铁集团公司用国内自己的设计,在高炉煤气中掺入少量焦炉煤气的低热值混合煤气作燃料,只从美国 GE 公司购买了燃气轮机的关键部件,建成了一套公称容量 50 MW 的 CCPP,热电转换效率也达到 42%。CCPP 将钢铁企业自备电厂技术推进到一个崭新的阶段。

1.26.1 低热值煤气燃气轮机联合循环发电技术

燃气轮机联合循环发电是将煤气与空气压缩到 1.5~2.2 MPa,在压力燃烧室内燃烧,高温高压烟气直接在燃气透平(GT)内膨胀做功并带动空气压缩机(AC)与发电机(GE)完成燃机的单循环发电。燃气透平排出烟气温度一般可在 500 ℃以上,余热利用可提高系统效率,再用余热锅炉(HRSG)生产中压蒸汽,并用蒸汽轮机(ST)发电。蒸汽轮机发电是燃机发电的补充,并完成联合循环。CCPP 的锅炉和汽机都可以外供蒸汽,联合循环可以灵活组成热电联产的工厂。在 CCPP 系统中还有一个煤气压缩机(GC)单元,特别在低热值煤气发电中,煤气压缩机比较大。众所周知,余热锅炉加蒸汽轮机发电是常规技术,所以 CCPP 技术核心是燃气轮机,燃气轮机一般是透平空压机、燃烧器与燃气透平机组合的总称。

电力工业采用的 CCPP 常用天然气、重油等高热值燃料,钢铁企业 CCPP 以燃高炉煤气为主、有的企业有可能掺入少量焦炉煤气或转炉煤气,用于发电的煤气热值 $(800\sim1\ 350)\times4.18\ kJ/m^3$,热值只是天然气的 $1/10\sim1/6$。低热值煤气燃烧不易稳定,增加了低热值 CCPP 技术的难度。低热值煤气体积庞大,煤气压缩功增加,另外,高热值煤气与低热值煤气燃烧的空燃比不一样,而低热值煤气使用场合不少工程应用中往往套用高热值煤气的成功机型而不作针对性的设备开发,使机组的参数匹配不尽如人意,从而使低热值煤气的热电转换效率不如高热值煤气高。当今世界用天然气的大型 CCPP 热电转换效率可高达 52%~56%,低热值煤气只达 45.52%。低热值煤气的燃烧技术只有少数几个公司掌握,主要有 2 种技术流派。一种是采用单筒燃烧器的燃气轮机,使用的煤气热值可在 $800\times4.18\ kJ/m^3$ 或 $1\ 350\times4.18\ kJ/m^3$ 左右,如 ABB、新比隆公司的产品,宝钢 145 MW 的 CCPP 是日本川崎成套用 ABB 的技术。另一种是多筒燃烧器的燃机,多用于整体煤气化联合循环发电(IGCC)煤气(常称合成气 Syngas)热值 $1\ 350\times4.18\ kJ/m^3$,煤气含 H_2 量 10% 左右,如 GE 公司与三菱公司的产品,通钢 CCPP 采用了这种机组。表 1.38 列出了几种低热值煤气燃气轮机的主要机型。表 1.39 列出了国内 2 种 CCPP 的主要技术参数。

表 1.38　主要低热值煤气燃气轮机机型

项　目	单位	GE		三菱		川崎 ABB	新比隆
		MS9001FA, 9FA	6B	MW-701D	MW-251	GT11N2	PGT10B
燃烧器		多筒	多筒	多筒	多筒	单筒	单筒
煤　气		天然气	合成气	增热高炉煤气	高炉煤气或混合煤气	高炉煤气	合成气
热　值	kJ/m³	8 000× 4.18	1 320× 4.18	(965—1 390) ×4.18	(700—1 800) ×4.18	780× 4.18	7 350

(续表)

项 目	单位	GE		三菱		川崎 ABB	新比隆
		MS9001FA,9FA	6B	MW-701D	MW-251	GT11N2	PGT10B
入口温度	℃	1 327	1 140		1 150	1 158	
压 比		14.7	21.9			15.4	14
单循环出力	kW	2 556 000	50 000	124 800	32 000		13 000
联合循环出力				149 000	67 400	14 500	
排气温度	℃	610	525			540	488
单循环效率	%	36.5	34.4				34.2
联合循环效率	%				>46	45.52	
运转时间	h/a		8 000			7 500	8 000
NO$_x$	PPM		42		20	30	60

影响燃机技术水平的主要指标是入口温度与压缩比,入口温度与压缩比越高,发电效率越高,对燃机叶片的材质与冷却技术要求也越高。三菱公司同样 M701 机组从 D 型系列入口温度 1 150 ℃发展到 G 型系列入口温度 1 500 ℃联合循环效率可从 45%提高到 57%左右。

表 1.39 国内低热值煤气 CCPP 主要设计参数

项 目	单 位	145 MW CCPP	50 MW CCPP
机 型		ABB 11N21LBTU	6B
机组组成		1G+1G+1HRSG	1G+2S+1HRSD
公称能力	MW	145	50
燃 料		高炉煤气	混合煤气
煤气热值	kJ/m^3	3 098—3 516	1 350×4.18
年发电量	10^8 kW·h	9.405	4.34
厂用电率	%	3.0	2.2
年送电量	10^8 kW·h	9.123	4.25
年供热量	10^4 t(蒸汽)	66.6(最大 180 t/h)	

（续表）

项　　目	单　位	145 MW　CCPP	50 MW　CCPP
	GJ	1.966	1.784
发电标煤耗	kg/kW·h	0.278(0.235 供热时)	291.77
供热标煤耗	kg/GJ	38.69	39.22
年用煤气量	$\times 10^9$ m³/a	2.71(362 200 m³/h)	0.693 9
发电加供热年均设计热效率	%	60.6	84.7
年纯水用量	m³	1.5×10^6	18.85×10^4
年工业水耗量	m³	51.0×10^4	199
厂区占地面积	m²	21 580	16 000
总建筑面积	m²	4 810	7 362
设备总质量	t	4 910	
电厂定员	人	18	32
NO_x	10^{-6}	30	42
设备利用小时	h	7 500	7 927

　　与常规电厂相比 CCPP 热电转换效率提高近 10 个百分点。年运行时间从汽机的 6 500 h 提高到燃机的 7 500～8 000 h。单循环燃机的起动时间只需 20 min 左右，可作调峰电厂使用。并有占地少、用水少、定员少、建设周期短等优点。CCPP 使用清洁燃料，基本上无烟尘污染，NO_x 的产生水平也大大低于烧锅炉的常规电厂，一般达到 40×10^{-6} 以下的水平，所以 CCPP 也是对环保很有益的技术。

　　钢铁企业 50 MW CCPP 的原则系统示于图 1.57。

1.26.2　钢铁厂建设 CCPP 的技术要点

1. 机型选择

　　可选的机型不多，主要是根据钢铁厂富余煤气的性质来选择机型。单烧高炉煤气的 CCPP 只有 ABB 与三菱 2 种机型，单机容量都比较大。从技术成熟程度和设备可选性来说，IGCC 技术在世界上已经用得比较广泛，与此相近的合成气或混合煤气的燃气轮机可选范围要广些。大容量的可选 GE

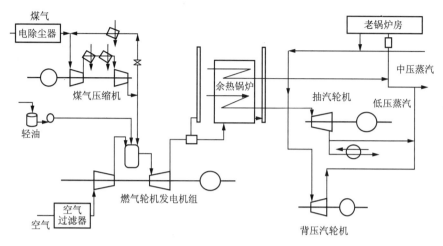

图 1.57　钢铁企业 50 MW CCPP 原则系统图

或三菱的机型,50 MW 左右的可选 GE 与中国南汽合作的 6B 型机型。小容量的可选择新比隆的设备。每台设备的最终落实都要根据具体的煤气成分与设备供应商作技术谈判后才能确定。

2. 确定合适的机组能力

钢铁企业是用电大户,自备电厂很难满足企业全部用电需要,自备电厂的规模不以缺电量确定,而往往以富余煤气量确定。自备电厂利用钢铁生产过程的富余煤气,使之尽量不放散,这是一种合理利用社会资源,有利于环境保护的思考,符合可持续发展要求。钢铁企业不够的电力还要靠国家电网供应,这是自备电厂不同于国家独立电厂的建厂原则。

钢铁企业的副产煤气首先要满足钢铁生产的加热需要。炼铁、炼钢、轧钢、烧结、焦化等生产过程的加热设备往往以煤气为单一燃料,在满足这些用户之后的煤气称为富余煤气,富余煤气是发电的资源。随着节能技术的发展,钢铁企业富余煤气的量越来越多。富余煤气的量是随着煤气副产与使用过程的变化而即时变化的,宏观上符合统计学正态分布的规律。CCPP 除用少量轻柴油作起动燃料外,基本上也以煤气为单一燃料,所以富余煤气能支撑多大能力的 CCPP 要作符合正态分布规律的分析计算。图 1.58 是这种分析的示意图,要做出符合实际的钢铁企业全企业煤气平衡表,找出统计学计算的特征数据:均值(u)和离差(σ),并做出富余煤气随时间的分布曲线,找出能满足 CCPP 全年运转时间要求(例 8 000 h)的煤气量,然后根据所选 CCPP 机组热电转换效率确定机组容量。机组容量选择过大,富余煤气不足,机组运行时间缩短,机组作业率降低,机组容量选择过小又会造成煤气放散。实践已证明上述确定容量的方法是正确的。

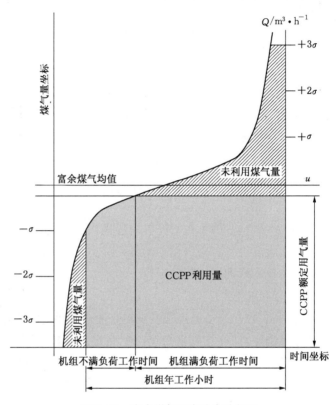

图 1.58　富余煤气正态分布分析图

按上述原则计算,CCPP 没有用完钢铁企业全部富余煤气,多余的煤气还可以给其他用多种燃料加热的缓冲用户使用。从煤气供应观点看,CCPP 使用富余煤气时有相当大的操作弹性(50%～110%的范围),另外,CCPP 的起动与停运也相当灵活,所以有相当缓冲煤气的能力,或者说对煤气量的波动有相当的适应性。但另一方面,因 CCPP 的效率高,工厂要获取经济效益都会尽量维持 CCPP 全负荷运行,CCPP 的缓冲能力不能很好发挥,所以企业在安排 CCPP 作缓冲用户的同时,最好还有其他的煤气缓冲用户。例如,宝钢除 CCPP 吸收高炉煤气之外,还有粉煤与煤气混烧的电厂在吸收富余煤气,工厂才能真正做到高炉煤气基本上能不放散。

3. 处理好热、电之间的关系

钢铁企业也是消耗蒸汽的大户,除转炉与加热炉汽化冷却能回收少量蒸汽外,钢铁企业的蒸汽主要靠电厂或锅炉生产。自备电厂往往热电联产,运行原则以热定电:即在满足全企业供蒸汽的基础上尽量多发电。CCPP 可采用抽汽发电机组、背压发电机组来生产蒸汽,也可采用双压或多压锅炉(直接从锅炉产低压蒸汽),或用中压蒸汽减温、减压等技术手段来生产蒸汽。

热电联产能明显提高电厂热效率,在既有 CCPP 又有锅炉房的钢铁企业里,蒸汽生产首先应发挥 CCPP 的供汽能力,以提高全企业的供热效率。例如,通钢原有烧煤气单一供热的锅炉房,技术改造增建 50 MW 的热电联产的 CCPP, CCPP 投产后,通钢蒸汽主要由 CCPP 提供,原有锅炉房的生产负荷可降至最低,平时为发挥 CCPP 汽机的能力,补充生产部分中压蒸汽,只有在冬季 CCPP 供热能力不够时才加大老锅炉房的生产能力。这样 CCPP 基本上只用了老锅炉房的煤气,加上部分原来放散的煤气就可满足全厂供热需要,并每年多发了 4.25 亿 kW·h 的电力。从这里可以看到,用新技术调整钢铁企业动力设备结构,将单独供热的锅炉房改成高效热电联产 CCPP 的诱人的经济效果。

4. 轴制问题

燃气轮机、煤气压缩机、蒸汽轮机、发电机在传动轴上的不同组合,可引生出不同工程方案:主要有一轴式、二轴式与三轴式三种方案。

宝钢 CCPP 是一轴式的,AC、GT、GC、ST 与 GE 都是装在一根轴上。只有一个发电机,GE 的输出功率是 GT+ST-AC-GC 的结果。当然,一轴式是设备最少与传动效率最高的方案,设备布置也最紧凑,占地最少,操作人员也可比其他方案少。一轴式还可通过 ST 先加蒸汽起动整机,起动方案也是最经济的。但一轴式这根轴很长,宝钢机组加上变速箱轴总长达 50 m,轴上的不同组件还来源于不同的公司,要维持各部分轴振动在要求范围内技术难度很大。宝钢机组的这根轴是由日本川崎公司技术总成的。因技术上的复杂性一轴式的投资不见得一定是最省的。另外,一轴式运转的灵活性不如其他方案。

通钢 CCPP 是三轴式的。燃气轮机一根轴,包括 AC、GT 与 GE,GE 的输出是 GT-AC,燃气轮机可单循环运行。煤气压缩机一根轴,要一个电动机传动。蒸汽轮机发电机组一根轴,ST+GE(对通钢而言共有二组汽轮发电机组)。这种方案发电机多,相应的供配电设备也多,机组所需厂房面积也大,操作人员比一轴式多。而且煤气压缩机电机功率大(通钢为16 500 kW),电动机运行可靠性要求高,电动机与起动设备的投资大。三轴式方案要形成联合循环运行比一轴式复杂,但它的运行灵活性大,可单循环运行,也可联合循环运行。

二轴式界于前两者之间。可以是燃气轮机一个轴,另一轴可以为GC＋ST＋GE,GE 的输出为 ST－GC。这种方案可省去煤气压缩机的大电机,用 ST 带动煤气压缩机能源转换步骤少,起动也比较方便。这一方案也增加了这根轴的技术难度。当然,对二轴式还可有其他组合方式,例 AC＋GT＋ST＋GE 一根轴,煤气压缩机与电动机为另一根轴等。

5. 煤气预处理

燃气轮机是高转速动力设备,要求进入燃机的气体含尘量≤1 mg/m³,钢铁企业高压高炉煤气经文氏管除尘,常压高炉煤气经布袋除尘以后含尘量 5～10 mg/m³,还需要经过精除尘才能供燃机使用。精除尘采用卧置湿式板式电除尘器,采用不锈钢阳极板及针形放电电极,且极板间距较小,操作电压 3～5 万 V。电除尘器采用连续雾化喷水,电除尘器煤气出口处设有脱水装置。电除尘器还设有高压绝缘箱加热,煤气含氧分析等安全连锁控制系统。宝钢 CCPP 电除尘器是从日本三菱公司引进的,这种设备经重庆钢铁设计研究总院消化移植,已成功实现国产化。

燃机系统使用焦炉煤气的焦油含量要求≤10≤1 ppm,H_2S≤10≤1 ppm,否则在煤气压缩机与燃机中易产生叶片积碳,测量装置堵塞等问题,焦炉煤气的净化程度达不到上述要求时,应设电捕焦油器与脱硫设备。

6. 处理好联网问题

钢铁企业的供电电网应该是地区(或国家)电网、自备电厂与用电设备相联系的电网。在这种联网结构中,钢铁企业期望地区电网能起以下作用:

(1) 供给不足部分的电力,包括经常性的不足和自备电厂停机造成的电力突然较大量的不足。

(2) 吸收钢铁生产中大电机起动运行因素造成的自备电厂无法克服的那部分冲击负荷。

(3) 若钢铁企业自备发电厂能力较大,有产生电力有余的时候,电网最好能接收钢铁厂富余电力。

这是对地区电网的苛求。钢铁厂建设 CCPP 后,地区电网减少了对钢铁厂的供电量,但不能完全取消对钢铁企业供电的备用量,必然给地区电网运行的经济性造成困难。如前所述,利用富余煤气的 CCPP 毕竟是节省社会资源有利举措,地区电网应积极利用容量大、服务范围广的有利因素,增加调峰手段,完善调配与服务功能,促成有利于整个社会可持续发展事业的实现。但在经济上钢铁企业应对地区电网作适当补偿。各地区钢铁企业联网问题的最终解决都是厂、网合作的结果。国家电力体制改革"厂、网分开"将会有利于此类问题的解决,因为自备电厂的发电成本即使与主力电厂相比也是有竞争力的。

1.26.3 国产化问题

我国的 CCPP 绝大多数是从国外引进设备建造的,但也在做国产化的努力。南京汽轮电机集团公司,首先获得美国 GE 公司 6B 机组的设备制造权,已为我国生产了数套用于天然气、炼油厂尾气与重油的生产装置,在余姚、大庆、天津等地正常发电。通钢这套 CCPP 也是以 6B 机组为基础开发的,由 GE 公司确定机组压缩比,并做燃烧器的燃烧试验,关键部件如燃烧器、叶片、控制系统由 GE 提供,南京汽轮机电机集团负责国内的整机供货与技术服务。上海汽轮机厂也获得了美国西屋公司燃机的制造权,已为国外用户制造了多台设备,这种机型还没有用于低热值煤气的尝试。2002 年我国东方汽轮集团公司与日本三菱公司在洽谈 F 型机组的制造技术,这是一种比较先进的机型,而且可以用于低热值煤气发电。

大型、高压煤气压缩机制造需要很高的技术水准,我国沈阳鼓风机厂吸收消化新比隆、日立等公司的技术,自己已有能力开发满足 CCPP 要求的压缩机,在类似的石油化学工业上已有较多应用。陕西鼓风机厂应用苏尔寿技术在大型轴流压缩机上已有很多业绩,通钢 CCPP 煤气压缩机采用与宝钢相同的机型,轴流加离心的结构形式,由陕西鼓风机厂中标制造,16 500 kW 电动机由德国西门子公司配套,电机起动采用了小电机带大电机的方法。上海鼓风机厂与日立公司合作也有制造类似设备的能力。

我国主要锅炉制造厂都有能力制造 CCPP 的余热锅炉,其中杭州锅炉厂、哈尔滨锅炉厂都有过类似设备的制造业迹。余热锅炉与燃机联接烟道上设有旁路放散烟囱,旁路烟囱与余热锅炉烟道上有一个大型密封切换阀,这个阀门若发生漏气将行成系统热量损失，通钢 CCPP 采用了中国船泊工业公司哈尔滨 703 所制造的专用设备。

1.26.4　小结

（1）CCPP 的热电转换效率比常规电厂高 10％左右，宝钢与通钢的实践已证实了它是适合于新建或改造钢铁企业自备发电厂的先进和有效的技术。

（2）钢铁企业低热值煤气 CCPP 无论机型选择、容量确定、煤气预处理与联网要求都有自己的特点，与电力系统的 CCPP 有较大差别，钢铁企业的 CCPP 一定要适合这些特点。

（3）通钢 CCPP 已实现了国内设计与主要设备的国内开发，说明中小型 CCPP 装置的设备国产化已有一定基础，这对减少工程投资、促进民族工业发展都有积极影响。

（4）CCPP 采用新的完好的热力学循环，并用多项先进设备实现了这种循环，它在钢铁企业的应用不只有本文介绍的新建 CCPP 的一种形式，在钢铁企业多姿多彩的动力系统技术改造中应用 CCPP 的部分循环或部分设备也可开发出千变万化的实施方案，有待不断创造和积累经验。

杨若仪　刘文和

1.27 矿井气民用工程的几个问题

矿井气是煤层的共生能源,它由煤层吸附的甲烷抽吸过程中混入的空气等气体组成,一般甲烷含量 40%～60%,是一种良好的民用煤气气源。甲烷在矿井里习惯上称作瓦斯,我国煤矿瓦斯的贮量相当丰富,但以往极大部分未被利用,造成了能源浪费。自 20 世纪 60 年代起,我国开始利用矿井气,现已积累了不少经验,抽放率和稳定性都在不断提高。近年来,把矿井气用作民用煤气资源的城市煤气工程已经提到日程上来。通过改善煤矿瓦斯抽放系统以及建设贮存、加压、输气管道等设施,使矿井瓦斯成为安全可靠的民用煤气,解决大批城镇居民的燃料问题,这对节约能源、改善城镇环境,方便人民生活与扩大劳动就业门路都有好处。

1.27.1 资源

资源是工程建设的基础与出发点,因此必须根据煤矿生产积累的资料落实瓦斯的贮量、抽气率、抽气量、气体成分等项基本参数,才能确定是否能利用之。

1. 贮量

矿井瓦斯的贮量由煤层瓦斯贮量、围岩瓦斯贮量与局部构造瓦斯贮量构成,目前可供利用贮量主要指煤层瓦斯贮量。根据 1978 年煤炭部颁发的《矿井瓦斯暂行规定》,煤层瓦斯贮量可按下两式计算:

$$W_m = \frac{abP}{1+bP}(1-A-W)\gamma + KP \tag{1-25}$$

$$V = \frac{W_m}{\gamma}G \tag{1-26}$$

式中：W_m——每立方煤体的瓦斯含量；$m^3_{瓦斯}/m^3_{煤体}$；

　　　A、b——吸附常数；

　　　P——瓦斯绝对压力，kg/cm^2；

　　　A——煤的平均灰产率；

　　　W——煤的平均水含量；

　　　γ——煤的重度，t/m^3；

　　　K——煤的孔隙率；

　　　V——煤层瓦斯贮量，Nm^3；

　　　G——煤的贮量，t。

2. 抽气率及抽气量

矿井瓦斯的抽气率指由抽气系统抽出的可利用部分的瓦斯量占贮量的百分数。目前多数煤矿的瓦斯抽放率达不到 50%。大部分瓦斯在采煤过程中逸散到矿井中为排风系统排掉。今后，随着抽气孔的合理布置、下穿孔技术的突破、封孔技术的改进等，瓦斯的抽吸率将不断提高。抽气量指瓦斯抽放系统的平均抽气量，即民用煤气气源的生产能力。它是由煤矿的开发计划与抽气泵站的设备能力确定的。对民用气气源而言，除需确定抽气量的平均值外，还需要明确波动情况，清楚抽气量的变化规律。煤矿瓦斯抽放从属于煤炭生产。以往，抽气量受煤炭产量的波动影响较大。随着人们对瓦斯利用的重视，组织管理机构的加强与抽放技术的不断完善，用多钻孔，长时间（2～8 年）预抽等方法，使瓦斯抽气率不断提高，抽气量也有相对独立性与稳定性。

例如，重庆市中梁山煤矿是煤与瓦斯的共生矿，煤田如一完整的覆舟状背斜构造，瓦斯自然泄放困难，是一个有名的超级瓦斯矿。目前开采的 +140 m 煤层，瓦斯含量高达 37.25 $Nm^3/t_{煤}$。从 1960 年开始抽放瓦斯以来，积累了丰富的经验，逐步形成了底板穿孔、预抽及与邻层煤层卸压瓦斯相结合的方法，多钻孔，高负压，长时间抽放，使抽气率达 40%，采区抽气率达 50%。1984 年以后每年的抽气量可 2 000 × 10^4 Nm^3 纯瓦斯（纯 CH_4）。抽气量除二月、八月份的气量较大外，其余各月基本稳定，煤炭产量对瓦斯抽量的影响不大。

3. 气体成分

矿井气的成分是确定民用煤气系统是否需要增设净化设备的依据，也是灶具设计的基础。不同煤矿矿井气中甲烷含量差别甚大。中梁山煤矿抽出的矿井气,甲烷含量波动在(53.3～59.8)±5％之间(表1.46)。甲烷含量高,远离爆炸限,平均发热量 4700×4.18 kJ/Nm³,气体中基本不含硫化氢、灰尘及其他有害物质,是一种安全、清洁、理想的中热值气体燃料。

矿井气一般用水环泵抽吸,含有较多的水分,可以在贮配系统中脱除。

表1.40　中梁山煤矿矿井瓦斯成分　　　　　　　　　体积％

项目	CO₂	H₂S	CH₄	H₂	CₘHₙ	CO	N₂	O₂
北井	0.45	—	53.5	—	—	—	36.35	9.8
南井	0.63	—	59.8	—	—	—	31.13	8.38
平均	0.54	—	56.6	—	—	—	33.74	9.09

1.27.2　供气对象

如何确定供气对象是各新建城市煤气系统的共性问题,必须处理好居民炊事用气、公共建筑(食堂、商店、医院等)用气与工业用气之间的分配比例,还应考虑必要的缓冲用户。

1. 供气对象对气化效益的影响

气化效益反映使用矿井气后给社会带来的节能效果与环保效果。矿井气折算成纯瓦斯的热值略高于天然气,在气化效益的计算上可采用天然气的指标。

一年供气量为 2000×10⁴ m³ 的纯瓦斯的供气系统,供气对象不同对气化效益的影响见表1.41。方案一,除损失外全部矿井气供民用,气化范围最大,气化居民 53699 户;方案二,每年有 800×10⁴ m³ 气供井口炭黑厂生产炭黑,其余全部供民用,供气范围较大,气化居民 32219 户;方案三,缩小供气范围,气化居民 14637 户,满足供气范围内所有公用建筑的用气要求,工业用户除井口炭黑厂外发展一部分替煤量大并可作缓冲用户的工厂用气;方案四的供气范围最小,只供矿井附近城镇用气,满足该区居民及公用需要,大部分气供井口炭黑厂及其他工业用户,气化户数为 8707 户。

表 1.41　供气对象对气化效益的影响

项目		方案一	方案二	方案三	方案四
分配比例 /%	民用	98	58.8	26.78	15.89
	公用			12.56	3.16
	工业用		39.2	58.66	78.95
	损失	2	2	2	2
气化效益	替煤量/10^4 t·a^{-1}	10.78	6.468	5.276	4.258
	减少 SO_2 排放量/10^4 t·a^{-1}	0.5174	0.3105	0.1958	0.1953
	减少飞灰量/10^4 t·a^{-1}	1.186	0.711	0.503	0.335
	减少炉灰量/10^4 t·a^{-1}	1.617	0.9702	0.5973	0.4379
	减少黄土白灰量/10^4 t·a^{-1}	0.8624	0.5174	0.2357	0.1398
	减少劈柴量/10^4 t·a^{-1}	0.0537	0.0322	0.0146	0.0087
	减少去运输量/10^4 t·km	33.283	19.969	15.308	12.111
	减少城市汽车量/辆	11	7	5	4
	减少民用煤补贴/万元	154.714	92.829	75.721	61.111

注:① 民用气消耗定额 1 m^3 纯瓦斯/户天;
　　② 煤的发热量以 5000×4.18 kJ/kg 计;
　　③ 国家对民用煤的补贴包括煤矿的计划亏损与城市建设公司的销售补贴二项。

从表 1.41 可知:民用的气化效益比工业用大得多,公用介于民用与工业用之间,指标接近民用。因此,在保证气源稳定可靠的前提下,尽量扩大民用比例是合理的。

2. 供气对象对投资与煤气成本和影响

各方案的基建投资和煤气成本见表 1.42、表 1.43。

表 1.42　供气对象对基建投资的影响　　　　　　　　　　万元

项目	方案一	方案二	方案三	方案四
气源	87.528	87.528	87.528	87.528
气柜	331.12	231.3	194.6	134
加压站	9.8	5.8	5.173	5.173
干管	534.411	365.342	241.335	121.449
调压站	90	54	46	30

（续表）

项　目	方案一	方案二	方案三	方案四
场地处理	41.925	41.925	41.925	16.922
供配电	10	10	10	10
给排水	12	12	12	12
管理维修设施	190.842	153.639	132.696	113.506
用户管道及表具	1 879.465	1 127.665	634.425	430.954
小计	3 187.09	2 089.199	1 405.682	961.534
未预见费	277.138	181.669	122.233	83.612
总投资	3 464.229	2 270.868	1 527.915	1 045.146

注：方案二、三、四中井口炭黑厂设备是原有的，未计入的投资。

一般城市煤气系统气源部分的投资占工程总投资的 30%～35%，原料煤的费用约占煤气总成本的 40%～50%，而矿井气民用工程气源是无偿的，用于完善矿井气抽气系统的投资占总投资的比例很小（约占 2.5%～8.4%），总投资主要由贮配、管网系统决定。因此，供气对象的选择对投资与煤气成本的影响比其他系统大。

表 1.43　供气对象对煤气成本的影响

项　目	方案一	方案二	方案三	方案四
气源/万元·a^{-1}	20.912	20.912	20.912	20.912
基建折旧/万元·a^{-1}	85.734	56.204	37.816	25.867
维护检修/万元·a^{-1}	51.936	34.063	22.919	15.677
动力消耗/万元·a^{-1}	10.465	6.082	4.597	4.597
工人工资/万元·a^{-1}	21.091	14.112	10.008	6.336
其他管理费/万元·a^{-1}	13.220	9.195	6.691	5.102
小计	203.385	141.468	102.943	78.491
纯瓦斯成本/元·$(Nm^3)^{-1}$	0.101 7	0.070 7	0.051 5	0.039 2
煤气成本/元·$(Nm^3)^{-1}$	0.055 9	0.038 9	0.028 3	0.021 6

注：气源成本不包括维持煤矿生产必需的抽气系统的原有部分。

表 1.42、表 1.43 的数据表明：民用煤气的比例大，则系统投资与

煤气成本高;工业用气比例增大,系统投资与煤气成本则可下降。发展工业用户可以减少基建投资与降低煤气成本的原因可概括如下:

(1) 工业用户的用气量大,一个工业用气的气量抵得上几百户居民用气量,使得耗用同样气量的管道、表具投资比民用少得多;

(2) 工业用户用气量比较均衡,并对系统有缓冲作用,发展工业用户可减少贮气柜容量,减少煤气柜投资;

(3) 发展工业用户缩小了供气范围,煤气干管的投资也随之下降;

(4) 由于用户数量用及管道长度的削减,使管理维修设施、营业人员、生活福利设施的投资下降。

另外,城市煤气供气范围的扩大有客观的过程,居民用气总是分期分批由少到多逐步发展的。这样,矿井气民用工程中适当吸收一些工业用户可以减少前期煤气放散量,增加经营单位前期经济效果。

当然,供气范围特别是井口与用气负荷中心的距离对技术经济指标有很大影响,这方面既有客观存在的矿井与城市布点的地理因素,也有对象选择因素,上述 4 个方案是矿井与城市不太远(距负荷中心约 12 km)的情况下做出的,确定供气范围的主要选择因素还是供气对象。从矿井气的运送距离考虑,大城市附近的矿井瓦斯应该优先考虑利用。

3. 供气系统应有适量的缓冲用户

在民用气工程中,有缓冲用户是必需的,井口炭黑厂是良好的缓冲用户。对矿井气系统而言,缓冲有两个方面的意义。

首先,缓冲对资源可靠性有稳定意义。当资源不足时可令井口炭黑厂减产或停产,以确保外供民用煤气量。

其次,缓冲是民用季节性的调峰手段。随季节变化民用气消耗指标的波动系数可达 $1.3 \sim 1.35$,即当平均耗气指标为 $1 \ Nm^3/$户·天时,夏季耗气量有可能降低到 $0.7 \ Nm^3/$户·天,而冬季特别是春节期间耗气量有可能增加到 $1.3 \ Nm^3/$户·天。煤气贮配系统的煤气柜只能应付一天内的用气波动,对持续时间长的季节波动无法应付。有了井口炭黑厂或别的工业用户作缓冲用户,就可以随季节变化调剂民用气量。

缓冲用户占用了一部分煤气,限制了民用受益面。为此,缓冲煤气量应该控制在合适的范围内。当缓冲用户的煤气吞吐量(用气量的可波动部分,即缓冲用户可多吸收或少用的煤气量)为其用气量的 50% 时,系统的缓冲量控制在总气量的 40% 左右为宜。

总的看来,供气对象对气化效益的影响与对基建投资、煤气成本的影响之间是有矛盾的。对矿井气系统而言,基建投资与煤气成本相对比较低,在对象选择时气化效益起主导作用。所以,应该在保证气源稳定的条件下尽量扩大民用气比例。气源稳定的条件是保证必要的缓冲用量。

煤矿矿井瓦斯的抽取量能否随用户用气量的季节性变化而变化,这是个值得探索的问题。一般认为只要合理安排和管理,适当增加抽气系统的能力,这种可能性是存在的。煤矿应创造、积累这方面的经验,以期民用气比例的进一步扩大。

另外,在目前投资比较紧张的情况下,谁能提供基建投资往往是确定用户的条件。从长远看来,这种谁有钱谁用气的做法未必是合理的。

1.27.3　煤气成分波动问题

《城市煤气设计规范》规定,民用煤气的华白指数的波动范围一般不超过 5%。矿井瓦斯的成分波动较大,一般达不到此项要求。如表 1.40 所示的情况,华白指数的波动范围可达 20% 左右。目前,国内对这种波动的认识还不足,已建成或计划建设的矿井气民用系统,除建设煤气柜外,一般没有特别的成分调节设施。这必将影响矿井气的使用效果。为了提高气体质量,稳定燃烧性能,可用下述方法调节煤气成分。

(1) 适当扩大贮气柜容积,创造煤气均质条件。煤气柜建两个或两个以上,贮配站管路系统的配置要考虑倒柜操作混匀煤气成分的可能性。该法比较简单,但无法应付持续时间较长的成分波动。

(2) 充入空气将煤气华白指数稳定在下限。矿井气是甲烷与空气的混合物,华白指数是甲烷含量的单值函数。当矿井气的甲烷含量向高的方向波动时,可掺入空气将其甲烷含量控制在低限。对一个甲烷平均含量 55% 左右,波动范围 ±5% 的系统,矿井气中平均掺入 10% 左右的空气,将其甲烷含量稳定在 50% 左右。此时煤气发热量 $4\,280 \times 4.18$ kJ/Nm^3,热值还是较高的。用这种办法调节矿井气成分,煤气柜的容积需要增加,基建投资要上升,输气干管若不考虑放大直径,流动阻力要增加 21% 左右。

(3) 用掺入天然气的办法将煤气华白指数稳定在上限。天然气的甲烷含量 98% 左右,将矿井气甲烷的平均含量由 55% 提高到 60%,需掺入天然气量为矿井气量的 13%,此法除稳定煤气成分外,还可增加气化户数,扩大供气范围。因掺入天然气有稳定资源和均质的作用,煤气柜容积可以不增加,对原设计的输气干管起点和终点的计算压力分别为 5 500 mmH$_2$O 与 1 500 mmH$_2$O 时,输气干管管径不变,管路的末端压力仍能维持在 1 000 mmH$_2$O 左右,系统只要增加高压阀后,用户管道即可扩大供应。而且,用这种办法扩大供应,每户的平均投资要比原系统平均投资低得多。新建矿井煤气民用系统分摊到每户的综合投资为 645~705 元,而掺入天然气扩大民用供应用户每户平均投资只有 350~400 元。

显然,上述几种办法,掺入天然气是最经济合理的。矿井气中掺入天然气,对矿井气系统来说,相当于增加了一个备用气源,提高了供气系统的可靠性。在有天然气资源的地区,首先考虑使用该方法稳定矿井气的华白指数。

1.27.4 技术经济分析

矿井气民用工程的经济效益由两部分组成。第一部分是表 1.41 所示的节能与环保效益,即资源利用效果。这部分效益除国家对民用煤气的补贴可根据各地具体情况算出金额以外,其余各项目前还难于折算成经济价值。第二部分是工程本体的技术经济分析。这部分可以用建设范围内投资回收年限的办法来计算,它反映出该工程的经营单位的具体经济利益。在做方案选择与评价时,必须同时考虑这两方面的因素。

1. 投资回收年限计算法

(1) 纯利润回收年限 回收年限=基建投资/年纯利润

相当于表 1.44 中的 $\tau_1 = \dfrac{N_1}{N_6}$。

表 1.44 各方案的投资回收年限

项 目	方案一	方案二	方案三	方案四
投资 N_1/万元	3 464.229	2 270.686	1 527.915	1 054.148
产值 N_2/万元·a^{-1}	254.8	250.08	225.672	203.318
成本 N_3/万元·a^{-1}	203.390	141.468	102.943	78.491
毛利 N_4/万元·a^{-1}	51.41	108.612	122.729	124.827
税金 N_5/万元·a^{-1}	7.664	12.362	11.63	10.96

（续表）

项　　目	方案一	方案二	方案三	方案四
纯利 N_6/万元·a^{-1}	43.764	96.25	111.099	113.867
折旧、维修 N_7/万元·a^{-1}	137.702	90.267	60.735	41.544
纯利回收期 $\tau_1 = \dfrac{N_1}{N_6}$（年）	79.190	23.593	13.753	9.179
毛利回收期 $\tau_2 = \dfrac{N_1}{N_4}$（年）	67.384	20.908	12.450	8.373
现金流量回收期 $\tau_3 = \dfrac{N_1}{(N_6 + N_7)}$（年）	19.092	17.175	8.892	6.725

（2）毛利回收年限　此法将税金也视为企业对国家的贡献

回收年限＝基建投资/年毛利

相当于表 1.44 中的 $\tau_2 = \dfrac{N_1}{N_4}$。

（3）现金流量回收年限　现金流量可粗视为纯利与设备折旧、维修折旧费之和

回收年限＝基建投资/现金流量

相当于表 1.44 中的 $\tau_3 = \dfrac{N_1}{(N_6 + N_7)}$。

目前不少发达国家常用此法评价经济效果。

2. 供气对象与范围对技术经济效果的影响

如果城市煤气售价人民币 0.13 元/$Nm^3_{瓦斯}$（相当于热值 3 700 × 4.18 kJ/Nm^3 的城市煤气售价 0.56 元/Nm^3）气，工业用气价格 0.09 元/$Nm^3_{瓦斯}$，缓冲用户的用气价格降到 0.07 元/$Nm^3_{瓦斯}$。炭黑的平均售价约 1 100 元/t。税金，煤气为产值的 3%，炭黑为产值的 8%。上述不同供气方案的投资回收年限见表 1.44。

随着工业用气比例的增加，供气范围缩小，经营单位的经济效益明显变好。这除了扩大工业用气比例对减少基建投资起着决定性作用外，还有经营单位用缓冲煤气生产炭黑也提高了煤气价值，瓦斯用于制造炭黑后，折算价值为 0.123 97 元/Nm^3，比工业价格 0.07～0.09 元/$Nm^3_{瓦斯}$高。

3. 煤气售价对技术经济指标的影响

虽然矿井气民用工程气源投资少，但几个方案的投资回收年限仍然很长或比较长，这表明工程本身的经济效益并不好，这是我国民用煤气工程的

通病。造成这种状况的主要原因是煤气售价偏低。现行的煤气售价至少有两点不合理：首先，煤气是优质民用燃料，其价格应该高于满足同样供热要求的煤球或蜂窝煤。据统计，居民用煤气以后，每户每月支付的燃料费反而比用煤下降 0.5~1.0 元。这不符合优质优价的原则。其次，一般城市工业用气的价格可高于民用气。

为了分析售价对技术经济指标的影响，列出 2 个假设调整价格的工程计算回收年限，见表 1.45。从表 1.45 可知，制定合理的煤气价格，必将明显地提高矿井气民用工程的技术经济指标。

表 1.45　煤气售价对回收期限的影响

序	售价/元·$(m^3_{瓦斯})^{-1}$	回收年限/年	方案一	方案二	方案三	方案四
	民用　0.13	τ_1	79.19	13.721	6.710	3.817
1	工业用　0.19	τ_2	67.364	12.349	6.190	3.559
	炭黑　2 000/元·t^{-1}	τ_3	19.092	8.878	5.297	3.314
	民用　0.13	τ_1	21.948	9.706	5.607	3.520
2	工业用　0.19	τ_2	20.498	8.924	5.215	3.292
	炭黑　2 000/元·t^{-1}	τ_3	11.722	7.004	4.585	3.008

4. 投资组成对技术经济指标的影响

按以往城市煤气工程的建设经验，雷诺式调节阀以后的用户管道以及用户表具的投资往往由用户单位集资解决，这部分投资占工程投资一半以上(参见表 1.42)，需国家与建设单位解决的投资是投资项目表中 1~9 项之和。这部分投资来源由建设单位自己出钱或国家补助解决，工程的技术经济效果已如前述。当其中部分投资需贷款解决时，由于贷款利息的偿还将影响返本期。例如方案二的 1~9 项投资的 50% 由国家贷款解决时，如果贷款月利二厘一，分七年七期还本息，企业将多支付利息 48.462 万元，按现行煤气售价计算，工程纯利返本期将延长半年左右。

1.27.5　经营单位

矿井气民用工程经营单位的组织办法国内工程实践较少，无成熟经验可言。为了便于基建和合理经营，可采用如下几种办法：

（1）当矿井气利用规模较小，只解决矿井附近职工的民用煤气时，煤气业务可由煤矿自己来经营。

（2）当矿井气的利用规模较大，外供范围较广时，可由城市煤气公司来共同经营。煤矿主要负责气体开发，煤气公司负责外供。

（3）当矿井气的利用规模较大，也可由城市煤气公司与煤矿共同组织专营矿井气联营企业，联营企业隶属城市煤气公司领导，煤矿仍然负责气源开发业务，并参与外借经营，以便对整个工程经营实行监督。

总之，经营机构的组织办法，一方面要防止大城市煤气经营单位那样的多元化，复杂化，以便统一管理，合理经营；另一方面要注意充分调动煤矿的积极性，在目前煤矿经营普遍困难的情况下，多注意照顾煤矿的利益有利于把矿井瓦斯民用工程搞好。

杨若仪

第二篇　钢铁新流程

2.1 钒钛磁铁矿冶金新流程的能源决策

20 世纪 70 年代到 80 年代,在方毅副总理的关注下,当时冶金部内曾组织有关单位就钒钛磁铁矿冶炼新流程进行试验研究,目的为提高钒、钛的回收率。为此,还在成都钢铁厂进行了 5 m^3 的竖炉半工业试验,并同时进行了新流程的 300 万 t/a 工业化装置(二基地)的研究与规划。

2.1.1 钒钛磁铁矿冶金新流程的概念

新流程是相对传统流程而言的。以钒钛磁铁矿为原料传统钢铁生产流程是指由焦化、烧结、高炉炼铁、转炉炼钢、连铸及各轧钢车间组成的工艺流程(如攀钢的流程)。传统流程的钛在选矿过程部分分离,钒在炼钢过程中分离。冶金新流程是指直接还原生产海绵铁和电炉炼钢的流程。典型的工厂对普通矿是由球团、竖炉还原、电炉炼钢、连铸及各轧钢车间组成,对钒钛矿炼铁在竖炉后还有电炉进行熔化与铁钛分离。新流程的特点是:①没有焦化厂;②没有烧结厂;③炼铁用竖炉或回转窑生产固态海绵铁,不同于高炉生产铁水;④以海绵铁为原料的电炉炼钢。

新流程工厂的能源基于煤(非炼焦煤)与电。因工厂没有焦炉和高炉,没有焦炉煤气和高炉煤气,一般工厂气体能源的缺口较大。

关于这两种流程的能耗,对普通矿国际上已经做过研究比较,用假设两种流程的模型工厂进行理论研究比较,并各自计算模型工厂的能耗。老流程模型工厂的能耗 $4\,939 \times 4.18 \times 10^3$ kJ/t$_{粗钢}$,新流程模型工厂的能耗为 $5\,487 \times 4.18 \times 10^3$ kJ/t$_{粗钢}$。新流程的能耗比传统流程高 11%。

钒钛磁铁矿冶金新流程由于矿石的还原特性,钒钛等共生金属的提取要求以及我国传统工艺的影响使其具有自己的特点。经过多年研究国内多数专家比较接受的流程为:

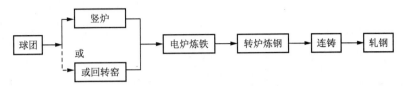

这个流程中除了增加电炉渣提钛,转炉渣提钒的工艺之外,主流程中的炼铁是竖炉或回转窑还原加电炉熔炼一起完成的,成品仍是铁水。炼钢工序用传统转炉提钒并炼钢。这些工艺设备上的变化使钒钛磁铁矿新流程在能耗上与国际上的模型工厂又有了极大的变化。这也说明了矿石特性对流程组成和能耗的影响。

在能耗研究时除流程外还原有个规模问题,按目前的认识,笔者将钒钛磁铁矿冶金新流程的规模暂时定在年产 10 万 t/a$_{坯}$的试验工厂上,对今后 300 万 t/a 大工业装置也略作推算,设备大型化以后能耗可望有较大幅度的下降。

这样,本节讨论的对象,包括流程和各单元主要物料处理量示于图 2.1。

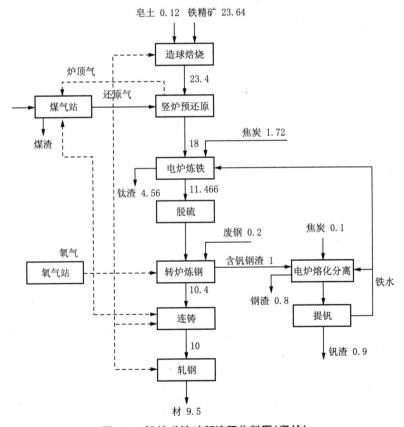

图 2.1 钒钛磁铁矿新流程物料图(竖炉)

2.1.2　电价与预还原铁金属化率的关系

新流程炼铁由竖炉或回转窑预还原和电炉炼铁两部分加成，在预还原中以煤或还原气为还原剂将氧化球团还原成有一定金属化率的预还原铁（海绵铁）。海绵铁的金属化率要求高时煤或煤气的消耗量要增大，而且对煤的活性要求也提高，对还原气的氧化度的要求也提高。若煤价以 60 元/t 估算，海绵铁的金属化率与操作费用的关系示于图 2.2。对钒钛磁铁矿而言当海绵铁金属化率 70% 以上时，操作费用会有较快速度的上升。

在电炉炼铁工序中将海绵铁里未被还原的氧化铁进一步还原成金属铁并且熔化成铁水，电炉内实现铁、钛分离，铁与钒进铁相，钛进渣相。电炉炼铁能源为电力与少量焦炭，电力消耗与入炉海绵铁的金属化率成反比，操作费用与金属化率之间的关系示于图 2.3。

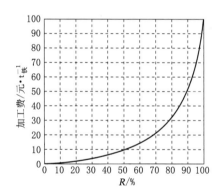

图 2.2　预还原铁金属化率与
操作费之间的关系

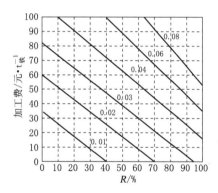

图 2.3　预还原铁金属化率与电炉
操作费之间的关系

整个炼铁过程的操作费用为上述两步操作费用之和。它的经济性与煤、电的价格比有关。显然，煤价便宜，电价贵的地区提高海绵铁的金属化率对降低铁水成本有利。相反，电价便宜的地区降低海绵的金属化率，减少预还原负荷增加电炉炼铁负荷相对有利。图 2.4 为当煤价 60 元/t 时，不同电价与海绵铁金属化率与铁水加工费之间的关系。每种电价费用所做曲线最低点对应的金属化率就是这种条件下最经济的金属化率值。从图中可见，随着电价的下降最佳金属化率值也随之下降。当电价为 0.08 元/kW·h 时，经济的金属化率为 60% 左右。电价为 0.06 元/kW·h 时，经济的金属化

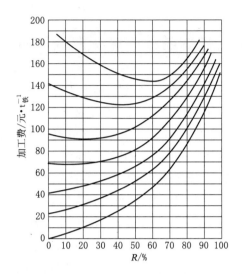

图 2.4　预还原铁金属化率、电价与制铁水全过程操作费的关系

率为 50% 左右,当电价降到 0.04 以下时,没有金属化率反而是经济的,说明此时预还原工序没有设置的必要了,用氧化球团直接在电炉炼铁反而是经济的。

　　从反应本质看,钒钛磁铁矿组织里的铁钛共生部分的氧化铁要还原成金属铁是比较困难的,非共生部分的氧化铁还原比较容易。球团金属化率 65%～70% 相当于还原了非共生部分的氧化铁,这部分氧化铁的还原性与普通矿差不多。再要进一步还原共生部分氧化铁的能耗就大了。另外,小试实践也已经证明钒钛磁铁矿生产的海绵铁金属化率在 55%～70% 时在电炉里已经能较好地实现铁钛分离,说明这种范围的金属化率,对电价高于 0.08 元/kWh 地区是较为经济的。

2.1.3　预还原工序竖炉与回转窑的选择对能耗的影响

　　氧化铁还原过程是钢铁生产中能耗最大的过程。普通矿老流程模型工厂炼铁能耗占全流程能耗的 61%,新流程占全流程对能耗的 60% 左右,减少氧化铁还原工序的能耗对全厂系统节能有重要意义。

　　另一方面,钒钛磁铁矿冶金新流程的能耗虽因钒渣与钛渣的分离加工而有所增加,但这种增加是必不可少的,从全局看,它们所占的比例也不大,并不是对全局能耗有严重影响的工序。与传统工艺相比,在钢铁生产线上新老流程的差别主要在于电炉炼铁以前工序有差别,这些差别也是使钒钛磁铁矿冶金新流程能耗增加的主要原因所在。因而,鉴别氧化铁还原工序的能耗差别也是讨论新流程节能问题的中心。

氧化铁还原常用回转窑和竖炉两种办法,图 2.5 是用回转窑生产海绵铁的物料平衡图,可与图 2.1 相比较。

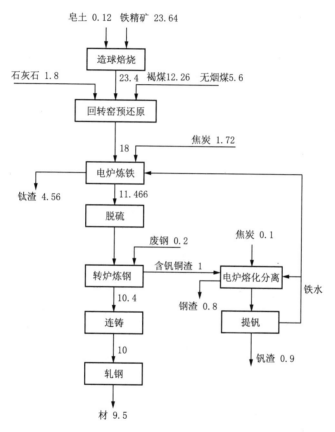

图 2.5　钒钛磁铁矿新流程物料图(回转窑)

回转窑用煤做还原剂,煤在回转窑内不完全燃烧产生的还原性物质与氧化球团反应生成海绵铁。因回转窑反应的动力学条件差,因而设备庞大,能耗高,而且对煤质有较苛刻要求,煤的灰熔点要高于 1 200 ℃,要求含硫低、活性好。

竖炉用还原性强的气体做还原剂,CO 与 H$_2$ 在竖炉内与氧化铁逆流接触,进行气固反应动力学条件较好,因而设备小,能耗低。国际上绝大多数的海绵铁都是用竖炉法生产的。虽然,生产冶金还原气需要一定的能耗,但就其总能耗来说竖炉法还是大幅度低于回转窑法。若竖炉法能耗为 $1.0\ t_{ec}/t_{钢}$,则回转窑法要 $1.5\ t_{ec}/t_{钢}$,这是个很大的差别,对 10 万 t/a 的工厂而言竖炉法比回转窑法节省能源 5 万 t_{ec}/a,对 300 万 t/a 的钢铁企业两种流程的能耗差 150 万 t_{ec}。这会对企业的生产和运输费用产生极大影响,见表 2.1。

从煤质要求看,竖炉法用煤要满足煤气化要求,不同的煤种应选择不同的造气工艺。但不论何种造气工艺对煤的含硫量并无严格要求,煤中的硫部分进入煤气,可以在煤气净化中脱除。

表 2.1 竖炉与回转窑的能耗比较

序	项 目	单 位	回转窑法	竖炉法
1	煤	t_{ec}/a	14.06	6.66
2	氧气	t_{ec}/a		0.94
3	蒸汽	t_{ec}/a	0.004	1.748
4	循环水	t_{ec}/a	0.010	0.088
5	电	t_{ec}/a	0.656	0.384
6	压缩空气	t_{ec}/a	0.044	
7	小计	t_{ec}/a	14.75	9.82
8	吨铁单耗	t_{ec}/t_{FE}	0.82	0.545
9	吨钢单耗	t_{ec}/t_{G}	1.47	0.981

注:① 表中小计以上的数据是产量 25 t/h 还原设备的计算能耗值;
　　② 上表仅为预还原工序的能耗;
　　③ 竖炉法能耗包括煤造气,选用了能耗低的造气方法;
　　④ 表中各能源介质标煤拍了算系数:

蒸汽	电	氧气	循环水	压缩空气
$0.12\ kg_{ec}/kg$	$0.42\ kg_{ec}/kWh$	$0.338\ kg_{ec}/m^3$	$0.173\ kg_{ec}/m^3$	$0.04\ kg_{ec}/m^3$

从能耗观点看竖炉法有明显优点,但竖炉法也有设备投资大,用氧较多的缺点。

2.1.4　还原气制备方法对能耗的影响

国外竖炉直接还原多用天然气为原料来制取还原气,天然气中的甲烷

用水蒸气或炉顶气中的 $(CO_2 + H_2O)$ 转换成 CO 和 H_2,其基本反应为:

$$CH_4 + H_2O \longrightarrow CO + 3H_2$$
$$CH_4 + CO_2 \longrightarrow 2CO + 2H_2$$

用天然气生产还原气流程短、消耗少、效率高,但我国的天然气资源不多,特别在盛产钒钛磁铁矿的攀西地区没有天然气资源,还原气只能考虑用煤造气的办法来制取。

煤造气的生产设备种类很多,但大多用于化工与发电,要直接用于生产冶金还原气总有若干不理想之处,除选用现有办法外也寄希望于气化技术本身的发展。气化办法的选择,首先要确定气化用煤的煤种煤质,按煤种选择适用方法,目前的气化办法对无烟煤可用 Д 形炉、水煤气炉、德士古炉;褐煤可用鲁齐炉、K-T 炉,温克勒炉及 Д 形炉。对入炉煤粒度最好要用粉煤,不要只适合块煤的炉型(Д 形炉、水煤气炉、鲁齐炉)。其次,还原气的有效成分是 CO 和 H_2,要选择煤气中 CO 和 H_2 含量高,CH_4 含低的造气方法,避免增加 CH_4 再分解的工序。另外,因冶金还原气的用量很大,要选择生产强度大,单台炉子产气量大,气化效率高的炉型,应该选择高压、纯氧气化的第二代气化炉。还要选择清洁生产的造气方法,减少污染产生。

冶金还原气要求 $(CO + H_2) \geqslant 90\%$,氧化度 $((CO_2 + H_2O)/(CO_2 + H_2O + CO + H_2)) \leqslant 10\%$,对钒钛磁铁矿还原气温度在 1 000 ℃ 左右,这种成分与温度的还原气用目前的造气方法难以一次达到要求,出炉煤气都要经过净化。脱除煤气中多余的 CO_2、H_2S、H_2O,再加热到所需温度。酸性气体脱除可选用 Selexor 法,脱 H_2O 靠降温与高压,还原气加热要用热风炉或两步法(换热与部分氧化)加温。

表 2.2 示出了目前几种可选的造气方法与竖炉匹配时不同的能耗情况。

表 2.2　不同造气方法的能耗比较

序	项　目	富氧 Д 形炉	水煤气	德士古	鲁奇炉	德士古＋鲁奇炉双联法
1	适用煤种	无烟煤、褐煤	无烟煤、焦	烟煤、无烟煤	褐煤、烟煤	褐煤、烟煤
2	能耗　煤 氧气	6.74 0.692	9.23	6.88 2.73	6.66 0.94	6.68 1.46

（续表）

序	项　目		富氧Д形炉	水煤气	德士古	鲁奇炉	德士古＋鲁奇炉双联法
2	蒸汽		0.5	0.93	0.21	1.74	1.13
	循环水		0.21	0.11	0.07	0.09	0.09
	电		2.46	2.46	1.62	0.38	0.72
	小计		10.51	12.73	11.51	9.81	10.08
3	单耗						
	铁	t_{ec}/t_{fe}	0.583	0.707	0.639	0.545	0.559
	钢	t_{ec}/t_G	1.05	1.27	1.15	0.981	1.00

注:表中数据均为已折算成标煤的数值。

从表中可见,不同的造气方法对吨钢能耗可能造成29%的差别。

富氧Д形炉与水煤气炉为常压气化法,气化强度低,对年产10万 t 的企业用这种办法不无可能,但对 300 万 t/a 的企业就不适用了,应该选用德士古、鲁奇等二代气化炉。图2.6～图2.8 是供气化炉用于竖炉制造还原气的功能图。

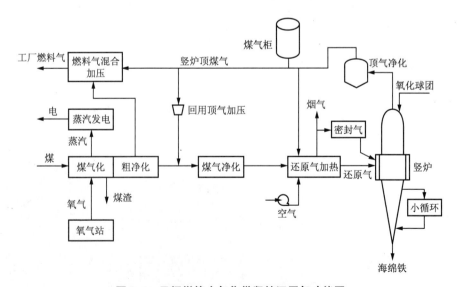

图2.6　无烟煤德士气化供竖炉还原气功能图

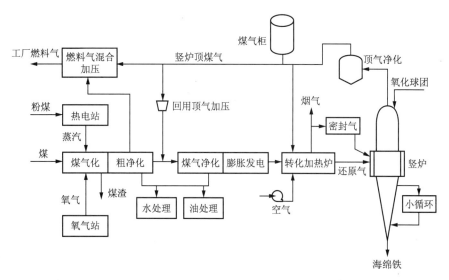

图 2.7 褐煤烟煤鲁奇炉气化供竖炉还原气功能图

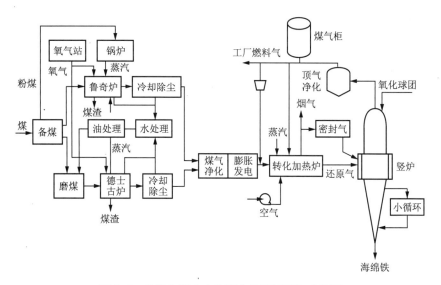

图 2.8 鲁奇与德士古炉联合供竖还原气功能图

2.1.5 关于煤源及运输方式

要建设 $300 \times 10^4 \text{ t}_{钢}/\text{a}$ 的新流程钢铁厂供煤的煤矿必须是有足够储量,在我国西南地区云南昭通、小龙潭的褐煤煤田,四川筠连、贵州织金、纳雍地区的无烟煤田,均有足够的贮量是可以选择的煤源。

褐煤水分含量很大,应用基热值低,不宜于长距离外送,宜在煤田附近建设煤气厂,用 3~5 MPa 压力下气化,所得压力煤气用管道送到钢铁厂。每消耗 1 MPa 气体压力可远送 100 km 左右的距离,管道送气与铁路运煤相比,生产成本与建设费用均会下降。

无烟煤因热值较高,煤送至钢铁厂气化或坑口就地气化都是可能的方案。筠连无烟煤的灰分高(40%左右),煤炭要外送必须经过选洗。

煤气的发热值对管道输送的成本影响较大,鲁奇炉生产的净煤气热值 $3\,300\times4.18$ kJ/m³,而德士古法生产的煤气热值 $2\,200\times4.18$ kJ/m³。送鲁奇炉煤气投资与成本都会比送德士古煤气低。

综上所述,钒钛磁铁矿冶金新流程的能源选择与用煤定点与煤质确定、冶金方法、造气方法、运输方式、管理等多方面因素有关。在实际工程中应该通过多方案比较,方案优选等工作确定。初步分析用煤造气竖炉生产海绵铁,比回转窑要节能;压力气化煤气用管道远送比铁路运煤经济。

杨若仪

2.2 用当代先进的钢铁生产工艺和技术建设新型钢铁企业

熔融还原与薄板坯连铸连轧成为世界钢铁界两大前沿技术,是钢铁生产工艺的重大突破。利用这两项工艺技术,大大缩短了传统生产流程,是高炉生产流程的技术优化方向。北仑钢铁厂就是利用此两项技术建设的全新钢铁厂。

北仑钢铁厂的设计方案一期工程年产 160×10^4 t 钢的钢铁联合企业。它的主要设备为 2 座 C2000 型 COREX 炉,生产铁水 160 万 t/a;2 座 600 型 Midrex 竖炉,利用 COREX 煤气制造还原气,生产海绵铁热压块(HBI)120 万 t/a;2 座 140 t 转炉,生产钢水 165 万 t/a;2 台 1 550 mm 薄板坯连铸机和 1 700 mm 五机架连轧机生产热轧带钢 157.6 万 t/a;1 条带酸洗的冷轧联合机组与 1 条镀锌钢板生产线。生产冷轧板卷 70 万 t/a 与镀锌钢板 34 万 t/a。随 COREX 煤气利用方案的不同,另外还加一个 2×145 MW 燃气轮机发电厂或一条年产 120×10^4 t 海绵铁热压块的生产线。与传统钢铁联合企业相比,没有焦化厂、烧结厂、全连铸与热轧紧密连接成一个薄板坯连铸连轧车间,从而缩短了钢铁生产流程,使工厂变得简洁而紧凑。

北仑钢铁厂也将有先进的配套设施,建设 2 台 63 000 m³/h 制氧机组,还可能建设两台 145 MW 的燃气轮机联合循环发电机组。在工厂建设与管理上实施计算机综合控制系统。

2.2.1 COREX 炼铁

1. 技术发展

熔融还原方法很多,在 20 世纪 80 年代世界上唯一实现工业化的熔融还原技术仅有 COREX 法,受到国际钢铁界的重视。

COREX 炼铁法开始于 20 世纪 70 年代末,由德国 Korf 工程公司和奥钢联(VAI)联合进行开发。1987 年 12 月 COREX 工业生产装置在南非伊斯科钢铁公司比勒陀尼亚厂建成投产,年产铁水 30 万 t/a。到 1990 年该炉的累计产量已经超过了 100 万 t/a,生产能力已经达到设计能力的 111%,炉子作业率 92%～94%。

C1000 型 COREX 炉的稳定生产,说明 COREX 熔融还原工艺已经成功,将会得到适度发展。而设计中的 C2000 炉型生产能力比 C1000 型扩大一倍,日铁水产量 2 000 t,年铁水产量 $70 \times 10^4 \sim 80 \times 10^4$ t。20 世纪 90 年代 VAI COREX 炉型设计已经完成。

2. 生产工艺

COREX 炉的上料、出铁、水渣、水处理等设施与高炉炼铁并无差别,炉子所用的还原煤需经过筛分与干燥,入炉煤含水量要求 2% 以下。

COREX 的主体装置主要有还原炉、熔融气化炉、煤气净化与调温装置。COREX 铁水生产过程并非先熔融后还原,而是矿石先还原后熔融。C2000 型 COREX 装置设备总高约 100 m,用大倾角皮带或垂直胶带运输机将球团矿、石灰石、白云石、煤等物料送上炉顶。

(1) 还原炉(上部) 加料漏斗有 3 个串联罐,最后一级有 12 个固定料罐向炉内均匀布料。还原炉直径 7 m,高 22 m,呈上小下大的圆锥形。炉体下部通入由熔融气化炉来的还原气,炉料在炉内还原 5～7 h,还原成金属化率不小于 65% 的海绵铁,用 6 个合金钢水冷螺旋输送器将 800 ℃ 左右的热海绵铁排入熔融气化炉。为防止炉料黏结、悬料,还原气温度控制在 850 ℃ 左右,不高于 900 ℃。还原炉内进行矿石还原、石灰石、白云石分解等反应,煤气成分随之变化。

(2) 熔融气化炉(下部) 熔融气化炉是一个高 30 m,上部直径 14 m,下部直径 7.3 m 的容器,内衬耐火材料。还原煤从煤仓经螺旋加料机从顶部加入,热海绵铁也从顶部加入,氧气从下部吹入。还原煤和氧气在炉内气化,同时使海绵铁熔化。从煤气化的观点看熔融气化炉是一个液态排渣的固定床与流化床并存的纯氧气化炉。在炉子上部球形区进行传热与挥发分进一步裂解;炉子中部扩张段是煤粒流化区,煤在此区干馏与气化;炉子颈部有一固定半焦气化层。炉子下部完成铁水生成过程。炉子操作压力最大0.5 MPa,出铁铁水温度1 470 ℃,煤气化区温度 1 400～2 300 ℃,球顶温度950～1 150 ℃,煤气出口温度必须控制在 950 ℃ 以上才能保证煤中有机物的裂解,防止焦油、酚、氰等污染物质的产生。铁和渣都从下部出铁口、出渣口导出。C2000 炉有 2 个出铁口,每天平均出铁 8 次,每次出铁 240～280 t。COREX 炉的出渣量随炉料不同而异,用球团矿冶炼时一般为每吨铁 350～450 kg,渣处理用印巴法冲水渣。

(3) 煤气系统 有 3 种除尘器和 1 组加压机。高温除尘器是 COREX 工艺的关键设备之一,在伊斯科 C1000 型设备投产过程中经过几次改进,采用了热旋风分离器。

从熔融气化炉出来的煤气,平均温度 1 050 ℃,含尘量 100 g/m^3,经与冷却加压后的净还原气掺混成 850 ℃左右,混合气经干式除尘,出除尘器煤气含尘量 25 mg/m^3,这种煤气已经可以防止还原炉堵塞。干式除尘器出来的干灰主要成分为煤粉、矿屑与煤灰,用氧气和氮气吹回熔融气化炉内继续气化。干式除尘器的煤气处理量为每吨铁达 1 800～2 300 m^3。干式除尘器出来的煤气大部分进入还原炉,少部分经还原气冷却器湿法除尘,再经加压机加压后作为还原气的掺混气体用。还原炉出的气温度约为 350 ℃,压力 0.25～0.3 MPa,含尘量 5～10g/m^3,用湿式除尘器除尘后并与少量多余的冷却煤气混合成为 COREX 炉的输出煤气。

与高炉的煤气系统相比较,COREX 过程不出干灰,但湿式除尘器所排出的污泥量要比高炉多得多,可占到出铁量的 5%左右。

(4) 物料要求

COREX 炉的炼铁原料可以是块矿、球团矿、烧结矿或它们的混合物。北仑钢铁厂为提高铁水产量而选球团矿,入炉球团和粒度 8～16 mm,160 万 t/a 铁水,球团矿 224 万 t/a。

还原煤的可选范围比较广,但 COREX 炉要用块煤,粒度 5～40 mm,小于 5 mm 的含量小于 10%。北仑钢铁厂将和伊斯科一样用几种煤的混合煤以降低用煤成本。

氧气也是 COREX 炉的重要能源,每吨铁的消耗量 500～600 m^3,纯度 95%～99.6%,1 台 C2000 型炉要配 1 台 60 000 m^3/h 左右的大型制氧机(包括炼钢用氧)是这个过程的重要特点之一。

3. 技术特点

(1) 炼铁不用焦炭,省去了炼焦工序。

(2) 流程短,投资省,人员少。根据奥钢联(VAI)的比较,对 150 万 t/a 的炼铁企业包括炼焦、烧结、氧气站在内的炼铁投资在欧洲 COREX 法比高炉法低 18%,定员可以减一半以上。

（3）降低铁水生产成本。根据伊斯科的生产分析，COREX 法的铁水成本在欧洲比高炉法低 21%。

（4）能耗降低。以最新设计的 4 000 m³ 高炉系统与北仓钢铁 COREX 系统设计指标作工序能耗计算，COREX 法节能 13%左右。

（5）环境污染大大减轻。COREX 法没有焦化、烧结，煤中的有机物在高温下完全分解，煤中的硫也绝大的转入炉渣，使 COREX 过程对环境的污染大为减轻。

2.2.2　薄板坯连铸连轧

1. 技术发展

薄板坯连铸连轧由薄板坯连铸与直接轧制组成的生产线。薄板坯连铸连轧技术世界上也有不少方法在开发，其中影响大的，形成生产规模的主要有德国西马克（SMS）的 CSP 与德马克（MDH）的 ISP 两种。

CSP 从 1983 年开始研究，1986 年宣布成功。在 SMS 铸钢车间，1 台漏斗形结晶器的立弯式薄板坯连铸机拉出 50 mm 厚、1 600 mm 宽的薄板坯。接着 SMS 为美国纽柯公司 Craufordsville 厂提供了 1 套 80 万 t/a 的生产线。该生产线为一流 1 350 mm 宽的连铸机和 6 架热轧机组成。投产初期部分钢板表面有缺陷，二级品率高达 20%，后来通过改进二级品率减少到 7%。表面缺陷的原因是铸坯表面的非金属夹杂物和氧化铁皮。SMS 又开发了高效除鳞装置，声称钢板一级品率已经达到 96%以上。接着纽柯公司在 Hickman 建设了 100 万 t/a 的第二条 CSP 生产线。

ISP 工业试验是德国杜伊斯堡胡金根厂进行的，1987 年 11 月完成，它的结晶器接近矩形，后面带有铸轧、荒轧、热卷箱与连轧机。第一条生产线 1992 年 2 月在意大利阿维迪集团的 Gremona 厂投产，1993 年达产，生产能力 50 万 t/a。

2. 生产工艺与流程

北仓钢铁厂要求生产热轧带钢 157.6 万 t/a，计划建设 2 台 1 550 mm 薄板坯连铸机，1 组 1 700 mm 宽的五机架热连轧机。

（1）CSP 工艺

转炉钢水经 RH 真空处理装置或 LF 多功能钢水精炼炉处理，用钢水包吊至连铸机 2×250 t 回转台，中间罐每个 28 t，有等离子加热器维持钢水温度,钢的浇铸温度控制在液相温度以上 5～25 ℃的范围内。连铸机结晶器为漏斗式。拉出的板坯厚度 50 mm。结晶器由钢板组成,表面有镀铬层,它的形状设计使铸坯成型过程内应力较低。浇铸过程采用浸入式水口,液面稳定方式与水口高度调整也是 CSP 工艺和诀窍。铸入结晶器的钢水被事先进入结晶器底部的引锭头挡住,在结晶器内受冷却,钢水迅速凝固成具有一定厚度的坯壳,并与引锭头凝结在一起,当结晶钢水达到规定高度时自动把铸坯拉出,设计拉速 2.5～6 m/min。为保证铸坯质量结晶器以 6 mm 的振幅,每分钟 400 次左右的频率振动,并采用了不同于常规的保护渣。

出结晶器的钢坯经铸机承托区、浇水冷却、夹送装置、弯曲半径为 3 m 的弯曲段、再经矫直装置矫直。连铸机凝结段长度约 5.5 m,凝固时间约 1 min。纽科 1 号装置平均连浇数已达 7 炉。

北仑钢铁厂采用二机二流布置方式,铸机后的辊底式炉很长,共 200 m。其中有一段可横向位移,炉内共可放 6 块连铸坯。

高压除鳞装置采用新式旋转式喷嘴,喷水压力为 20～24 MPa,强化了除鳞效果。

热轧机组选用 1 700 mm 宽的五机架连轧机,轧机为 4 辊式,主电机容量 5×7 000 kW。轧机配有液压厚度自动控制系统,采用板型控制技术,精轧机还采用矢量控制交交变频交流电机,并且有快速换辊的条件。在输出辊道上设有层流冷却装置。卷取机为 2 台液压助卷辊式卷取机,有"踏步"控制功能。

(2) ISP 工艺

ISP 连铸结晶器形状基本上为矩形,为延长浇铸时间,增加水口厚度,保持水口结晶器长边之间的距离,长边上也有鼓出 15 mm 的曲线,钢坯出口处高出 0.5 mm。结晶器钢坯出口厚度 75 mm,结晶器的振动通过液压缸控制,振动频率可在浇铸过程中调节。铸坯拉出结晶器后立即进行液芯铸轧,从 75 mm 压到 50 mm。然后除鳞,再进入二台荒轧机压到 15～25 mm。荒轧机的压力很小,每台电机仅为 500 kW。

连铸坯荒轧后钢板质量已经与一般中板相似;必要时可以经剪切机剪定尺后作中板出售。荒轧后的坯料经感应加热炉加热,用卷取机卷成钢卷,再经钢卷的横向移动设备将钢卷送到轧机作业线,用开卷机打开钢卷送轧机轧制。从卷取机到开卷机整个过程都处于保温加热状态。

连轧机 4 架,留第五架的位置,因 ISP 的轧制坯料比 CSP 薄得多,ISP 的轧制过程比较容易,咬入速度可高,出口速度不高于 13 m/s,不会产生高速轧制"漂浮"现象,而且钢板的厚度可以轧到 1 mm,这是 CSP 工艺是做不到的。ISP 的连轧机可配日本三菱的 PC 轧机,也有板型控制等先进技术。

3. 技术特点与指标

薄板坯连铸连轧技术,从设计指标看主要有如下特点:

(1) 板坯切头损失少,金属收得率高达 98%。

(2) 带钢质量比较好,用 CSP 钢卷生产的冷轧板经测试与可以满足汽车工业与家电工业的需要。ISP 工艺生产的钢板质量比 CSP 工艺更好。

(3) 生产线短。与传统工艺相比,生产线的长度与厂房长度大大缩短。CSP 生产线总长约 340 m,厂房长 604 m;ISP 生产线长只有 160 m,厂房长 200 m。

(4) 设备简单。设备总重量轻。对 150 万 t/a 生产线,CSP 设备总重 12 000 t,ISP 设备总重 14 000 t,比传统连铸和轧钢设备少得多。设备投资也相应减少,与传统工艺相比较,CSP 的吨钢投资只有传统工艺的 66%;ISP 的吨钢投资据 MDH 介绍为传统工艺的 80%。

(5) 节约能源　由于采用了近终形浇铸、铸轧、直接轧制等技术大大节省了轧制能量,减少板坯热量损失,据计算,传统 360 万 t/a 连铸、热轧生产线的工序能耗为 106.43 kg_{ec}/t,而 CSP 工艺只有 67.73 kg_{ec}/t,节约 36.36%。

(6) 定员少。常规流程每 1 000 t 钢板生产能力用 3.2 人,ISP 工艺为 0.2~0.3 人,CSP 工艺用人也较常规工艺大为减少。

(7) 生产运行费用低。CSP 的运行费对双流设备而言可比 360 万 t/a 的传统办法降低 15%左右。据 MDH 介绍,ISP 的生产费用是传统生产费的 55%。

当然,薄板坯连铸连轧也有生产过程衔接长、中间缓冲量小、钢铁表面质量不如传统工艺等问题,对北仑钢铁来说,主要设备引进量也大。

至于 CSP 和 ISP 的比较,CSP 有生产技术成熟、设备重量轻、投资少的特点。在其他方面 ISP 却占优势。ISP 的铸轧和荒轧为轧制更薄的钢板创造了条件,热卷过程又使钢板的温度更均匀,轧线长度大为缩短,连铸与轧制之间的缓冲能力大大增加,而且在必要时可以出荒轧后的中板,这些都使 ISP 工艺具有更好的前景。

2.2.3　合理利用 COREX 煤气资源

1. COREX 煤气资源

高炉过程高炉和焦炉的煤气产量虽然很大,但热风炉和焦炉加热自用量也很大,加上烧结用气,使它的商品煤气量不多。而 COREX 过程煤气产量虽不太大,但煤气热值高,冶炼过程自身用气量少,所产煤气几乎全部成商品煤气输出,外供煤气热量是高炉过程的 2.35 倍。COREX 过程煤气输出多是一大特点,煤气与铁水一样是 COREX 过程的重要产品。利用好煤气有很大的经济效益。北仑钢铁厂 COREX 煤气除少部分作为工厂燃料气外,大部分富余煤气用于生产海绵铁或用于燃气轮机联合循环发电。

2. 用 COREX 煤气生产海绵铁热压块

这是 1 种将熔融还原和直接还原技术连接起来的方法,如图 2.9 所示。用这种方法组织生产在世界上具有首创意义,重庆钢铁设计研究院的工程师正在致力于这种方法的研究。

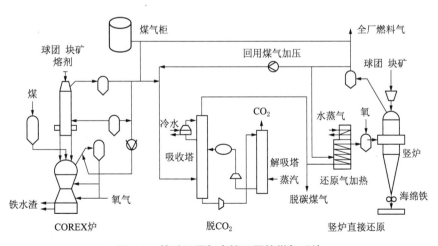

图 2.9　熔融还原与直接还原的煤气系统

将这 2 种过程连接起来关键是要脱除 COREX 煤气中的 CO_2 与 H_2O,

并且将其加热到 850 ℃,制成合适于直接还原的还原气。

根据全厂煤气平衡,生产 120 万 t/a 海绵铁热压块,需要使用全部 COREX 煤气,并且用部分炉顶气循环,多余的竖炉炉顶气作为工厂燃料气。

煤气脱除 CO_2 的办法很多,根据钢铁厂用气量大,供气压力低(0.15~0.2 MPa)的特点,考虑还原气要求 CO_2 含量低,选用国际上先进的活性有机胺水溶液(MDEA)吸收法。此法有吸收 CO_2 能力强,吸收液再生能耗低,设备可用碳钢制作而不腐蚀的特点。

用 COREX 煤气制得的还原气,与 COREX 炉还原段所用的煤气成分极其相似,这种还原气的主要成分以 CO 为主,有别于直接还原法中用天然气分解制取以 H_2 为主的还原气。对以 CO 为主的还原气能顺利生产出海绵铁在 COREX 还原段中已经得到证实,所以国内外的专家一致认为用 COREX 煤气生产海绵铁的关键在于脱 CO_2 与还原气加热。

北仑钢铁厂配置 2 台 600 型 Midrex 竖炉,拟采用每台 COREX 炉配置 1 套脱 CO_2 装置,1 套还原气加热装置与 1 台竖炉的办法形成 2 条生产线。出竖炉的海绵铁压成 30 mm×60 mm×90 mm 的压块,使之在堆放与运输过程中不产生自燃。海绵铁热压块可做电炉炼钢原料。

熔融还原与直接还原相结合,对 COREX 过程而言增加了富余煤气生产金属化球团的可能性,对 Midrex 过程而言开辟了新的还原气来源,而且这种还原气的与天然气分解相比较省去了天然气分解所需的能量消耗,使 Midrex 过程更加节能。用这种办法每用 1 t 还原煤能生产 1.116 t 铁水,外加 0.827 t 海绵铁,每吨煤的产铁量 1.94 t,这是个很高的产出率。这种生产流程增加了缺焦煤、缺天然气地区生产生铁的希望与机会。

3. 燃气轮机联合循环发电(CCPP)

另一种利用 COREX 煤气的方案是燃气轮机联合循环发电,如图 2.10。

COREX 煤气经过湿式电除尘器精除尘,由煤气压缩机压缩到 1 MPa 以上,助燃空气由 CCPP 上的空气压缩机压缩压缩至 1 MPa 以上,压缩后的煤气与空气在压力燃烧室内燃烧,高参数的 CCPP 燃烧的废气温度可达 1 000~1 100 ℃,高温高压的废气在燃气轮机中膨胀,降温做功,带动发电机发电。每台 COREX 炉配 1 台 CCPP,燃用煤气量约 145 000 m^3/h,发电 145 MW。

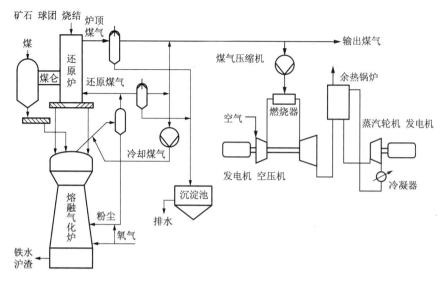

图2.10　COREX 煤气用于燃气轮机联合循环发电方案

与国内钢铁联合企业动力设备配置相比,北仑钢铁厂设计方案有两个明显特点。

(1) 用 CCPP 代替以燃煤为主的并混烧部分富余煤气的锅炉—汽轮机发电的自备发电厂。燃煤的常规发电厂,即使采用 300 MW 高参数发电机组,发电效率也只能达到 37%,发电煤耗 320 g_{ec}/kW·h,而且燃煤过程还不可避免产生 SO_2、粉尘与煤渣对环境的污染;同时,还有用水多、占地大、用人多的缺点。然而 CCPP 煤气发电效率可达 45% 以上,发电耗热指标 267 g_{ec}/kW·h,使工厂的能源利用效率大为提高。而且 CCPP 自用电只有 4%,常规电厂要 7%;CCPP 运转时间长达 8 100 h,而常规电厂发电机组只有 6 500 h,这使二台 145 MW 的 CCPP 的年发电量要比 300 MW 常规电厂多输出电力 96 GW·h。CCPP 没有粉尘污染、煤渣污染,用水少、占地小、起动快,每台 CCPP 运行与管理人员仅需 9 人。

(2) 用热电联产取代热电分供　北仑钢铁厂不像一般大厂那样既有自备电厂,又有单独建设供蒸汽的低压锅炉房,而是走热电联产之路。燃煤自备电厂也好,CCPP 也好,工厂所用蒸汽都将从抽气式发电机组中抽取,不再建锅炉房。热电联产能提高电厂热效益率,减少电厂用水量,节约投资、占地与用人少,使全厂动力系统明显紧凑化、高效化。

4. 简单的比较

两种煤气利用方案都是比较新颖和先进的。生产 HBI 的方案因国家大力发展电炉炼钢，HBI 很有销路，产品价格也较高，使全厂的投资效益率要比 CCPP 方案提高 1％左右。但该方案在技术上的风险比 CCPP 大，而且因需建设直接还原厂、燃煤自备电厂以及增加直接还原料场等设施，基建投资要比 CCPP 方案高得多。

CCPP 方案相对投资较少、污染少、占地少、用人少，但受上网电价的影响，全厂的投资收益率相对下降了 1％，而且得不到国家需要的海绵铁热压块。

杨若仪

2.3 紧凑式钢铁联合企业的能源分析

2.3.1 概述

自奥钢联的 COREX 熔融还原炼铁技术 1987 年在南非伊斯科（ISCOR）的比勒陀尼亚（PRETORIA）建成 C1000 型生产装置以来，非炼焦煤生产热铁水的方法工业化了。它突破了钢铁生产铁水用高炉、焦炉、烧结机一统天下的局面。

近代钢铁业的另一个重大革新是薄板坯连铸连轧工艺已经有两种方法投入了工业生产。西马克（SMS）公司的 CSP 工艺在美国 NUCOR 建设 2 条生产线，轧出了合格钢材，并达到了设计产量；德马克（DEMAG）的 ISP 工艺也在意大利 ARVEDI 钢厂建成投产，达到设计产量。这些技术的采用将会使钢铁生产流程变得简洁、紧凑。

采用这些新工艺在中国建厂也被提上了日程。北仓钢铁厂将按全新的流程建设紧凑式钢铁联合企业。

2.3.2 紧凑式钢铁联合企业的概念

众所周知，传统钢铁联合企业由烧结、焦炉、高炉、转炉、连铸、热连轧与冷连轧等成品车间组成。炼铁需用炼焦煤；连铸坯的断面尺寸大，连铸车间与后面的轧钢车间相对独立；轧钢主要吃冷料。传统钢铁企业设备大型化，生产能力很大。

紧凑式钢铁企业采用 COREX 炼铁与薄板坯连铸连轧工艺，由 COREX、转炉、薄板坯连铸连轧、冷轧等车间结成。工厂的特点是紧凑、生产流程短、炼铁不用炼焦煤、薄板坯连铸连轧工艺顶替了连铸与连轧两个生产车间。

紧凑式钢铁联合企业用非焦煤炼铁,当工厂建有自备发电厂时,全厂一次能源主要为还原煤与动力煤。能源品种简单,且易于解决。图2.11示意了两种不同流程工厂的组成与流程。

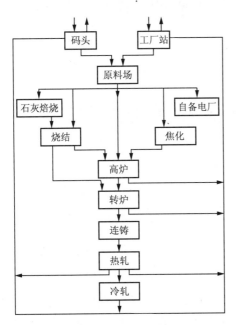

（a）传统钢铁厂主要生产流程图

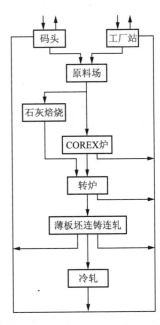

（b）紧凑式钢铁厂主要生产流程图

图2.11　两种方法的主要生产流程图

紧凑式钢铁联合企业各生产环节之间没有多少缓冲余地,各生产车间之间的衔接与节奏协调显得特别重要。由于单体设备能力与生产协调的限制,紧凑式钢铁联合企业目前的生产能力还不是很大。

2.3.3　紧凑式钢铁联合企业与传统企业能耗比较

表2.3与表2.4示出了两种流程综合能耗与工序能耗的比较。表2.3,表2.4中传统钢铁联合企业的生产能力326.4万t/a,用4 000 m³ 高炉,300 t氧气转炉了,1 900 mm宽的板坯连铸机,1 780 mm热连轧,1 750 mm冷连轧机等现代化大型设备装备。紧凑式钢铁联合企业的生产能力160万t/a,用C2000型COREX炉,140 t氧气转炉,1 550 mm薄板坯连铸与1 700 mm连轧,1 700 mm冷轧组成。这两种企业作能耗对比显然对传统钢铁联合企

有利,但从比较结果看到紧凑式钢铁联合企业的综合能耗为 713.5 $kg_{ce}/t_{连铸坯}$,只有传统流程工厂 863 $kg_{ce}/t_{连铸坯}$ 的 82.67%,节能 17.32%。从两种流程工序能耗比较表中可见紧凑式钢铁联合企业的铁水能耗与热轧板能耗明显低于传统流程钢铁企业的相应工序。从总体看紧凑式钢铁联合企业的节能效果是十分明显的。

表 2.3 传统流程与紧凑流程综合能耗比较

项 目	传统流程			紧凑流程		
	用量/万 t·a^{-1}	折标煤/万 t·a^{-1}	综合能耗/t·t^{-1}	用量/万 t·a^{-1}	折标煤/万 t·a^{-1}	综合能耗/t·t^{-1}
购入能源						
洗精煤	234.5	237.78	0.728			
无烟煤	40	34.28	0.105			
动力煤	41.68	29.77	0.091	102	72.42	0.452 6
重油	7.22	9.29	0.028			
柴油		0.32	0.001		0.16	0.001
汽油		0.11	0.000 3		0.048	0.000 3
外购电	0.28×10^8 kW·h	0.86	0.002 6			
生活水		0.05	0.000 1		0.016	0.000 1
还原煤				143.4	122.89	0.768
小计		312.46	0.956		195.53	1.222
外供能源						
焦炭	14	13.7	0.042			
焦油	10.27	13.2	0.041			
粗苯	2.22	3.17	0.01			
煤气				14.938×10^8 m^3	42.725	0.267
蒸汽				236.52	26.02	0.162 6
电				3.8×10^8 kW·h	12.6	0.078 8
小计		30.07	0.093		81.345	0.508 4
实耗		282.39	0.863		114.185	0.713 5

表 2.4 传统流程与紧凑流程可比能耗比较表

项 目	传统流程			紧凑流程		
	产量 /万 t·a⁻¹	工序能耗 /kg·t⁻¹	可比能耗 /kg·t⁻¹坯	产量 /万 t·a⁻¹	工序能耗 /kg·t⁻¹	可比能耗 /kg·t⁻¹坯
烧 结	490	48.84	73.32			
焦 化	157.1	176.6	85.0			
高炉或 COREX	325	439.56	437.67	160	483.6	483.6
炼 钢	340	13.01	13.55	165	12.68	13.08
连 铸	326.4	21.06	21.06	160	67.73	68.75
热 轧	316.3	84.7	82.08	157.6		
冷 轧	160	128.97	63.22	100	140.92	88.08
合 计			775.9			653.52

2.3.4 熔融还原炼铁(COREX)与高炉炼铁的能耗比较

COREX 炼铁过程的参阅图 2.12。还原煤和氧气在熔融氧化炉内气化,炉内同时熔化从上部还原炉下落的金属化球团。炉子下部出铁水与渣,炉子顶部导出高温煤气,经调温、除尘进入上部还原段。还原段炉顶气从上部导出,经除尘后成商品煤气外供。

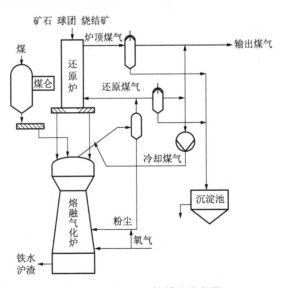

图 2.12 COREX 炼铁法流程图

COREX 过程主要能源是煤和氧气,并消耗少量煤气用于煤干燥。

COREX 过程与传统高炉、焦炉、烧结组成的炼铁过程相比较,生产每吨铁水的工序能耗见表 2.5。COREX 法的工序能耗 522.1 kg_{ec}/t,是传统高炉流法 598.56 kg_{ec}/t 的 87.2%,节能 13%左右。

应当指出,COREX 与单纯高炉相比,COREX 并不节能。这两个过程相比,国际上发表的数据是 COREX 过程略高于高炉。但我国的设计指标 COREX 消耗偏高,这也许是设计指标取得保守之故。但就完整的传统炼铁过程(包括高、焦、烧)而言,COREX 过程是节能的。当然,COREX 用了进口球团矿也是节能的重要因素。

2.3.5　薄板坯连铸连轧与传统连铸、热轧的能耗比较

薄板坯连铸连轧以较为成熟的 CSP 工艺为例说明。板坯在结晶器拉出的厚度为 50 mm,在连铸机弧形段,板坯液芯状态下压成 15~25 mm。板坯经辊底式炉保温后,即进连轧机轧成板卷。与传统的连铸、热轧相比有如下特点:

(1)连铸机出口板坯断面薄,轧制能耗少。

(2)利用钢坯自身热量,在液芯状态下已完成较多的压下量,节省轧制能耗。

(3)利用钢坯自身热量,直接进轧机,实现直接轧制。辊底式炉只起保温作用,热量消耗少。

(4)薄板坯连铸连轧的成品收得率高达 98%。

以上原因使得薄板坯连铸连轧工艺成为特别节能的工艺。表 2.6 示出了薄板坯连铸连轧与传统连铸、热轧之间的工序能耗的比较。薄板坯连铸连轧工序能耗 67.73 kg_{ec}/t,是传统工艺 106.43 kg_{ec}/t 的 63.54%,节能 36.36%。

2.3.6　紧凑式钢铁企业的能源经济分析

两种流程的购入能源有较大的差别,紧凑式钢铁联合企业不用价格较高的炼焦洗精煤与重油等,只用动力煤与还原煤,所以,全厂吨钢能源价格变得更低。表 2.7 按 20 世纪 90 年代初的能源价格计算了两种流程的吨钢

表 2.5　高、焦、烧与 COREX 的工序能耗比较

名称	燃料消耗					二次能源回收/kg·t⁻¹	动力消耗							工序能耗/kg_ce·t⁻¹
	炼焦煤/kg·t⁻¹	无烟煤/kg·t⁻¹	焦炭/kg·t⁻¹	COG/m³·t⁻¹	BFG/m³·t⁻¹		新水/m³·t⁻¹	电/kWh·t⁻¹	压气/m³·t⁻¹	蒸汽/kg·t⁻¹	氧气/m³·t⁻¹	氮气/m³·t⁻¹	鼓风/m³·t⁻¹	
传统流程														
烧结			45	3		11.44	0.5	42.8		5				48.84
焦化	1 370			54.83	874.38	1 414	3.5	105		300		15.4		176.6
炼铁		125	400	35	566		1.28	35	50	50	50	65	1 300	439.56
折算到 t 铁的能耗:														
COREX		896[A]		54[A]		536.5	2	60	8	11	550	100		598.56
折算系数	1.014	0.857	0.979	0.6286	0.113		0.224	0.32	0.04	0.11	0.24	0.05	0.22	

注:COREX 用还原煤,折算系数也是 0.857;COREX 用 COREX 煤气折算为 0.286 kg_ce/m³ 煤气;COREX 比传统高,焦、烧工艺能源 节省 76.45 kg_ce/t铁水

表 2.6　连铸、热轧与薄板坯连铸连轧的工序能耗比较

名称	燃料消耗					二次能源回发/kg·t⁻¹	动力消耗							工序能耗/kg$_{ce}$·t⁻¹
	重油/kg·t⁻¹	无烟煤/kg·t⁻¹	COREX煤气/m³·t⁻¹	COG/m³·t⁻¹	BFG/m³·t⁻¹		新水/m³·t⁻¹	电/kWh·t⁻¹	压气/m³·t⁻¹	蒸汽/kg·t⁻¹	氧气/m³·t⁻¹	氮气/m³·t⁻¹	氩/m³·t⁻¹	
传统流程														
连铸				5			0.73	35	68	1.1	4.5	1	0.52	21.06
热轧	20			31.7	46		1.88	96	24	15.6	0.1	0.3		84.7
折算到每 t 热轧板卷的工序能耗 84.7＋(326.4/316.3)×21.06														106.43
csp^A			92.54				1.93	115	75	5	2	0.1		67.73
折算系数	1.285 7	0.857	0.286	0.628 6	0.113		0.224	0.32	0.04	0.11	0.24	0.05	0.1	

注：A 薄板坯连铸连轧按 CSP 工艺计算，CSP 比传统连铸/热轧工序能耗节省 38.70 kg$_{ce}$/t 热轧板卷。

能源价钱。紧凑式钢铁联合企业的金额为 201.1(32 176/160)元/t连铸坯是传统流程 295.85(96 568/326.4)元/t连铸坯的 67.97%，节省 32%左右。

表 2.7　传统流程与紧凑流程的能源经济比较

项　目	传统流程			紧凑流程		
	用量/万 t·a^{-1}	价格/元·t^{-1}或元·(m^3)$^{-1}$	金额/万元	用量/万 t·a^{-1}	价格/元 t^{-1}或元·(m^3)$^{-1}$	金额/万元
购入能源						
洗精煤	234.5	355	83 248			
无烟煤	40	300	12 000			
动力煤	41.68	210	8 753	102	210	21 420
重油	7.22	550	3 971			
柴油汽油			850			417
外购电	0.269×10^8 kW·h	0.4	1 076			
还原煤				143.4	300	43 020
小计			119 582			64 857
外供能源						
焦炭	14	450	6 300			
焦油粗苯			7 030			
煤气				14.938×10^8 m^3	0.1	14 938
蒸汽				236.52	22	5 203
电				3.8×10^8 kW·h	0.33	12 540
小计			13 330			32 681
实耗			96 568			32 176

2.3.7　环境影响

紧凑式钢铁联合企业对环境影响比传统钢铁联合企业要小得多,这主要有两方面的原因:第一,紧凑式钢铁联合企业的总体节能效果好,能源消耗少,能源转化过程中的环境污染少。第二,主要工艺的用能条件不易产生污染。特别是 COREX 过程,取消了焦化厂与烧结厂,消除了炼焦过程有机物(酚、氰)污染与烧结过程的硫化物(SO_2)、粉尘污染。COREX 炼铁过程,煤在熔融气化炉中用氧气气化,气化温度 1 450~1 600 ℃,气化炉顶部温度也在 1 000 ℃左右,煤中有机物分解,没有酚、氰等有害物质污染。COREX 炼铁过程,煤中的硫 85%进入炉渣,COREX 能最大限度地防止硫进入大气。根据南非伊斯科 COREX 装置生产经验,其污染物与传统流程的比较见表 2.8。

表 2.8 两种流程的典型排放物量和洗涤水水质比较

序	比较项目	传统流程	COREX 法	COREX/传统
一	大气污染/$kg \cdot t_铁^{-1}$			
1	烟尘	2.1	0.018	0.9%
2	二氧化硫	3.3	0.025	0.8%
3	氧化氮	1.2	0.23	1.9%
二	水体污染/$kg \cdot t_铁^{-1}$			
1	氨	0.59	0.06	10.4%
2	生物需氧	0.15	未查出	未查出
3	化学需氧	0.69	0.122	17.7%
4	苯酚	0.08	0.000 6	0.7%
5	硫化氢	0.06	未查出	未查出
6	氰化物	0.02	0.000 5	2.3%
7	总氰化物	未查出	未查出	
8	水体 pH	9.0	8.06	

2.3.8 小结

采用 COREX 熔融还原炼铁,薄板坯连铸连轧新工艺能使钢铁联合企业达到简化流程,节约能源,改善能源结构,更多地节省吨钢能源消耗费用,节省建设投资,提高企业经济效益的目的。COREX 熔融还原炼铁和薄板坯连铸连轧技术在世界上已有工业化生产,作业单项技术已经成熟。我国适当地采用这种新工艺对提高我国钢铁工业技术水平和经济效益相当有利。但要由它们组成一个大型钢铁联合企业,必须注意各生产环节之间的衔接,并设置必要的缓冲手段。可以相信,采用 COREX 熔融还原炼铁,薄板坯连铸连轧的紧凑式钢铁联合企业将会在我国出现。

杨若仪

2.4 BL钢铁厂工艺流程与经济效益研究

BL钢铁厂是"九五"期间研究建设的项目,用非高炉炼铁,电炉或转炉炼钢,薄板坯连铸连轧组成短流程紧凑钢铁厂,以中小规模的钢铁联合企业达到大型企业的生产水平。根据当时国家审批要求对该工程的建设内容、产品方案和经济效益进行详细研究,重庆钢铁设计研究院围绕提高项目经济效益,做了近两年半的调查研究与多方案比较。主要研究了如下4个问题:

(1) 提高薄板坯连铸连轧的单流产量与产品质量。

(2) 减薄产品厚度,研究部分热轧产品代替冷轧产品的可能性。

(3) 比较电炉炼钢与转炉炼钢的经济性。

(4) 考虑增产热轧不锈钢板卷提高工厂经济效益。

2.4.1 炼铁

由于资源、环保、场地、经济诸因素,BL厂采用为熔融还原COREX炼铁方向一直没有动摇。1995年11月韩国浦项C2000型COREX炉投产也减少了对这项技术大型化的怀疑。

1. COREX的煤气利用方向

COREX炉每生产1 t铁水副产热值约$1\,900 \times 4.18\text{ kJ/m}^3$,商品煤气约$1\,700\text{ m}^3$,过程外供煤气量是传统高、焦、烧炼铁过程的$2.35 \sim 2.91$倍,煤气利用效果的好坏对工厂的经济效益影响极大。笔者研究了COREX煤气用于燃气轮机联合循环发电、生产海绵铁(DRI)、生产甲醇3种利用方向(图2.13)。用相同的价格标准,比较3种方案的经济效果,结果如下:

全投资税后收益率:发电方案12.77%,海绵铁方案13.36%,甲醇方案15.7%。

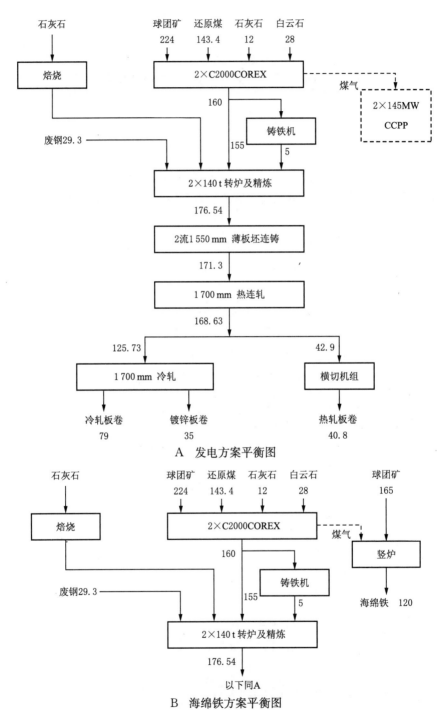

A 发电方案平衡图

B 海绵铁方案平衡图

图 2.13 BL 厂 COREX 煤气利用方向的研究

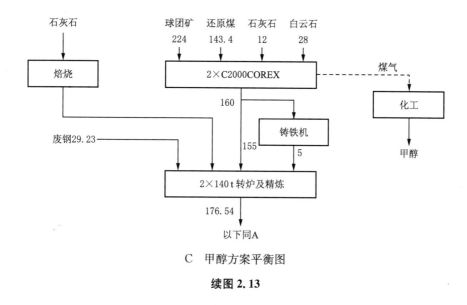

C 甲醇方案平衡图

续图 2.13

经济效益以甲醇方案最好,但甲醇国际上的产需求是基本平衡的,只是地区间极不平衡。20 世纪 90 年代甲醇的价格在 128～520 美元/t 的大范围内波动,计算时取价 300 美元/t,21 世纪初降价至 250 美元/t 左右,预示甲醇方案的风险很大,因此,冶金界的专家都趋向于用 COREX 煤气生产 DRI,按国际钢铁发展规律电炉炼钢比例会不断提高,DRI 市场看好,经济效益比发电方案好。

2. COREX 与 Midrex 联姻生产海绵铁

视煤质不同 COREX 每生产 1 t 水要用 1 t 左右的还原煤。生产的煤气除作联合企业的燃料外,还可以生产 1 t 左右的海绵铁,熔融还原和竖炉生产海绵铁联姻是一种单位资源产铁很高的生产方法。COREX 煤气制还原气必须经过脱碳、脱水和加热两个过程。脱 CO_2 在工程上有化学吸收和变压吸附等多种方法,还原气加法热又有一步法和二步法之分,两种过程组合可以产生很多的可选方案。用化学吸收法脱碳水的残留量较多,用还原气一步加热法在 400～750 ℃区间会产生折碳反应,用二步法加热对还原气成分会产生污染。所以,奥钢联和林德公司推荐用变压吸附和二步加热法,此法的还原气成分并不理想。有了合格还原气以后,可用技术成熟的 Midrex 竖炉或 HYL 竖炉生产出海绵铁。

3. 关于电炉方案的前工序

在冶金联合企业中,若炼钢采用电炉,电炉原料多用废钢好还是自建

COREX 与 Midrex 炼钢前工序生产炼钢原料好,重庆钢铁设计研究院也作了比较。多用废钢可以减少炼钢前工序的投资,但废钢购入量增加要建废钢码头与废钢料场,电炉冶炼用电量要增加;建设炼铁工序投资增加,工厂从进口废钢变进口矿石,电炉可用 50% 铁水,30%~40% DRI,10%~20% 废钢为原料进行炼钢,电耗费用下降。笔者曾对图 2.14 所示两个(供铁与缺铁)方案的工厂组成作过对比,其中供铁方案建两座 COREX 炉与 Midrex 炉,缺铁方案各少建 1 座 COREX 炉与 Midrex 炉,经分析计算得出如下结果。

全投资税后收益率:供铁方案为 14.29%,缺铁方案为 12.59%。

在废钢价格 160 美元/t,电价 0.06 美元/kWh 的条件下,自建炼铁的收益率比多购废钢的缺铁方案高出 2.31 个百分点,在废钢价格居高不下,电价又不便宜的情况下,不建或少建炼铁工序从长远看是不合适的。

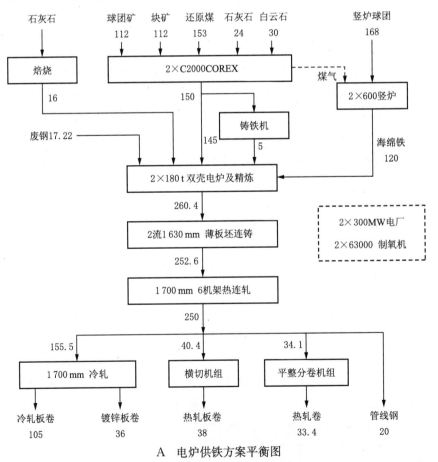

A 电炉供铁方案平衡图

图 2.14 电炉前工序的比较方案

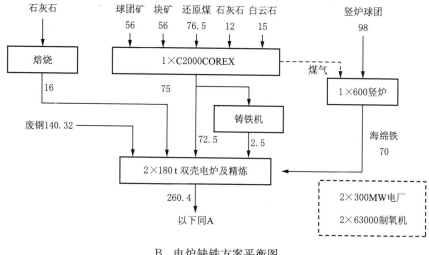

B　电炉缺铁方案平衡图

续图 2.14

2.4.2　炼钢

主要做了电炉方案与转炉方案的比较。电炉方案的工厂组成和金属平衡见图 2.14A，转炉方案见图 2.15。

电炉炼钢工艺路线是：COREX 铁水与 Midrex 生产 DRI→铁水脱硫→EAF→LF 或 VDT-OB-FTSC。

转炉炼钢工艺路线是：COREX 铁水 → 铁水脱硫 → BOF → LF 或 RH-FTSC。

从原料看，转炉用 90％的铁水，10％的废钢；电炉用 50％铁水，40％ DRI，10％废钢。电炉冶炼的原料配比与消耗的关系见图 2.16。

对电炉的炉型也做过比较，如普通直流电弧炉、双壳电弧炉、以及用对原料适应性很好的转弧炉（CONARC 炉）等，倾向于选择高效率的双壳电弧炉。

BL 厂的前期方案注意了炼钢原料的选择，电炉冶炼也多用纯净的原料，少用废钢，电炉与转炉都能生产出满足 DDQ 钢板质量要求的钢水，但电炉钢的含氮量高于转炉钢。

从炼钢与前后工序衔接来看，转炉与 COREX 炼铁以及薄板坯连铸连轧之间联系紧密，相互影响较大；而电炉炼钢的灵活性更好些，国外薄板坯连铸连轧的工厂多用电炉炼钢。

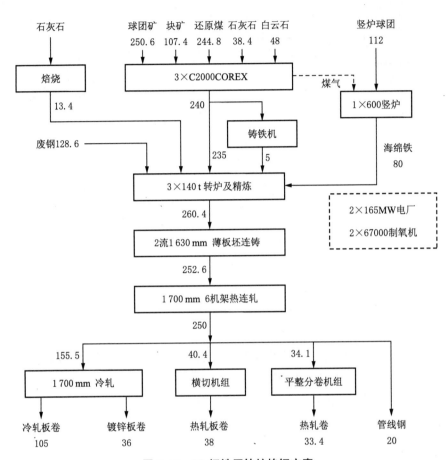

图 2.15 BL 钢铁厂转炉炼钢方案

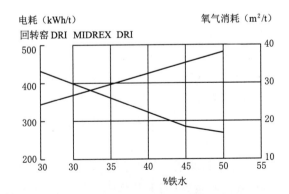

图 2.16 电炉原料比与消耗的关系

从炼钢能耗看,转炉基本为无能炼钢,电炉冶炼要多消耗 300～450 kW·h/t 的电力。

从投资看,3×140 t 转炉炼钢厂的设备可以国产为主解决,而 2×180 t 双壳电弧炉的主要设备需从国外引进,电炉方案的投资略高于转炉方案。

综合如上因素,两个方案计算的建厂经济效益:全投资税后收益率:电炉方案(14.9%)低于转炉方案(17.16%)。转炉方案的投资收益率比电炉方案高 2.26 个百分点。

2.4.3 薄板坯连铸连轧

薄板坯连铸连轧是一条近终型板坯连铸与直接轧制组合的生产线。

1. 发挥连铸能力,提高连铸产量

BL 钢铁厂的前期方案对板坯厚度的选择偏重于近终形,选择了比较薄的板坯(50 mm)。在产品宽度一定的情况下,铸机的产量不高,二流 160 万 t/a 限制了后步 1 780 mm 六机架热连轧机组的能力发挥,显然是影响工厂流经效益的重要因素。为此,研究后放大了板坯尺寸,铸机宽度从 1 550 mm 放宽到 1 630 mm,铸坯厚度参考国际几种薄板坯连铸连轧的机型作了多方案比较,并在与外商交流的基础上取了可实现的高拉速。表 2.9 列出了薄板坯连铸连轧的方案比较及对全厂经济效益的影响。全厂经济效益随铸机产量的提高而明显提高。

表 2.9 薄板坯连铸连轧的方案比较

序	项 目	方案一	方案二	方案三
1	国外类似机型	CSP 或 ISP	CONROLL 改良 ISP	FTSR
2	机、流	二机二流	二机二流	二机二流
3	平均坯宽/mm	1 550	1 630	1 630
4	铸口厚度/mm	50	90	120
5	铸轧后坯厚/mm	(ISP25)	70	
6	初轧后坯厚/mm		15～25	25～35
7	平均拉速/m·mm^{-1}	4～5.5	4.16～6	3～4
8	铸坯产量/万 t·a^{-1}	168.63	252.68	252.68
9	保温炉形式	辊底式	辊底式	步进式

序	项 目	方案一	方案二	方案三
10	连轧机宽/mm	1 700	1 780	1 780
	初轧机架		1	可逆1
	精轧机架	5	6	6
11	热轧板卷厚度/mm	2～12.7	1～12.7	1～12.7
12	热轧产品产量/万 t·a^{-1}	155.5	232.4	232.4
13	铸轧生产线长/m	604		684
14	厂房面积/m^2	36 922		72 236
15	设备总重/t	11 854		17 283
16	单位电耗/kW·h·t^{-1}	100		135
17	冶金联合企业全厂全投资税后收益率/%	12.2	17.16	17.77

注：上述各方案的冶炼都采用转炉

2. 薄板坯连铸连轧的产品

国外设备制造商介绍，常规宽带钢连轧机生产的品种薄板坯连铸连轧都可以生产，但热轧带钢产品中70%属大路货，世界上已经建的几套薄板坯连铸连轧生产线的生产目标瞄准70%的大路货，没有去追求生产高档产品，所以，给人的印象是薄板坯连铸连轧是生产大路货的生产线。事实上，薄板坯连铸连轧还没有批量生产汽车外壳用的深冲钢板的经验。有人担心50 mm厚的铸坯生产热轧板的压比小，表面质量比不过常规热轧宽带产品，要提高产品质量加厚铸坯厚度比较有利，这种看法不无道理。

20世纪90年代以前热轧带钢产品厚度一般在1.8 mm以上，2 mm以下属冷轧产品范围。从80年代后期开始，厚度1～1.2 mm热轧酸洗彩涂或镀锌产品需求量大增，仅美国需求量达600万吨。这部分彩涂钢板用于钢窗、框架及表面要求不高的汽车非外表面用板，代替原来的冷轧产品比较经济。因此，对新建薄板坯连铸连轧也提出了生产薄钢卷的要求。1 mm左右的钢板CSP用提高轧制温度的办法生产，钢板的表面质量要受些影响。改良的ISP有铸轧和二架初轧机，入精轧机的板厚25～30 mm，可以生产1 mm的钢卷。FTSR的产品下限就是按1 mm设计的，走的也是降低中间坯厚度的道路。

2.4.4　增加不锈钢热轧板卷的探讨

为了进一步提高建厂经济效益,生产市场急需的产品,BL 钢铁厂的设计除考虑生产普碳钢产品外,还研究了增产不锈钢热轧板的可行性,研究了图 2.17 所示的 4 种设计方案。

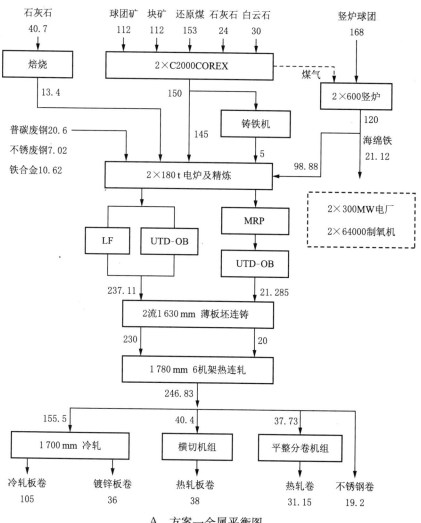

A　方案一金属平衡图

图 2.17　增加不锈钢热轧板卷方案组成

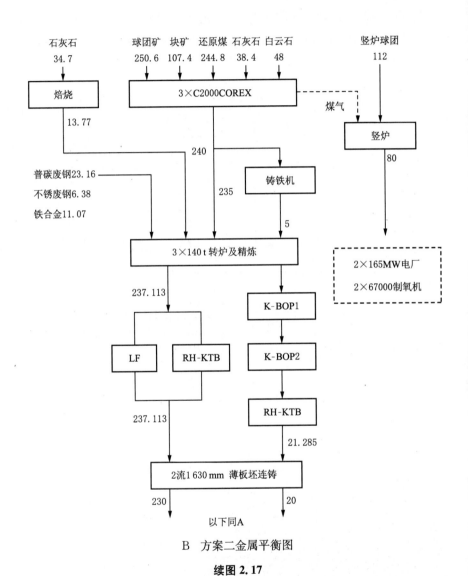

B　方案二金属平衡图

续图 2.17

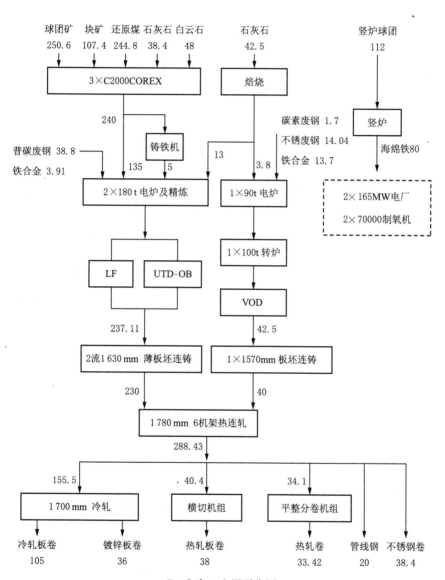

C 方案三金属平衡图

续图 2.17

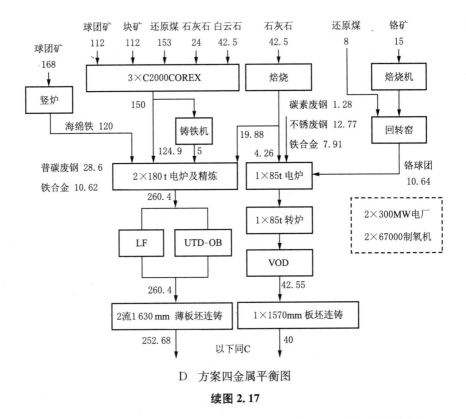

D 方案四金属平衡图

续图 2.17

4 个方案的不锈钢镍铬系占 62.5%,铬系占 37.5%。板卷厚度 2~12.7 mm。

其中第一方案与第二方案为混炼方案,用同一套炉子与连铸机,用不同的精炼设备轮流生产普碳钢与不锈钢。方案一用电炉,方案二用转炉。两个方案浇铸坯厚度均为 120 mm,不锈钢坯有下线清理的可能性。连铸坯的年产量:普碳钢 230 万 t/a,不锈钢 20 万 t/a。

方案三与方案四为普碳钢与不锈钢分开冶炼方案,方案三用转炉生产普碳钢,用电炉生产不锈钢,连铸机也是分开的,热轧机共用。这两个方案减少了混炼方案生产相互影响的问题,并产量提高,该方案产普碳钢坯 252.6 万 t/a,不锈钢坯 40 万 t/a。上述 4 个方案经合经济效益如下:

项 目	方案一	方案二	方案三	方案四
全厂全投资税后收益率%	15.68	17.77	20.18	19.04

以普碳钢与不锈钢分开生产,轮流轧制,转炉炼普碳钢,电炉炼不锈钢的效益为最佳。

2.4.5 小结

两年半来,重庆钢铁设计研究院对 BL 厂的建设方案进行优化比较,用改变工厂结构、改进工艺与设备选型、扩大产量、改变产品规格、增加不锈钢热轧板卷等手段,用大致相同的经济计算条件,使建设方案投资收益率从预可行性研究报告的 12.2% 提高到增加不锈钢后的 20.18%。

(1) 熔融还原 COREX 法是一种经济、清洁的炼铁短流程,是 BL 厂新流程的核心技术之一。COREX 煤气用于生产海绵铁,拓宽了这项技术的产品范围,其经济效益也比煤气发电方案要好。

(2) 在废钢价格居高不下、电价不低的条件下,建大电炉的投资比建转炉高。在钢铁联合企业可提供铁水的条件下电炉流程的投资效益率低于转炉流程。但电炉与薄板坯连铸连轧的生产衔接有比较灵活的优点也不可忽视。

(3) 薄板坯连铸连轧是 BL 厂另一个核心技术。提高连铸坯的产量,发挥热连轧机的能力可取得良好的经济效果。薄板坯连铸连轧的是无疵浇铸、直接轧制,缩短生产线长度与从浇铸到出热轧板卷的时间。片面追求减薄铸坯厚度,在产品质量与工厂综合效益上有时会产生负效应。

(4) 生产 1 mm 左右的热轧板,可直接用于汽车非表面用材,用于做彩涂或镀锌钢板的坯料,有一定的市场,减薄产品厚度也是发挥轧机能力与提高产品价格的方法。

(5) 国际上镍铬不锈钢浇铸与轧制的钢坯下线率在 50% 以上,用薄板坯连铸连轧生产不锈钢无成熟经验。以生产普碳钢为主的工厂增产一部分不锈钢无论是混合生产的方式还是分开生产的方式都能明显提高工厂的投资效益率,而以普碳钢用转炉生产,普碳钢与不锈钢冶炼与浇铸分开生产,轧机共用的方案效益最佳。

杨若仪

2.5 两种钢铁生产新流程的比较

本节比较不同的炼铁方案对采用电炉炼钢、薄板坯连铸连轧生产热轧板的紧凑钢铁厂的影响。研究不同炼铁方案钢铁厂的设备组成,投入产出和经济效益的变化,并分析原因。

2.5.1 两种流程

笔者把用 COREX 生产铁水,COREX 煤气用竖炉生产海绵铁,海绵铁与铁水电炉炼钢,再用薄板坯连铸连轧生产板材的流程(图 2.18)定义为流程 A。南非萨尔达尼亚采用了这种流程,中国计划的北仑钢铁厂也在论证用这种流程。又把煤气化生产海绵铁,用海绵铁电炉炼钢,薄板坯连铸连轧板材的生产流程(图 2.19)定义为 B 流程。用海绵铁电炉炼钢的钢铁厂在中东地区比较多,例伊朗的莫巴拉克厂,只是中东竖炉是用天然生产的,用到中国后要改成用煤气化来生产。

A 流程电炉原料 50%铁水,40%海绵铁、10%废钢。B 流程的电炉原料 100%热海绵铁(575 ℃),也可用部分废钢。为便于比较两种流程采用了相同的生产规模与产品方案,连铸坯产量都为 140 万 t/a,两个方案连铸和轧钢车间是相同的,并用相同的经济计算条件。

两种比较方案组成的钢铁厂的主要设计参数示于表 2.10。

2.5.2 比较

两种流程的产品相同,产量一致,对建设投资、钢铁料消耗、能源、生产成本与经济效益作了全面对比,主要结论列于表 2.11。

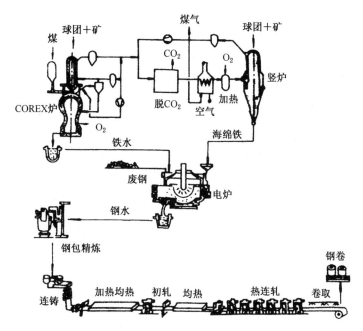

图 2.18 A 流程图

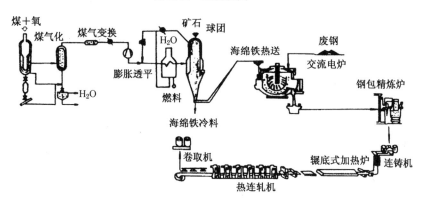

图 2.19 B 流程图

表 2.10 两种流程的主要设计参数

序	项 目	A 流程	B 流程
一	产量		
	铁水/10^4 t/a	75	
	海绵铁/10^4 t/a	65	160
	其中商品海绵铁/10^4 t/a		2.8

（续表）

序	项　目	A流程	B流程
一	钢水/10^4 t/a	140.6	140.6
	热轧板卷/10^4 t/a	135	135
二	主要原、燃料		
	高炉球团/10^4 t/a	80	
	竖炉球团/10^4 t/a	46.2	113.7
	块矿/10^4 t/a	80.4	113.7
	外购废钢/10^4 t/a	9.3	
	还原煤/10^4 t/a	111.03	
	气化煤/10^4 t/a		94.10
	动力煤/10^4 t/a	63.00	88.90
	焦炭/10^4 t/a		4.2
三	主要动力消耗		
	电/10^8 kW·h	13.1	15.63
	水/10^4 m³/a	1 408	1 408.87
	氧气/10^8 m³/a	5.580 0	6.463 0
四	主要设备配置		
	煤气化炉		3×1 400 t/d TEXCO 炉
	COREX	1×C2000	
	竖炉	1×600 型 Midrex	2×80×10^4 t/a HYL-III
	电炉	1×180 t FAF	1×180 t FAF
	薄板坯连铸连轧	一流 1 630 mm 连铸，6 机架 1 700 mm 连轧	一流 1 630 mm 连铸，6 机架 1 700 mm 连轧
	其他	相应的原料、动力辅助设施	相应的原料、动力辅助设施

表 2.11 两种流程的经济比较

序	项 目	A 流程	B 流程
一	投资（总投资）		
1	钢铁厂/亿元	109.38	114.95
2	自备电厂/亿元	23.45	21.63
3	氧气站/亿元	5.86	8.28
4	全厂/亿元	138.68	144.86
二	能耗		
1	还原煤/10^4 t·a^{-1}	76.5	
2	气化煤/10^4 t·a^{-1}		95.2
3	动力煤/10^4 t·a^{-1}	62.99	88.9
4	焦炭/10^4 t·a^{-1}		4.01
5	上网电/10^8 kW·h·a^{-1}	4.71	5.721
6	下网电/10^8 kW·h·a^{-1}		2.61
7	新水/10^4 m^3·a^{-1}	1 408	1 048
8	综合能耗/kg_{ec}·t^{-1}	939.5	1 097
三	成本		
1	COREX 铁水/元·t^{-1}	1 074.7	
2	海绵铁/元·t^{-1}	931.8	1 016.7
3	电炉钢水/元·t^{-1}	1 601.8	1 730.9
四	主要技术经济比较		
1	年平均销售额/亿元	43.30	42.81
2	年平均总成本/亿元	30.58	31.06
3	全投资税后内部收益率	12.71%	11.85%
4	静态投资回收期/a	9.16	9.50

注:表中总投资为静态投资、动态投资和铺底流动资金之和。

从表中可见,B流程的投资高于A流程,B流程的能耗也比A流程高 314.5 kg_{ec}/t,增幅较大。热铁水成本比海绵铁成本高。B流程的海绵铁成本比A流程的铁成本高。但A流程投资略高于B流程。

2.5.3　原因分析

1. 原料结构变化的影响

原料结构变化对炼铁成本的影响列于表 2.12。

表 2.12　原料结构对炼铁成本的影响

序	项　目	单价/元·t^{-1}	A 流程		B 流程	
			实物量/10^4 t·a^{-1}	金额/10^4 元	实物量/10^4 t·a^{-1}	金额/10^4 元
1	高炉球团	324	80	25 920		
2	竖炉球团	390	46.2	18 018	113.7	44 343
3	块　矿	242	80.4	19 457	113.7	27 515
	用矿小计			63 395		71 858
4	还原煤	285	111.03	31 644		
5	气化煤	270			94.1	25 407
6	动力煤	250	63.015 7	15 750	88.9	22 225
	煤　粉	215	31.1	−6 687		
	用煤小计			40 707		47 632
7	外购废钢	1 300	9.3	12 090		
	总　计			116 192		119 490
8	吨钢主要原料消耗		826.4 元·t^{-1}		849.8 元·t^{-1}	

2. 两种流程的原料差别

两种流程原料主要差别在于：

（1）A 流程的 COREX 炉采用价格较低的高炉球团，而 B 流程竖炉只能用价格较贵的竖炉球团，使 B 流程的购矿成本上升。

（2）A 流程还原煤要购入块煤，但它产生的粉煤可作为动力煤用，扣除粉煤以后，A 流程的用煤量少，相应购煤费用不大。

2.5.4　电炉冶炼能源消耗

1. 电炉冶炼能耗

电炉冶炼能耗比较列于表 2.13。

表 2.13 电炉冶炼能耗比较

序	消耗品种	计算单价	A 流程		B 流程	
			吨钢用量	金额/元·t^{-1}	吨钢用量	金额/元·t^{-1}
1	电	0.32 元·(kW·h)$^{-1}$	280 kWh	89.6	572	183
2	焦粉	520 元·t^{-1}			22 kg·t^{-1}	11.4
3	氧气	0.5 元·(m^{-3})$^{-1}$	42 m^3·t^{-1}	21	22 m^3·t^{-1}	11
4	电极	20 000 元·t^{-1}	1.7 kg·t^{-1}	34	2.8 kg·t^{-1}	56
	小计			144.6		261.5

用大量海绵铁做电炉原料时,电炉用电量增加,焦炭与电极消耗增加,炼钢能源增加 116.9 元/t。

(1) 内在因素分析 A 流程炼钢原料的一半是 COREX 铁水,煤是在 COREX 熔融氧化炉内气化的,而 B 流程煤气化是在 TEXCO 炉内完成。这两种炉子的气化过程和气化效率不同。表 2.14 列出了两种气化炉的比较。

表 2.14 两种气化炉的比较

序	项 目	A 流程	B 流程
1	单位用煤量/kg·t^{-1}	1 040	1 000
2	用煤发热量/kJ·kg^{-1}	6 330×4.18	6 815×4.18
3	产气量/m^3·t^{-1}	1 850	2 000
4	煤气成分 CO$_2$/%	3.0	12.0
	CO/%	66.5	50.0
	H$_2$/%	28.5	36.2
	CH$_4$/%	0.1	0.1
	N$_2$/%	1.9	1.4
5	煤气热值/kJ(m^3)$^{-1}$	2 766×4.18	2 426×4.18
6	转入铁水中的有效碳/kg	40	
7	冷煤气效率①/%	77.7	71.2
	冷煤气效率②/%	82.4	

注:① 为 COREX 炉不计转入铁水中的碳的结果;
② 为 COREX 炉计入转入铁水中的碳的结果。

COREX 炉用经过干燥的煤进行气化，TEXACO 用水煤浆气化，TEX-ACO 的气化过程有大量过剩的水需要蒸发、并升温至 1 400 ℃，热量消耗大，致使用氧量大，煤气中的 CO_2 含量高，它的气化效率低于 COREX 炉。

（2）两种过程的煤气利用

COREX 炉的熔融气化炉煤气出口平均温度 1 050 ℃，用煤气掺冷至 850 ℃，后进入竖炉，出熔融气化炉的煤气温度损失很少。而 TEXACO＋HYL-III 的过程中，煤气需从 1 400 ℃左右激冷降压至常温，再加热到 930 ℃产炉，这一冷一热的过程要多消耗热量 135 kg_{ec}/t。

（3）两种流程的炼钢原料携热量

两种流程同是电炉炼钢，但因原料构成不同，原料携带的热量不尽相同。表 2.15 列出两种流程原料携带热量比较。

表 2.15　两种流程电炉原料携带热量比较

序	项　目		A 流程		B 流程	
			参数	携热量	参数	携热量
一	显热					
1	铁水	入炉量/t·$t_{钢}^{-1}$	0.515			
		温度/℃	1 470			
		携热量/kJ·$t_{钢}^{-1}$		141 625×4.18		
2	海绵铁	入炉量/t·$t_{钢}^{-1}$	0.462		1.118	
		温度/℃	35		575	
		携热量/kJ·$t_{钢}^{-1}$		2 587×4.18		102 862×4.18
3	废钢	入炉量/t·$t_{钢}^{-1}$	0.116		0.05	
		温度/℃	35		35	
		携热量/kJ·$t_{钢}^{-1}$		817×4.18		350×4.18
4	显热小计/kJ·$t_{钢}^{-1}$			145 029×4.18		103 212×4.18
二	碳燃烧化学热					
1	铁水	含碳量/%	4.0			
		净碳量/kg·$t_{钢}^{-1}$	20.6			
		携热量/kJ·$t_{钢}^{-1}$		51 459×4.18		
2	海绵铁	含碳量/%	2.0		0.4	
		净碳量/kg·$t_{钢}^{-1}$	9.24		4.5	
		携热量/kJ·$t_{钢}^{-1}$		23 082×4.18		11 241×4.18
3	碳燃烧热小计/kJ·$t_{钢}^{-1}$			74 541×4.18		11 241×4.18
三	总携带热量/kJ·$t_{钢}^{-1}$			219 570×4.18		114 453×4.18

B流程虽然采用海绵铁热装，回收了不少显热，但与有50%左右铁水进料相比，原料的携带热量还是少了不少。特别是HLY法生产的海绵铁，不采取增碳措施时含碳量只有0.4%，而铁水含碳量有4%，Midrex法生产的海绵铁含碳2%。这样A流程的原料含碳高于B流程，A流程炼钢过程碳的燃烧热（以反应 $C+0.5O_2 \longrightarrow CO+2\,498\times4.18\,kJ/kg$ 计）几乎比B流程高出一倍。这样B流程的炼钢能耗高于A流程是必然的。

2.5.5 主要技术结论

（1）B流程的关键工序TEXACO煤气化、HLY-III竖炉生产海绵铁与海绵铁电炉炼钢技术世界上都是成熟的，把这些技术串联起来的钢铁生产工艺技术上是可行的。

（2）当B流程的生产规模在100万t/a以上时，计算海绵铁的成本（含折旧）1 016.7元/t，比国内优质废钢的价格略低，说明B流程作为一种废钢代用品的生产方法经济上已经能立得住脚。特别当用气化效率比TEXACO高的气化方法和气化后的煤气热量能得到合理利用时，B流程的经济性能大幅度提高，随着我国电炉炼钢的发展，废钢资源短缺，这种生产方法也许会有生命力。

（3）A流程与B流程比，有流程稍短，能耗稍低，钢水成本稍低的优点，说明目前采用A流程稍为有利。

（4）当B流程能采用劣质煤气化时，有可能进一步降低生产成本。

杨若仪 杨 静 王 净

2.6　COREX 与 FINEX 的流程比较

COREX 与 FINEX 是已产业化的熔融还原炼铁法，它在资源利用和环保上与传统高炉、焦炉、烧结炼铁法相比有所改变，吨铁污染物的排放量只有高炉法的很小一部分，资源上也可以少用焦煤，一般不用烧结矿。我国已投产了两台 COREX C3000 设备，有些工厂计划引进 FINEX 设备。笔者对同样生产能力（150 万 t/a）的 COREX 和 FINEX 设备进行研究与比较，提出如下意见供业界参考。

2.6.1　FINEX 对 COREX 的主要改进

COREX 和 FINEX 流程示于图 2.20。

与传统高炉流程相比，COREX 用球团、块矿和煤为原料生产热铁水，生产系统相当于包含了传统炼铁流程中焦化、烧结和高炉的功能，没有包括球团的功能。FINEX 用粉矿和煤为原料生产热铁水，FINEX 生产系统包括了焦化、烧结、球团和高炉的全部功能。

FINEX 用四级流化床反应器取代了 COREX 的还原炉，优化了还原条件并可全部使用粉矿，出还原炉的粉状海绵铁经热压块装入熔融气化炉。COREX 矿料用球团、块矿与极少量粉矿，FINEX 全部用粉矿，这是用料的最大差别，FINEX 用粉矿之后，增加了矿料整粒和干燥工序。

两个流程的用煤量相差较大，但是，煤加工系统的处理流程原则是一致的。加入熔融气化炉的煤的粒度要求是 8～80 mm，粉煤需要经过压块后加入。系统压块量的多少取决于原料煤的购入状态和喷煤量。两个流程实际生产还都脱离不了用少量小块焦。原则上两种系统都可以有部分煤以粉煤喷吹的形式喷入熔融气化炉，这方面浦项 FINEX 已有喷入 150～250 kg/t$_{HM}$ 的运行经验。

FINEX 采用了煤气回用技术，约有 41% 的煤气用变压吸附（PSA）法脱

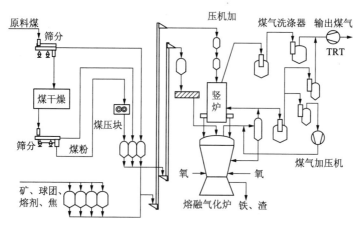

COREX 车间原则流程图

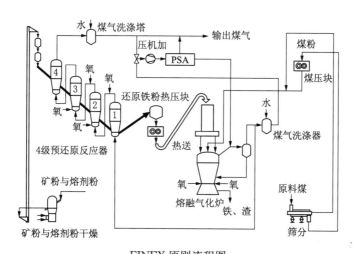

FINEX 原则流程图

图 2.20 COREX 和 FINEX 的原则流程

除 CO_2 后回用,可大幅度降低燃料比。PSA 生产的脱碳气是还原气的一部分,它与熔融气化炉出来的高温煤气(平均 1 050 ℃)混合,并将混合后的还原气掺混至适合进入流化床反应器的温度(约 800~850 ℃),将出熔融气化炉多余的热量带入流化床反应器。这样 FINEX 没有 COREX 的冷却煤气系统,提高了系统的热量利用效率。在 COREX 流程中出气化炉过高煤气热量最终是被冷却煤气系统的冷却水带走,离开系统而被损失掉。

表 2.16 列出了 COREX 和 FINEX 主要估算指标。

表 2.16 COREX 和 FINEX 主要估算指标

序	项 目	COREX	FINEX	备注
1	铁产量	150 万 t·a^{-1}	150 万 t·a^{-1}	
2	铁成分与温度	类同高炉铁水		
3	矿料	1 463 kg·t^{-1}	1 464 kg·t^{-1}	
	粉矿	147 kg·t^{-1}	1 464 kg·t^{-1}	
	球团	737 kg·t^{-1}		
	块矿	579 kg·t^{-1}		
4	燃料	980 kg·t^{-1}	750 kg·t^{-1}	
	煤	931 kg·t^{-1}	705 kg·t^{-1}	含块煤、型煤和喷吹煤
	焦	49 kg·t^{-1}	45 kg·t^{-1}	
5	熔剂	307	260	
	石灰石	163	170	
	白云石	144	90	
6	渣	350 kg·t^{-1}	295 kg·t^{-1}	
7	氧	528 m^3·t^{-1}	460 m^3·t^{-1}	
8	氮	110 m^3·t^{-1}	160 m^3·t^{-1}	
9	干燥用煤气	72 m^3·t^{-1}	143 m^3·t^{-1}	FINEX 含矿粉干燥
10	电	77 kW·h·t^{-1}	170 kW·h·t^{-1}	
11	新水	1.6 m^3·t^{-1}	1.5 m^3·t^{-1}	
12	输出煤气热量	426.47 kg$_{ce}$·t^{-1}	258.22 kg$_{ce}$·t^{-1}	
13	TRT 加收电量	22.5 kW·h·t^{-1}	10 kWh·t^{-1}	

应该指出 FINEX 的吨铁用氧总量小于 COREX,但单位燃料的用氧量高于 COREX,说明当燃料比大幅度削减后,为了熔融气化炉的热量平衡必须在炉内烧掉煤气中一定量的($CO + H_2$)补充供熔融气化炉的热量并使出炉煤气贫化。另外,4 级流化反应器的热损失加大,为维持其正常反应温度和对粉矿的预热温度,也增加了通氧燃烧加温的措施,增加了过程($CO + H_2$)的消耗。

从环保上分析 COREX 和 FINEX 与高炉、焦炉、烧结比,因没有焦化、烧结和热风炉设备而使过程的灰尘、SO_2、与水体的有机污染物都是明显减排的。COREX 和 FINEX 比较只差球团生产过程的排污量，FINEX 没有球团排污量。

2.6.2　COREX 的煤气回用流程

该流程取消传统 COREX 的冷却煤气系统，采用竖炉煤气回技术，用真空变压吸附(VPSA)或 PSA 生产的脱碳气取代冷却气和密封气，达到降低燃料比的目的。流程如图 2.21 所示。流程考虑了 VPSA 或 PSA 解吸气残余热量的利用，对煤气压力回收透平发电装置(TRT)的设置位置做适当调整。

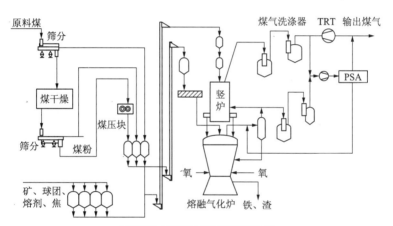

COREX 车间煤气回用原则流程

图 2.21　COREX 车间煤气回用原则流程

加煤气回用以后没有影响 COREX 的用料条件。煤气回用率接近煤气总量的 41%，煤气回用使系统的燃料比从原来的 980 kg/t$_{HM}$ 下降为 750 kg/t$_{HM}$。系统用氧量从 528 m³/t$_{HM}$ 下降为 445 m³/t$_{HM}$。系统的输出煤气热量从 426.79 kg$_{ce}$/t$_{HM}$ 大幅度下降到 264 kg$_{ce}$/t$_{HM}$。可见燃料比降低所需补偿的能量来自输出煤气热量的减少。

2.6.3　COREX 煤气回用流程与 FINEX 的比较

1. 能源消耗与分析

在表 2.17 进行中显示了 FINEX 与 COREX 加煤气回用流程的能耗

比较。

表 2.17　FINEX 和 COREX＋VPSA 的能耗比较

序	项　目	折算系统		FINEX		COREX＋VPSA	
		单位	数值	吨铁实物量	折标煤	吨铁实物量	折标煤
0	球团矿	kg_{ec}/t	29.96		0	0.737 t	22.08 kg
1	煤	kg_{ec}/kg	0.928 6	705 kg	654.66 kg	705 kg	654.66 kg
2	焦	kg_{ec}/kg	0.957 1	45 kg	43.07 kg	45 kg	43.07 kg
3	氧气	kg_{ec}/m^3	0.109 5	460 m³	50.37 kg	445 m³	48.73 kg
4	氮气	kg_{ec}/m^3	0.012 17	160 m³	1.95 kg	110 m³	1.34 kg
5	加热用煤气	kg_{ec}/m^3			30.43 kg		14.93 kg
6	电	$kg_{ec}/kW·h$	0.122 9	170 kW·h	20.89 kg	72 kW·h	8.85 kg
7	其他				4.71 kg		4.71 kg
	消耗小计				806.08 kg		798.37 kg
	回收能源						
8	煤气	kg_{ec}/m^3		1 226 m³	258.22 kg	1 226 m³	276.22 kg
9	TRT 发电	$kg_{ec}/kW·h$	0.122 9	10 kW·h	1.23 kg	11.7 kW·h	1.44 kg
10					259.45 kg		277.66 kg
11	考虑了球团的炼铁能耗 kg_{ce}/t				546.63		520.71

注：① 表中电选用了 0.122 9 kg_{ce}/kWh 的折算系数；

　　② 表中的其他项包括了天然气、新水、软水、蒸汽和压缩空气等项目的能耗。

结果显示，考虑了球团用能以后的 COREX 加煤气回用的流程能耗比 FINEX 要低 25.92 kg_{ec}/t_{HM} 左右（当电的折算系数为 0.32 $kg_{ec}/kW·h$ 时，此值要扩大到 45.57 kg_{ec}/t_{HM}），分析有如下因素造就了这个结果。

（1）COREX 矿石用了约 40% 的块矿，减少了原料处理（制球团或整粒干燥）的能耗。

（2）FINEX 预还原热损失大，流化床反应器喷吹氧气多耗了煤气的热量。

（3）FINEX 海绵铁粉热压块与运输加料过程，使海绵铁的加入温度比 COREX 低，损失了部分热量。

（4）FINEX 的原料干燥,整粒的负荷远大于 COREX 的煤干燥。

炼铁过程的燃料比和吨铁能源消耗是不同含义又相互有联系的两个概念,燃料是能耗组成的主要部分,一般而言燃料比低能耗也低,但燃料比不、是能耗的全部,工艺节能与否的最终评价标准应该是吨铁能耗。

2. 投资浅析

目前,由于国内尚无 FINEX 工艺熔融还原炼铁的建设经验,也没有获得国外的正式报价,故对 FINEX 工艺的投资仅作粗略的分析。

因 FINEX 和 COREX 都是国外开发的技术,建设投资有国内国外两部分。依靠国内技术领先的工程公司做设计,充分利用国内高炉的建设经验,建设 COREX 按重量计算的国内分交比可达 97％以上。但技术引进、关键设备引进与外商服务的费用比例仍然会超过建设费用的四分之一。工程建设,不包括氧气站的 COREX 系统的投资指标有可能控制在 1 000 元/t$_铁$左右。

FINEX 与 COREX 相比较增加了 4 个流化床反应器和塔架,此塔架设备和钢结构重量与 COREX 主塔架相仿,重量会在 10 000 t 左右,其中海绵铁热压块设备技术要求较高。另外,系统还增加了 PSA 煤气脱碳回用设备,增加了矿粉干燥设备,扩大煤压块设备。而系统减少的设备有限,主要是可不要 COREX 的冷煤气系统。因此,FINEX 的建设工程量（设备、钢材、水泥）比 COREX 大,投资也要比 COREX 高。

图 2.22 浦项 FINEX 装置外形图

煤气 PSA 或 VPSA 脱 CO_2 在国内是成熟技术,可立足国内建设。FINEX 投资主要取决于与外商的谈判,取决于流化反应设备的引进情况和生产许可（专利）费的大小。

2.6.4　利用粉矿的二条路线

一条路线是直接采用 FINEX 工艺,预计会有投资大、污染小、占地小、能耗稍大的结果。

另一条是 COREX 或 COREX 煤气回用技术加球团厂的工艺,预计会有投资可能小、占地大、能耗稍小、技术相对成熟的结果。

两条工艺路线的选择取决于建设条件中关键因素的分析。

首先,目前 COREX C3000 存在的一些生产问题要解决,例如:改善还原炉煤气流分布,提高炉料透气性和海绵铁金属化率,解决还原炉炉料黏结问题。另外,熔融气化炉还要进一步延长风口寿命,减少风口损耗,使系统产量和各项消耗达到设计指标。

对 FINEX 在中国的建设要严格控制造价,并继续降低过程的能源消耗,例:大量矿料干燥的能量要尽量利用废热,并尽量提高海绵铁的入炉温度等。

合理地选择应根据项目的原料、场地、资金、能源供应和能源使用条件做具体的方案进行比较,按技术经济指标择优而取。在与外商的谈判后,当 FINEX 增加的投资超过球团厂的投资时,COREX 煤气回用加球团也是一条可选的道路。

2.6.5　小结

(1) FINEX 降低燃料比的主要原因是采用了煤气回用技术,煤气回用在 COREX 中也可以用,同样能收到大幅度降低燃料比的效果。燃料比的下降必然会减少系统煤气输出的热量。

(2) FINEX 使用粉矿用流化床反应器以后,系统增加了矿料整粒干燥、海绵铁热装温度下降、还原反应器热损失增加等问题,系统进一步降低能耗值得重视。

(3) FINEX 在中国建设必须严格控制投资。

主要参考文献

[1]　中国钢铁企业情报(TNC)数据库.韩国浦项制铁 FINEX 熔融还原工艺技术

介绍. 2009-07-20

　　[2]　孙逸文,田广亚. 建设中的宝钢 COREX3000 在技术上的主要改进[J]. 炼铁;
Ironmaking;2006,4.

　　[3]　王怀淳. COREX 工艺的发展出路何在[J]. 钢铁技术,2008,4。

　　[4]　中国钢铁企业情报(TNC)数据库. 几种常用的熔融还原炼铁技术的分析评
估. 2009-06-29

杨若仪　金明芳　王正宇

2.7 COREX 煤干燥技术

熔融还原 COREX 直接用煤炼铁,加少量高炉筛下的小块焦,煤的预处理与供应系统是高炉炼铁所没有的。COREX 工艺对煤的要求相当严格,除煤质合格外,从原料场到入炉有较复杂的处理系统。

2.7.1 COREX 炉对燃料的要求

煤可以是单一煤种也可以用几种煤(烟煤、次焦煤、无烟煤等)配合使用。奥钢联(VAI)提出的选煤范围:固定碳 $\geqslant 55\%$,挥发分 $\leqslant 35\%$,灰含量 $\leqslant 25\%$,含硫当然越低越好可以为 1% 左右。这种范围内的煤都可能被选用,与高炉相比 COREX 用煤范围扩大了很多,并且原则上可不用主焦煤,所以熔融还原炼铁对缓解社会焦煤稀缺有明显功效。另外,COREX 用煤必须是块煤。

表 2.18 示出 COREX 工艺用煤的质量要求。

表 2.18 COREX 工艺对煤的质量要求

项　　目	许可值	择优值
固定碳(干)	$\geqslant 50\%$	$60\% \sim 75\%$
挥发分(干)	$15\% \sim 36\%$	$20\% \sim 30\%$
灰分(干)	$15\% \sim 25\%$	$5\% \sim 12\%$
水分(干燥前)	$10\% \sim 15\%$	$\sim 10\%$
(干燥后)	$3\% \sim 6\%$	$3\% \sim 5\%$
含硫量	$0.5\% \sim 1.5\%$	$0.4\% \sim 0.6\%$
粒度	$0 \sim 60$ mm	$6.3 \sim 60$ mm
其中:$+10$ mm	$>50\%$	
-2 mm	$<10\%$	
-1 mm	$<5\%$	

表 2.19 是某工程使用 3 种煤的配煤实例。

表 2.19　选用煤、焦炭的化学分析

COREX 用煤		工业分析/%				元素分析/%				
煤　种	比例	固定碳	挥发分	灰分	水分	C	H	N	O	S
煤 1(烟煤)	45%	64.00	28.00	8.00	10.00	76.90	4.40	0.85	9.06	0.90
煤 2(烟煤)	40%	54.00	33.00	13.00	9.00	71.10	4.76	1.25	9.50	0.58
煤 3(无烟煤)	10%	84.50	9.00	6.50	8.00	84.80	3.60	1.34	3.61	0.30
焦炭	5%	87.18	1.42	11.40	5.00	86.55	0.08	1.02	0.21	0.77

可见工程的实际用煤质量比 VAI 的要求限度要好得多，大致相当于高炉喷吹用煤。

原煤的粒度分布为:6.3~60 mm

$$其中:+16 \text{ mm}, > 50\%$$
$$-6.3 \text{ mm}, < 6\%$$
$$-1 \text{ mm}, < 3\%$$

入炉煤含水要求为:≤5%。

2.7.2　COREX 煤准备系统中煤干燥单元的任务

煤处理系统的流程视于图 2.23。

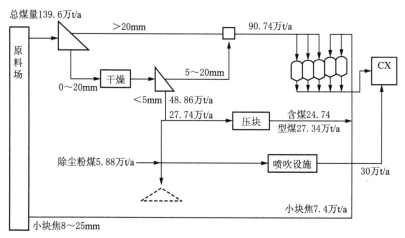

图 2.23　150 万 t/a 铁产量的 COREX 煤处理系统

原料场送来的原料煤首先要经过湿煤筛分,其中 ≥ 20 mm 直接送矿槽,按煤种装入日料仓,< 20 mm 的煤送煤干燥系统。干燥前煤的水分含量 10%～11%,干燥后煤的水分 ≤ 5%。图中所示煤量都是按干燥后含水 5% 计算。

干燥后的煤经筛分,其中 ≥ 5 mm 直接送入煤仓,< 5 mm 的送煤压块系统与煤喷吹系统。压块工段的成品型煤送矿槽区型煤仓。

小于 20 mm 的煤经干燥处理,干燥煤的处理量与煤种、购入煤的粒度分布、煤场处理过程有关,一般年实际处理量是购入量的 70%～80%,但干燥设备的小时能力往往按全量处理考虑。煤干燥的除水负荷一般为从含水 10%～11% 下降到 4%～5%,设计负荷含水量降 5%。为控制下雨天干燥前煤的含水量增加过多原料场最好设置干煤棚。

2.7.3 煤干燥流程

一般都用振动式干燥机。图 2.24 与图 2.25 是两个国际有名的干燥设备供货商的处理流程。

原料煤通过湿煤仓和胶带运输机加入干燥机,在干燥机内煤被篦子运输前进。篦子用机械传动装置使其呈正弦波振动,煤不时离开篦子呈跳跃前进状态,煤与从底部吹入的 300 ℃ 左右的热气体(工艺气体)充分接触。煤在干燥机内停留时间约 2 min。煤在排出干燥机时已经被加热到接近 92.8 ℃。煤中的水分被蒸发进入废气。干煤出口用胶带运输机送下工序。

热气体发生器是一个煤气燃烧炉,燃料除 COREX 煤气外还用天然气做启动和点火的辅助燃料。炉子燃烧产生的废气在混合室内与循环烟气混合,产生出温度 300 ℃ 左右(最高 400 ℃)的热工艺气体送干燥机使用。

干燥机顶部导出含湿气体温度约 105 ℃,经布袋除尘器除尘,部分烟气经烟囱放散,部分烟气回到热气体发生器混合室循环使用。烟气循环能回收烟气热量并降低热工艺气体的含氧量,提高系统的安全性。

两个流程不同之处在于循环部分的烟气是否经过洗涤塔冷却。流程一用洗涤塔冷却循环烟气,掺入烟气温度下降到洗涤塔出口温度同时降低了烟气中的含湿量,能提高热工艺气体的干燥推动力,但烟气热量没有回收,干燥热工艺气体的含氧量稍高。流程二除尘后烟气不经洗涤塔直接回用,加大了烟气的回用量,降低热工艺气体含氧量,但也加大了工艺气体的含湿

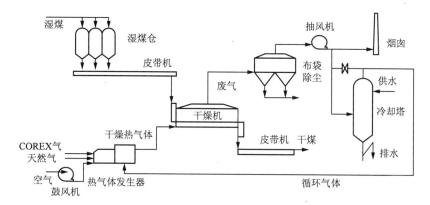

图 2.24 德国 Binder 公司的煤干燥流程

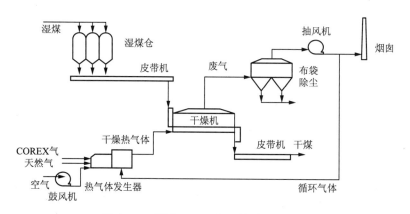

图 2.25 美国 Carrler 公司的煤干燥流程

量。流程二的设备量比较少，又没有冷却塔的水处理系统，生产实践证明是可行的。另一个重要差别是干燥机的操作压力不同，流程二的干燥机采用正压操作，防止空气浸入干燥机，机内气氛没有爆炸可能，设备可不设置防爆孔，而流程一的干燥机近零压操作，设备本身设置防爆孔。

干燥工艺气体应该是惰性气体，它的含氧量控制是系统安全重要条件，工艺气含氧量超过10%系统有爆炸条件，实际控制含氧量在 1.5%～3%，当含氧到 6%时报警，到 8%时系统停车。

流程二还系统还配备了蒸汽发生系统。此系统在进干燥机前的风管上配有水喷淋喷嘴和水流量控制阀，并由压缩空气喷雾法产生水雾。蒸汽发生系统在干燥机开车与停车时启用，使开车时辅助工艺气体尽快达到惰性环境。

2.7.4 煤干燥主要设备

干燥系统主要设备为干燥机、热气体发生器、布袋除尘器和洗涤塔。以下设备性能小时湿煤处理能力为120～180 t。

1. 干燥机

是干燥工序的核心设备,对处理360 t/h湿煤的工厂Binder公司配3台120 t/h的干燥机,Carrier公司配2台180 t/h的干燥机,都不设备机。180 t/h的干燥机宽3 m,长16 m设备都比较大。

箅子运动有机械传动装置,有一个金属外壳,为适应部件振动的要求,机壳中部有一段软连接区,所有进出机器的管道都有一段软连接。热气体从下部多个进口导入,顶部有2～3个烟气导出口。头部进料,尾部排料,进出料口处的密封有插板阀,料封并通入氮气。表2.20列出了两种干燥机的主要参数。

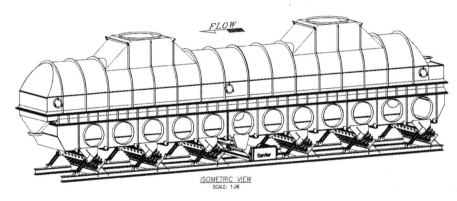

图2.26　180 t/h干燥机外形图

表2.20　两种干燥机的设计参数

项　目	Binder设备系列	Carrier设备系列
设备类型	振动床干燥机	振动床干燥机
处理能力/t·h⁻¹·台(湿煤)	66～120	180
脱湿量/t·h⁻¹·台	5.5(最大6.365)	8.25
台数	3	2
煤参数:粒度/mm	0～20	0～20

（续表）

项　目	Binder 设备系列	Carrier 设备系列
入口最大含湿量	11%	11%
出口最低含湿量	4%	4%
传动功率/kW	2×7.5	30(全套)
工作气度	连续	连续
防爆孔	有	无
单台设备重量/t	105	

注:处理能力当脱水 5% 时为 120 t/h,当脱水 10% 时为 66 t/h。

2. 热气体发生器

每台干燥机配一台热气体发一器,设备包括炉子、烧嘴、混合器、空气鼓风机、配管和控制系统。

发生器有金属外壳与金属构件内衬耐火材料,前部有独立燃烧室,配有 COREX 煤气燃嘴、天然气烧嘴和空气助燃系统。炉身为长圆筒结构,使烟气混合均匀,循环烟气从炉身外套筒结构部加入,在热工艺气出口处经缩口湍流混合。炉子控制需调节燃料气用量和空燃比,以及控制回流烟气量来维持烟气温度和含氧量。120 t/h 干燥系统热工艺气体发生量约为 233 220 m³/h。

两种设备 COREX 煤气总给量都为 13 000 m³/h,实际消耗以流程二较少。

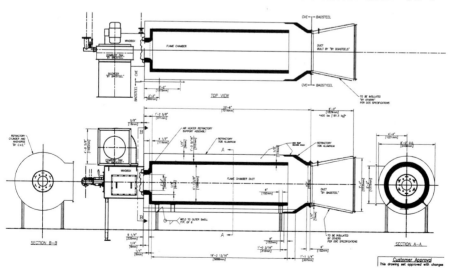

图 2.27　热气体发生器结构示意图

助燃风机风量 21 000 m³/h,全压 9 500 Pa,功率 75 kW。

3. 布袋除尘器

每台干燥机配 1 台负压干式布袋除尘器。两种干燥系列除尘器的性能相似,设备参数对(120 t/h 设备系列),除尘器处理气量 180 000 m³/h,过滤面积 3 052 m²,风速 ≤ 0.98 m/sec,阻力 ≤ 1 500 Pa。出除尘器粉尘含量 ≤ 20 mg/m³。抽风机升压 7 500 Pa,功率 630 kW。除尘干灰定时用槽罐车送粉煤仓。

因粉煤为可燃介质,负压系统有爆炸危险,除尘器滤料为防静电覆膜滤料,烟气抽风机为防爆型设备,并在除尘器入口管道上设置泄爆孔。另外,除尘气体的含湿量很高,为防止水析出,设备和管道都加保温措施。

4. 洗涤塔

每台干燥机配 1 座洗涤塔,处理量约 146 000 m³/h,设备为直径3 200 mm,高 11.66 m 空心洗涤塔,内设螺旋喷嘴洒水,气体出口温度约为 79 ℃。排出污水设有污泥含量测定仪,当污水浓度过高时需部分排至 COREX 污水处理系统。

2.7.5　工厂设计中的主要问题

1. 总体布置

煤干燥是 COREX 煤处理过程的一部分,工段布置要考虑总体协调,要与煤筛分和煤压块被邻,为集中布置各种设备煤干燥需有相对独立的区块。物料运输主要为胶带运输机,还要考虑用大型车辆运出除尘粉煤,并统一布置消防车道和能源介质供应。

干燥机和热气体发生器布置在厂房内,主体立面参阅图 2.28。

区域雨水排水含粉煤量较大,应经沉淀处理后排放,以免造成附近渠道污染。

2. 控制

除一般介质的温度、压力、流量检测外,系统设置了:①工艺气体的含氧量分析及控制系统;②干燥机出口气体的露点检测系统;③冷却塔排水管排水污泥浓度测试系统。

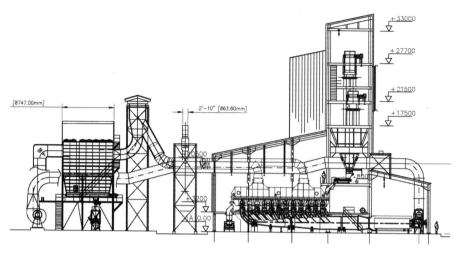

图 2.28 煤干燥布置主立面

3. 防爆

煤干燥间的火灾危险性分类属于丙类,厂房的耐火等级为二级,厂房内的电气设备要防爆,厂房承重的钢结构要刷防火漆。

4. 除尘

因工段处理介质为干燥粉煤,各设备连接处极易产生粉煤泄漏污染环境。在输送胶带运输机连接处,干燥机的出入口均设有吸尘罩,用干式布袋除尘,因系统水汽含量大,布袋除尘系统经常堵塞,也可改用洗涤塔湿法除尘。

车间周围煤粉散落比较严重,地坪需考虑冲水清理,并设污水沉淀处理设施。

杨若仪

2.8 COREX 煤压块技术

粉料压块在国民经济各行业有广泛用途,包括民用煤压块、工业粉煤压块、回收金属粉尘压块以及食品工业中的某些压块等等。在熔融还原炼铁工艺中 FINEX 有还原粉矿热压块和粉煤压块,在 COREX 工艺中有粉煤压块。熔融还原的煤压块成品—型煤,外形与民用煤球相似,但有特殊的使用要求,使其发展成为一种有相当技术含量的独特的生产技术。本文就熔融还原用型煤的生产方式与重要因素分析作一介绍。

2.8.1 COREX 炼铁建设煤压块的意义

COREX 熔融气化炉入炉燃料要用块料,煤炭往往以 8~50 mm 块煤购入,但在运输和处理过程中会产生 30%~35% 小于 5 mm 的粉煤,这些粉煤需要通过煤压块(或喷吹)再加入熔融气化炉,否则购煤量要加大,粉煤要外运。当粉煤通过压块和喷吹全部入炼铁炉时,一座 150 万 t/a 铁水产量的 COREX 炉需购入块煤量为 139.6 万 t/a,但当粉煤完全不回用时,购入煤的总量计算可达 214.85 万 t/a,粉煤输出量高达 75.25 万 t/a。随着粉煤利用程度的不同,一座 C3000 炉的粉煤总量在 48.86 万~75.25 万 t/a 之间。输出的粉煤虽然还可以在高炉喷吹、发电上得到这应用,但生产企业要承担块煤购入与粉煤输出的价格差异,还会有粉煤运输费用与外运过程中的环境污染问题。所以,解决粉煤再入炉是 COREX 生产过程中的一个重要课题。

建设煤压块和喷吹设施以后,也给工厂带来了不必全部购入块煤的可能性,视粉煤处理能力的大小炼铁厂有全部或部分购入价格较低的统煤的可能性,从而有可能为工厂节约巨大的购煤费用。

据西门子奥钢联(SVAI)介绍,COREX 炉使用型煤以后还有可能减少炉子的小块焦用量,为进一步减少焦炭用量打下基础,这也是一项进一步降低生产成本的潜在道路。

COREX 炉的用煤需要从码头、原料场处理后再送往炼铁厂,不建煤压块设施时由于进煤量的增加使码头和原料场的处理量增加,处理费用也随之增加,这也是一笔不小的费用。

2.8.2　COREX 工艺对压块型煤的质量要求

型煤作为气化原料和原剂用,它加入熔融气化炉经历了螺旋输送机输送、高位差跌落、快速升温、挥发分逸出、气化等过程,还与其他炉料形高温炼铁料柱。冶炼过程对型煤的粒度分布、强度、热稳定性和反应活性有一系列要求。

1. 颗粒度

单个压块煤体积 25～30 cm³,单个型煤的视比重 1.2～1.25。

压块煤粒度分布:粒度范围 8～60 mm,平均粒度＋20 mm＞50%,细粒度－8 mm＜5%。

2. 冷强度

主要表现为跌落强度,见表 2.21。

表 2.21　压块煤机械性能

项　目	限制值
落下粉碎试验	
跌落强度＋20 mm	＞80%
—跌落耐磨强度－6.3 mm	＜8%
转鼓试验	
—转鼓强度＋20 mm	＞90%
—耐磨强度－6.3 mm	＜6%

跌落强度常用 5 m 落下 4 次做测试,跌落后筛分,20 mm 以上＞90%,5 mm 下以＜5%为常用合格指标。

3. 化学成分

化学成分主要取决于原料煤,但成型过程中加入了黏结剂,使型煤的灰分和水分含量比原料煤略有增加。见表 2.22。

表 2.22 压块煤的化学分析

项　　目	限制值
M_{ad}	5%～7%
FCd	>52.0%
V_{ad}	25.0%～34.0%
A_d	在原料灰分的基础上增加1%～3%
C	>70%
H	4%～5%

型煤含水量5%～6%。

4. 压块煤热爆裂性

见表 2.23。

表 2.23 压块煤热爆裂性

项　　目	限制值
产焦量 半焦剩余量(60 min)	>90%
爆裂性 +10 mm -2 mm	>70% <5%
热-机械性能稳定性 +10 mm -2 mm	>20% <22%

5. 压块煤的反应性：－RI<55%，型煤半焦反应后强度 $RSI_{3.15mm}$ >35%。

总之希望成品型煤跌落时碎裂比例要小，化学成分碳、氢等有用元素成分要高，热稳定性和参加还原反应的活性要达到还原煤的要求。

2.8.3 规模确定

1. 粉煤处理量和型煤产量

压块设施的规模由炼铁全过程粉煤量与粉煤处理分配来决定。COREX炉可以用单一煤种，也可以用混合煤，通常原料煤以块煤状态购入然后混合使用。块煤在运输与加工过程中产生的粉煤用于喷吹与压块。因喷吹的处理成本低于压块,粉煤处理首先考虑满足喷吹需要量,余下的再用于压块。图 2.29 是 150 万 t/a 的 COREX 生产装置原料煤处理量分配示意图。

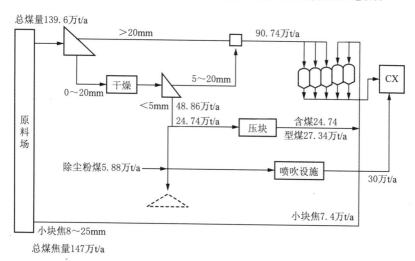

图 2.29 150 万 t/a COREX 原料处理系统示意图

图 2.29 中产生粉煤总量 48.86 万 t/a,30 万 t/a 用于喷吹,24.74 万 t/a 用于压块,而型煤产量为 27.34 万 t/a。

图 2.29 中还示出了除尘粉煤 5.88 万 t/a 是全厂煤处理系统干式除尘器回收的煤粉,这部分粉煤可包括在粉煤产生率(30%～35%)中,亦可单独列出。当单独立出时,最终会增加压块设施能力。实际上,世界熔融还原生产装置喷吹量不如预期,除浦项喷入量达 150～200 kg/t 正常运行外,其他各厂受各种生产因素影响粉煤喷吹量都不大,甚至不能喷吹,所以适当加大粉煤压块能力是稳妥之举。

还有一个问题是有的工厂在煤压块时需另外加入部分(例 30%)焦煤或准焦煤,加焦煤以后的型煤具有更好的冶炼性能,可减少炉子焦炭的直接使用量。这种时候压块处理粉煤量和型煤产量要随之增加。

2. 压机能力

压机能力要满足型煤年产量需要,同时必须考虑压机的作业率低于 COREX 炉作业率及煤压块过程成材率的影响。

COREX 炉设计年作业时间 8 400 h 左右,型煤压机的年作业时间在 7 200 h 左右(不同设备制造厂家略有不同)。因此,需在压机的能力、原料煤仓和型煤仓的容量做能力平衡,尽量满足 COREX 炉连续使用型煤的生产需要。

另外,煤压块过程压机后有筛分,产生的粉料要返到压机前面重新参加压制(参见图 2.30),压机的处理能力要考虑这个返料量,一般至少要增加成品量的 10％以上。

把这些因素综合起来,一个生产 300 万 t/a 铁水的 COREX 炼铁厂,生产近 60 万 t/a 的型煤,配置 2 台 55 t/h 的成型压机,留有第 3 台压机的位置是一种可靠的选择。

2.8.4 黏结剂与方法选择

采用不同黏结剂煤压块的工艺和流程也不相同。可用作黏结剂的物质很多,熔融还原煤压块用的有工业糖蜜(与固化剂)或煤焦油沥青(或石油沥青)二类。

1. 煤焦油沥青

用钢铁联合企业焦化车间煤焦油加工中蒽油与轻质沥青配成的煤焦油,软化温度小于 90 ℃可作为黏结剂,用这种黏结剂压块工艺流程简单、做型煤的原料煤可不用加焦煤,产品的含水量不增加,型煤发热量增加,冷强度容易达标,而且黏结剂来源可靠,本来应该是适合钢铁生产的一种理想的黏结剂。但测试表明,用焦油沥青做黏结剂的型煤有荷重时(4.8 kg)加热到 100 ℃以上开始出现粉化开裂,加热到 127 ℃时全部开裂的情况。这种型煤在 80 ℃~90 ℃以上就开始发生软化、有型煤热强度差的问题。另外,煤焦油沥青做黏结剂加工过程沥青气味外溢环境条件差,不太适宜做熔融还原压块的黏结剂。

2. 工业糖蜜与石灰产品

工业糖蜜为黏结剂,石灰产品(消石灰或生石灰)为固化剂。浦项钢铁公司 FINEX 煤压块大工业生产装置采用这种方法。

工业糖蜜是一种黑色黏稠液体,比重 1.33~1.45,呈微酸性(ph~5),是制糖业的副产品,有甘蔗糖蜜和甜菜糖蜜两种。从前糖蜜是制糖工业废料,价格比较便宜。目前,糖蜜已是一种有价值的中间副产品,可以做酒精、做黏结剂,也可以做饲料等。在中国工业糖蜜是一种季节性产品,但从全球看也是一种全年能供应的产品,全球已经有糖蜜供应商,可负责全年供应糖蜜,多用轮船运载,如英国 SVG 公司。

糖蜜的成分有个波动范围,大体上干物质含量的变化范围为 66%～79%,以下是 SVG 公司提供两种糖蜜的干物质分析参数:

表 2.24　甘蔗糖蜜与甜菜糖蜜的典型分析

甘蔗糖蜜		甜菜糖蜜	
项　　目	数值/%	项　　目	数值/%
1. 干物质	75	1. 干物质	68
2. 总糖	46～52	2. 有机物	48
蔗糖	30～40	蛋白质氮化合物	22
还原糖	15～20	甜菜碱	8
不发酵糖	2～4	谷氨酸	6
3. 非糖有机物	9～12	其他	8
作为蛋白质的氮化合物	2～3	3. 无氮有机化合物	26
4. 粗灰	8～11	4. 粗灰	20
钠	0.1～0.4	钠	1.3
钾	1.5～4.0	钾	8.5
钙	0.4～0.8	钙	0.3
磷	0.6～2.0	磷	0.1
氯	0.7～3.0	氯	0.9
其他		其他	8.9

糖蜜的黏度随温度升高而迅速下降,表 2.25 示出了黏度随温度的变化关系。

表 2.25　甘蔗糖蜜典型的黏度与温度关系

温度/℃	动力黏度范围/cP
10	20 000～40 000
15	10 000～15 000
20	5 000～10 000
25	3 000～5 000
30	2 000～3 000
35	1 500～2 500
40	1 000～2 000

3. 消石灰或石灰

采用消石灰固化时加入消石灰细粉,成型后在养护过程中消石灰与粉煤与糖蜜产生固化反应,工艺容易掌握。用生石灰做固化剂时在压块过程中生石灰首先要消化,吸收水分并放出热量,这种方式能减少型煤含水量,但当物料不均匀或消化不彻底时生石灰有可能破坏型煤强度,两种加入形态有不同的压块工艺控制参数。

消石灰:$Ca(OH)_2$:约89%,粒度:200目(平均)。

生石灰:$CaO \geqslant 90\%$,粒度:100目(平均)。

4. 黏结剂用量

黏结剂用量与原料煤种、煤的粒度分布、压机压力、养护条件诸多因素有关,需经试验确定。糖蜜用量一般是粉煤量的6%~12%,消石灰是1%~2%。因糖蜜含27%左右的水分,多加糖蜜会增加型煤含水量。另外,糖蜜价格远高于粉煤,因而在保证型煤质量的前提下减少结剂用量是压块工艺的重要追求目标之一。

2.8.5 全流程设置

煤压块流程由配煤、破碎、搅拌、成型、筛分、养护等工序组成,另外还有糖蜜储配和固化剂储配二个辅助系统。COREX 生产过程中,进入煤压块系统的粉煤是经过筛分与干燥的。进入系统后需进一步破碎、加入固化剂和黏结剂再经搅拌混合、压制成型、养护、筛分等工序,最终生产出合格型煤送 COREX 炉前型煤料仓。整个煤压块的工艺流程见图2.30。

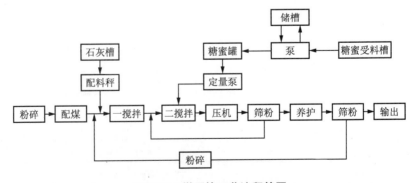

图2.30 煤压块工艺流程简图

破碎、筛分是输入的原料粉煤粒度进一步降至 3 mm 以下并贮存在煤粉仓内。配煤指原料粉煤与返回粉料的配比与混合,返回粉料主要指养护后筛下粉料经粉碎后的返回料,还可有部分除尘回收粉煤。固化剂-生石灰和消石灰也分开贮存在各自的料仓中。各种原料采用连续称量,固化剂在一级搅拌机搅前的配料过程中加入,一级搅拌称干搅。然后按配比配入糖蜜和压机后筛下粉料,再二级搅拌机连续搅拌充分混合,二级搅拌亦称湿搅。混合均匀的原料送入成型机压块。因二级搅拌时物料中含有糖蜜,容易黏结,故在二级搅拌机下方设可逆胶带机,当二级搅拌机发生故障时,可将机内物料清空,通过可逆胶带机直接卸到地面堆放并待外运。成型机后的初始型煤,俗称生球,通过网式输送机筛去未成型的粉煤,粉料返回压机前。网式输送机上的块料再送入养护仓鼓风养护。养护后的型煤再通过筛分,筛上合格型煤送入型煤槽供 COREX 炉使用,筛下粉料经破碎机破碎后送至除尘仓内重新参与压块。

2.8.6 成型机的压力问题

型煤强度生成机理十分复杂,除原料煤品质、粒度、黏结剂的影响外,离开压机的生球初强度和养护固化两个因素影响也很大。特别是出成型压机的生球要跌落到带式运输机上输送,初强度不高破损率加大,返料率加大,所以生球强度十分重要。一般要求生球强度 10～20 kg/个。生球强度与成型机成型压力有直接关系,成型机的压力越大型煤的生球强度也随之增大,糖蜜用量可以减少。实践证明用美国 Komanerk 公司生产的成型压机,产量 55 t/h 压机用 20 MPa 的液压系统,轧辊压力 300 t,轧辊额定线压力 1.5 t/cm,达到了生球强度≥20 kg/pc 的要求,但糖蜜用量要 10％～12％。

法国 Soho 公司和德国 Krupper 公司提供的成型机压力更大,糖蜜用量只要 6％～8％,而型煤出口强度提高到 40～60 kg/个。提高成型机压力,减少黏结剂用量成为一种趋势。在系统设计时需要对设备参数、设备价格、黏结剂消耗、产品质量之间统筹兼顾做出合理选择。

2.8.7 煤粉与产品处理系统

1. 粉煤整粒机
原料煤的典型成分示于表 2.26。经过干燥和筛分后的粉煤,含水量≤

5%,颗粒度 ≤ 5 mm。

表 2.26　典型原料煤成分

项目	灰分	挥发分	固定碳	全硫	氧	TS+10	TS-2	TMS+10	TMS-2	R1	RS1
重量%	10.8	27.3	62.0	0.72	8.8	84.9	7.5	30.2	23.9	40.2	69.6

设一台粉煤破碎机,可采用摆锤式细粒破碎机,物料出口处带有筛片,排出粉煤粒度范围,1 mm 的 70%～90%,(1～3 mm) ≤ 30%。

2. 原料仓及配料装置

原料仓设 4 个,分别储存原料粉煤、返回粉料和两个固化剂仓。煤仓容量要满足连续生产要求,料仓下部配料设施用连续皮带秤配料,配料计量精度到 0.5%。

3. 压机下的生球筛分与生球运输

出压机的生球是型煤强度最小之处,不能用振动筛筛分,需采用网式胶带机分离,运送过程中碎料下落,收集后返回压块。压机出口与网式胶带之间需尽量减少落差,并使生球均匀分布在网式胶带机上。

网式胶带机后生球用皮带送养护仓。从压机出口到养护仓的输送过程也是生球强度初次提高的过程,称得上是胶带机上开始的养护过程。在布置上这段运输可适当增加距离,放慢运行速度,使得生球在胶带机上停留30 min 左右。

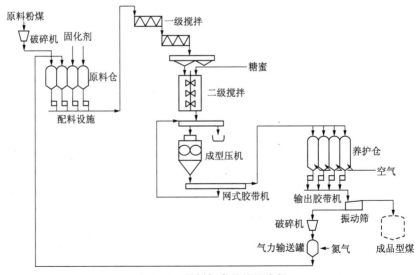

图 2.31　原料与产品处理流程

4. 养护后的物料处理

出养护仓的型煤称熟球,达到了应该有的强度。熟球需用振动筛筛分,合格型煤送 COREX 炉型煤料仓,筛下的小块料通过破碎机破碎后用气力输送加到原料仓里。

2.8.8 糖蜜供应系统

糖蜜供应系统示于图 2.32。

糖蜜运入有汽车、火车、管道几种输入方式。各种卸料方式类同重油库输入重油。常用的汽车槽罐车用自动卸料,槽罐车卸料口与糖蜜输入管用活接头连接后由糖蜜泵站卸料泵抽吸卸料,槽罐车配有蒸汽加热装置备冬季使用。

糖蜜罐的容量要满足糖蜜间歇来料与煤压块连续生产的储存需要,一般需设置 2 个罐,同时满足定期清理罐底沉淀物的需要。当糖蜜由船运用管道直接打入储罐时,罐的容量还要考虑一次卸船的容量要求。罐内设有盘管加热器,加热常在冬季气温较低和糖蜜泵运行困难的情况下进行,用 80 ℃左右的热水维持糖蜜温度在 20 ℃±5 ℃。为防止夏季温度过高糖蜜发酵,储罐外壁需设隔热层,顶部设置水喷淋冷却和防晒夹层。储罐外设有残液坑,清理储罐底部沉积物产生的污水收集在残液坑内,可作为糖蜜需要加水稀释时的水源。

站区内糖蜜流动有送料、卸料、糖蜜罐之间倒运几种需要,糖蜜泵与管路设置要满足上述运作要求。糖蜜泵常用螺杆泵或齿轮泵,需设置 2 台以上。糖蜜泵的压头选择要充分考虑用户压力要求、管路系统阻力、糖蜜温度与设备安装高度差别的关系,同时适当留有余地。糖蜜泵的吸入管路系统必须满足泵的吸入压力限度,吸入压力包括:

(1) 泵吸入口与糖蜜储罐底面位差的液柱压力;

(2) 吸入管道的流动损失;

(3) 吸入管道上附件(阀门、过滤器、流量计、弯头、大小头)等的局部损失;

(4) 最大吸入温度下的饱和蒸汽压,对糖蜜而言就是水的饱和蒸汽压。这就要求糖蜜泵的安装高度最好不要高于糖蜜罐底部高度,并尽量减少吸入系统的管道长度与设备配置,防止吸入管道安装高度的局部抬高。

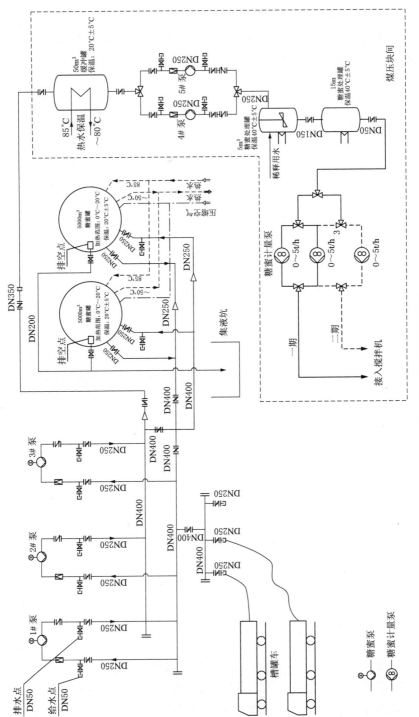

图 2.32 糖蜜供应系统图

压块间的糖蜜设施包括压块间外一个缓冲储罐(50 m³),罐后用齿轮泵打入压块间内 5 m³ 糖蜜处理罐,处理罐设有加水口和搅拌器可按工艺需要加入少量水进行稀释和搅拌。处理罐后的糖蜜导入 15 m³ 糖蜜加料罐,加料罐带有电加热与保温设施,使糖蜜输出温度达 40 ℃±5 ℃。加料罐后采用变频控制的定量加料泵将糖蜜打入二级搅拌机的加料口内。

糖蜜系统的管道设计一定要进行流体力学计算,协调各段管道的流量、压力、位头之间的关系,特别注意不同温度的糖蜜黏度变化对输送的影响,糖蜜管道全程需保温,重要管段要有伴热措施。

2.8.9　搅拌

搅拌对型煤质量有很大影响,搅拌均匀是型煤质量的必要保证,当煤种配比与黏结剂配比稳定时,型煤质量不稳定往往是搅拌不均匀的表现。搅拌对黏结剂用量也有影响,搅拌均匀也可节省黏结剂的配入量,搅拌不够充分时粉煤颗粒与黏结剂不能够充分接触,压制后不易成形,通常需要增加黏结剂的配入量。

对搅拌均匀程度的判断除手捏眼看之外,可用分批采样测定各批物料内的含水量来做判断,当几批物料含水量数值一致时说明搅拌也均匀了。

系统设有一级搅拌和二级搅拌。一级搅拌是煤粉与固化剂之间的混匀,一级搅后的混合料存放时间不宜过长,否则易结块。二级搅拌是糖蜜与一级搅拌后物料的混匀。当然,最终的搅拌均匀程度取决于二级搅拌,所以二级搅拌是特别重要的工序。二级搅拌以后的物料也应马上进入压块机压块,时间久了也会产生结块。

一级搅拌机常用卧式搅拌机,二根装有螺旋叶片的轴平行装在搅拌机里,为加长搅拌时间结构上可分几段,搅拌机的外壳设有蒸汽加热夹套。

二级搅拌机可采用立式强烈搅拌机,由搅拌盘、搅拌叶轮、刮料器、糖蜜喷头、电机、液压系统、润滑系统、PLC 柜和电控柜等组成。物料在搅拌机内的停留时间约为 3.5 min。

2.8.10　养护系统

型煤的养护过程是提高型煤强度的过程,可以理解为型煤的硬化过程。

型煤的初始抗压强度越低,养护的效果越明显,经过养护后的型煤强度可提高一倍左右。从机理上说,养护过程固化剂从 $Ca(OH)_2$ 反应成 $CaCO_3$,另外,从糖蜜中带入水分与固化反应生的水分需要蒸发出去,使型煤含水量达到使用要求。这就需要与空气接触并带走散发出反应热量与水分,这都需要时间,养护时间是主要控制因素。

养护方法有养护场与养护仓两种。养护场是将型煤在养护场存放 24 h 以上,为增加与空气接触,型煤堆高不超过 500 mm,养护场需占用较大的面积,要有防雨措施。养护场型煤需用铲车装卸,型煤破损率较大。养护仓养护设多个型煤仓,型煤在仓内静止 10 h 以上,养护仓需从底部鼓入空气,带走水分与热量。养护仓内设置有一定缓冲和分隔作用的螺旋导引隔板,以利于仓内通风,并减少型煤入仓的碎裂量。养护仓的进料与出料都用胶带运输机,要用 4 个仓轮流进行进料、养护、出料作业实现连续生产。

型煤的初始强度及养护规律受粉煤的水分含量及硬化剂用量两个因素的影响较大。水分越高,硬化剂配入量越少,型煤的初始强度越低,养护所需时间越长。当粉煤水分在 5% 左右,糖蜜配比在 12%,消石灰配比在 1% 时,型煤入仓之前已经在皮带上初养半小时,再经养护仓养护 24 h 左右的型煤的抗压强度和落下强度能达到一个较好的综合水平。

2.8.11 配比控制

煤压块采用机电一体化的基础自动化控制系统,完成生产过程数据采集和初步处理、数据显示和记录、数据设定和生产操作,执行对生产过程连续调节控制和逻辑顺序控制。核心设备是西门子 S7-400 控制站及通讯和附属设备。

从工艺参数控制而言,核心要求是黏结剂精确、连续配比控制。为控制糖蜜配入量,要称重进入系统的原料粉煤量(含除尘器回收粉煤)、养护间返回粉煤量和糖蜜流量,并进行配比计算,计算中应该考虑养护间返回粉煤已经加过一次黏结剂的。工艺流程中压机后网式输送机下返回至压机前的碎料是湿料,这部分循环不影响系统糖蜜配入量。为提高系统控制精度电子秤精度要达到 0.5%,糖蜜加入用变频控制的定量泵。同样,固化剂的配入量计算也要分析原料煤是否有部分返回料以及已经加过固化剂的情况。

2.8.12　站区设计

煤压块区域主要建筑物有配煤间、压块间、养护间、糖蜜泵房、糖蜜储罐、转运站与控制楼等。原料、成品、中间产品的运输都采用胶带运输机,糖蜜输入若用汽车槽车输送应该配置槽车的卸货与倒车场地。站区内应该有环形消防用公路与其他必要的消防设施。

煤压块工段属于丙类生产工段,配煤间、压块间、养护间、密封有转运站的火灾危险性分类属于丙类,耐火等级为二级。控制楼的变压器室的火灾危险性分类也属于丙类,耐火等级为二级。

糖蜜储罐区与重油罐区类似,四周要有防溢堰,但因储存介质含水量大,闪点无法测出,火灾危险性低,糖蜜泵房火灾危险性分类属于丁类,耐火等级为二级。

压块之前各处理工序都加工粉煤,而且为干燥的粒度很细的粉料,防止粉煤外溢污染环境是十分突出的问题。粉煤输送胶带与处理设备都要考虑密封,特别在输送胶带与设备连接处可靠密封,并设有检查和清理煤灰的清理孔。配料胶带、转运站粉料下落处要有除尘吸风设施,煤压块工段设有集中的干式布袋除尘器回收粉煤。

清洗糖蜜储槽的水含有大量有机物,不能随意排放,常设一个有足够容量有地坑,废液用于配入压块间糖蜜之中。

杨若仪

2.9 COREX 熔融还原炼铁煤气利用方向研究

2.9.1 目的与方法

熔融还原炼铁是当今世界钢铁业的一项前沿技术,COREX 炼铁法是目前熔融还原法中已经工业化的方法。COREX 炼铁法用块矿或球团为原料,用煤作燃料,用氧气鼓风生产热铁水,是一种非炼焦煤直接炼铁法。COREX 炼铁设施可以不建焦化厂、烧结厂、炼铁炉没有热风炉和鼓风站,流程简洁、设备简化、污染少、投资与铁水成本较低。第一套 COREX 生产设备,日产生铁 1 000 t 的 C1000 型炉,1989 年在南非伊斯科钢铁厂移交生产,产量已超过设计水平。生产能力比 C1000 炉大一倍的 C2000 炉,也于 1995 年在韩国浦项投产。世界上还原一些工厂在设计或计划建设 COREX 炉,如印度靳尔(JINDAL)公司、南非的萨丹娜(SALDANHA)钢厂、澳大利亚的 CANPACT 工厂及我国的北仑钢铁厂等,COREX 炼铁有进一步推广应用的空间。

COREX 炼铁过程副产大量中热值煤气,煤气成分以 CO 与 H_2 为主,是一种化工合成或制造冶金还原气的原料,也可作为冶金工厂燃料或用于燃气轮机联合循环发电。煤气利用的好坏对采用 COREX 炉的工厂经济效益影响极大。

COREX 煤气除作工厂燃料外,主要有 3 种利用方向。

(1)燃气轮机联合循环发电、如西澳、靳达尔。

(2)生产海绵铁,如萨丹娜与计划建设的西澳。

(3)化工利用,生产合成甲醇、合成氨、尿素。

本节是比较 3 种利用方向(化工利用以生产甲醇为具体目标)的经济效益,为 COREX 煤气的合理利用探索方向。

研究方法是假设 1 个钢铁联合企业(BL 钢铁厂),生产规模 176 万 t/a 的紧凑式钢铁联合企业,有两座 C2000 型 COREX 炉,并以薄板坯连铸连轧生产热轧钢卷、做这个工厂的 3 种煤气利用方案,用相同的标准与方法评价 3 种设计方案的经济效益,进行分析择优。

2.9.2　COREX 煤气与利用意义

1. 煤气产量与成分

COREX 炼铁过程主要有两种产品:铁水和煤气。

煤气的产量、成分与冶炼过程的矿料、煤量、煤质、氧气纯度及炉子操作情况有关。表 2.27 列出了两种典型的冶炼工况的煤气有关指标。

表 2.27　COREX 有关煤气设计指标

入炉矿料	用煤量	用氧量	煤气产量	煤气成分/%				煤气低热值
	kg/t	m^3/t	m^3/t	CO_2	CO	H_2	CH_4	kJ/m^3
球团矿	896	550	1 544	34.72	47.67	15.54	1.04	8 064
块矿	1 005	650	1 817	31.61	49.74	16.58	1.04	8 139

炼铁用煤一半以上的热量转入了煤气。COREX 炉实际上也是一种特殊的纯氧气化炉,出气化炉的煤气有效成分($CO + H_2$)经过预还原炉部分利用,这种炉子的综合冷煤气效率仍达到 55%~58.5%。

2. 商品煤气与高炉炼铁的比较

COREX 炼铁过程每生产 1 t 铁水的商品煤气量要比传统高炉、焦炉、烧结炼铁过程大得多,是传统法的 2.35~2.91 倍。表 2.28 是关于两种方法商品煤气量热量的分析。

表 2.28　COREX 与高炉过程商品煤气分析比较

项　　目		单产或单耗 $/m^3 \cdot t^{-1}$	热值 $/kJ \cdot m^{-3}$	热量 $/10^6 kJ \cdot t^{-1}$	自用量 $/10^6 kJ \cdot t^{-1}$	商品量 $/10^6 kJ \cdot t^{-1}$
高炉法	高炉	1 750	3 308	5.788 3	2.531 3	3.257 0
	焦化	212.6	18 841	4.005 1	1.847 6	2.157 5
	烧结	15	18 841		0.284 7	−0.284 7
	小计			9.793 4	4.663 6	5.129 8
COREX法	球团	1 544	8 064	12.452 4	0.406 1	12.046 3
	块矿	1 817	8 139	15.166 7	0.406 1	14.760 6

COREX 与高炉过程相比有煤气热值高,自用量小,商品量多的特点。

3. 紧凑式钢铁企业的商品煤气

在紧凑式钢铁企业中以 COREX 法炼铁,转炉炼钢,薄板坯连铸连轧生产热轧钢板的生产线,这种工厂有煤气量多,煤气使用量少的特点,这使紧凑式钢铁联合企业有大量煤气富余。

1 座产钢水 176 万 t/a 的紧凑式钢铁联合企业的 COREX 煤气产量 282 012 m^3/h,转炉煤气产量 18 130 m^3/h,折合热量 2 410.68 × 10^6 kJ/h,而煤气使用量:COREX 煤气 71 470 m^3/h,转炉煤气 7 250 m^3/h,折合热量 630.95 × 10^6 kJ/h,这样过剩煤气热量有 1 779.73 × 10^6 kJ/h,相当于 53.12 万 t/a 标准煤,是一不小的数值。

2.9.3 3 种煤气利用方案的工厂组成与生产系统

3 种煤气利用方案的工厂组成见表 2.29。煤气发电与生产海绵铁的技术内容可在本书其他章节看到,其甲醇生产流程见图 2.33。

表 2.29 3 种煤气利用方案的主要车间组成

车间组成	发电方案	海绵铁方案	甲醇方案
码头	2 泊位	3 泊位	2 泊位
原料场/10^4 t·a^{-1}	443.4	741.4	443.4
COREX 炼铁	2 × C2000	2 × C2000	2 × C2000
氧气转炉炼钢	2 × 140 t	2 × 140 t	2 × 140 t
薄板坯连铸	2 × 1 550 mm	2 × 1 550 mm	2 × 1 550 mm
热轧(1 700 mm)	5 机架	5 机架	5 机架
冷轧(1 700 mm)	酸洗冷轧联合机组与热镀锌机组	酸洗冷轧联合机组与热镀锌机组	酸洗冷轧联合机组与热镀锌机组
发电	2 × 145 MW 燃气轮机联合循环发电机组	2 × 50 MW + 2 × 100 MW 燃煤发电厂	2 × 50 MW + 2 × 100 MW 燃煤发电厂
海绵铁		2 × 600 型竖炉	
甲醇			2 × 20 × 10^4 t/a 甲醇生产机组
氧气/m^3·h^{-1}	2 × 63 000	2 × 63 000	2 × 63 000
石灰石白云石焙烧/t·a^{-1}	15.6 × 10^4	15.6 × 10^4	15.6 × 10^4
其他辅助设施	相配	相配	相配

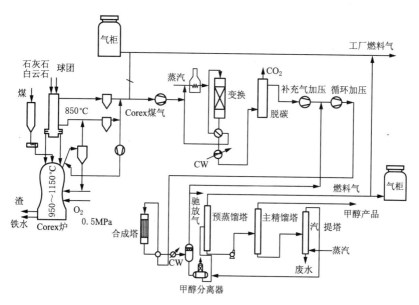

图 2.33 COREX 煤气用于生产甲醇的系统图

3 种方案炼铁、炼钢、连铸、轧钢的生产流程是相同的,氧气站、石灰、机修等辅助设施也是相同的。

甲醇方案增加了一个 2 组 20 万 t/a 的甲醇生产车间,年产甲醇 40 万 t/a。

2.9.4 主要技术经济指标

3 个方案的主要技术经济指标见表 2.30。

表 2.30 3 种煤气利用方案主要投入产出指标

序	项 目	指 标		
		发电方案	海绵铁方案	甲醇方案
一	主要产品			
1	铁水/10^4 t·a^{-1}	160	160	160
2	钢水/10^4 t·a^{-1}	176.54	176.54	176.54
3	连铸坯/10^4 t·a^{-1}	171.3	171.3	171.3
4	热轧板卷/10^4 t·a^{-1}	168.63	168.63	168.63
5	冷轧板卷/10^4 t·a^{-1}	114	114	114

(续表)

序	项　目	指　标		
		发电方案	海绵铁方案	甲醇方案
6	商品电/10^8 kW·h	5.413	3.904	5.238
7	海绵铁/10^4 t·a^{-1}		120	
8	甲醇/10^4 t·a^{-1}			40
二	主要原燃料			
1	球团矿/10^4 t·a^{-1}	233.3	413.3	233.3
2	还原煤/10^4 t·a^{-1}	149.8	149.8	149.8
3	动力煤/10^4 t·a^{-1}		92.227 6	93.462 7
4	石灰石/10^4 t·a^{-1}	35	35	35
5	白云石/10^4 t·a^{-1}	31	31	31
三	主要动力消耗			
1	年耗电量/10^8 kW·h	12.637	14.106	12.771 6
2	自备电厂外送电量/10^8 kW·h·a^{-1}	18.05	18.01	18.01
3	钢铁厂外送电量/10^8 kW·h·a^{-1}	5.413	3.904	5.238
4	新水用量/10^4 t·a^{-1}	1 775	1 982	2 119
四	投资估算			
1	固定资产总额/亿元	191.762 0	213.261 8	204.261 5
2	流动资金/亿元	8.953 1	12.024 3	9.658 3
3	总投资/亿元	200.715	225.286 1	213.919 8
五	技术经济			
1	销售收入/亿元·a^{-1}	60.980 1	75.404 7	71.726 8
2	生产成本/亿元·a^{-1}	32.294 4	46.398 4	38.982 7
3	税后全投资收益率/%	12.77	13.36	15.7
4	自由资金收益率/%	16.02	16.27	20.81

2.9.5　技术经济评价结论

在相同的基础上比较3个方案的经济效益,计算结果以甲醇方案为最优,海绵铁方案次之,发电方案最低。甲醇方案的税后全投资收益率15.7%,自由资金收益率20.81%,分别比发电方案高出2.93%与4.79%;

比海绵铁方案分别高出 2.34% 与 4.54%。

甲醇方案效益好的主要原因在于：

(1) 甲醇售价较高(300 美元/t)，而且生产原料投入量少，生产成本低，建设费用介于发电方案与海绵铁方案之间，综合结果使经济效益良好。

(2) 甲醇产品 80% 出口，外汇平衡后减少了钢铁厂的钢材出口，而钢材的内销价格高于出口价格，这使钢铁厂又增加了收入，投资效益率约增加了 1.5%。

可以看出，当甲醇有较高稳定的国际销售价格时，COREX 煤气用于生产甲醇对钢铁厂是有益的。

海绵铁方案销售产值是 3 个方案中最高的，总观国内外钢铁业的发展趋势，电炉炼钢的比例会不断扩大，作为电炉原料的海绵铁市场看好。但该方案的建设投资与生产投入也是最大的，建设投资比发电方案高出 24.57 亿元，比甲醇方案高出 11.37 亿元，生产的原材料要多购入 180 万 t/a 的球团矿，所以生产成本也是最高的。

发电方案建设投资最少，生产成本也最低，效益差的主要原因是电的销售价格(上网电价)低。

2.9.6　甲醇方案的主要问题

甲醇方案的主要问题是市场不稳定。下面主要就产需平衡与市场价格作些说明。

1. 市场分析

甲醇是重要的基本有机化工原料，在发达国家甲醇产量居有机化工原料产量的第四位，仅次于乙烯、丙烯和苯。

世界上甲醇的生产能力和需求量如表 2.31 所示。

表 2.31　甲醇的产需情况　　　　万 t/a

地　　区	1990 年		1993 年		1995 年
	生产能力	需求	生产能力	需求	需求
美　　国	445.0	529.1	475.2	615.8	675.0
加 拿 大	185.5	37.0	205.0	44.9	78.0
中南美洲	157.5	107.8	161.0	128.6	141.2
西　　欧	218.0	476.9	284.0	554.8	595.5

（续表）

地　　区	1990 年		1993 年		1995 年
	生产能力	需求	生产能力	需求	需求
东　　欧	461.0	349.7	495.0	342.5	362.1
中近东与非洲	263.1	45.9	263.1	49.4	54.1
东南亚与大洋洲	185.0	86.9	240.0	98.5	122.1
东　　亚	112.8	282.3	99.6	312.6	356.7
合　　计	2 027.9	1 915.6	2 223.4	2 147.0	2 384.7

可见世界上甲醇的产、需总量比较接近，前几年供略大于求，但地区之间极不平衡，经济发达的美国、西欧、东亚有较大缺口。

甲醇广泛用于生产塑料、纤维、橡胶、涂料、农药、染料和药品，目前甲醇主要用于生产甲醛。国际上由于环保的原因对汽油含氧量要求越来越严格，甲醇用于生产甲基叔丁基醚（MTBE），作为汽油添加剂的用量大大增加。这种需求在发达国家比较明显。

20 世纪 90 年代初我国甲醇现有生产能力 80 万 t/a，除齐鲁、川维是 10 万 t/a 的大型设备之外，其余都是中小装置。1992 年我国甲醇总产量为 81.2 万 t/a，1993 年为 83 万 t/a，每年都要进口一些。当时有上海、甘肃、陕西、四川、山西等地方共约 100 万 t/a 甲醇在建生产能力，当它们建成投产时国内基本上能产需平衡，沿海地区可能还要少量进口。

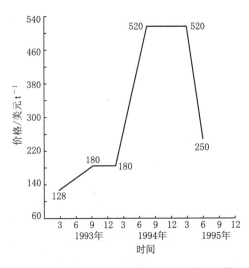

图 2.34　1993～1995 年国际市场甲醇价格情况

2. 国际甲醇价格情况

近年来国际甲醇的价格起落很大,图 2.34 示出了近 5 年来的价格情况。这种大起大落的价格变化显示了甲醇方案的风险。

2.9.7　结语

(1) 煤气是 COREX 炼铁法的重要产品,该方法还原用煤一半以上的热量转入煤气,COREX 煤气的合理利用对这种炼铁法的发展有重要意义。

(2) COREX 煤气用于燃气轮机联合循环发电,煤气的热量利用效率高,工程投资少,但经济效益较低。

(3) COREX 煤气用于生产甲醇,利用了煤气的化学能。煤气利用的短期经济效益较好,但世界甲醇市场不稳定,甲醇价格波动极大,意味着甲醇生产风险较大。

(4) 随着电炉炼钢的发展,作为优质电炉原料的海绵铁市场广,COREX 煤气用于生产海绵铁有良好的发展前景。该法投资较大,煤气的化学能得到充分利用,经济效益居中,是一条生产海绵铁的新路子。

杨若仪

2.10 COREX 炼铁煤气生产海绵铁的研究

2.10.1 概述

随着电炉炼钢产量的迅速增加,作为电炉炼钢紧缺的优质废钢代用品和冶炼纯净钢等优质钢种的重要原料的海绵铁需求量不断增大。进入 20 世纪 90 年代中期以来,全球海绵铁产量以年均增长率 10% 左右的速度快速上升。1997 年全世界生产的海绵铁已经达 $3\,620 \times 10^4$ t,其中 83% 以上采用天然气为原料的气基竖炉法生产。

自 1996 年起,我国钢产量超过 1 亿吨,位于世界第一。但是,我国缺少天然气资源,采用天然气的气基竖炉来生产海绵铁不经济。该工艺有对原料性能要求高,能耗大,生产效率低等缺点,束缚了我国海绵铁产量增加和质量提高。至今全国海绵铁年产量很少,与世界第一钢铁大国地位很不相称。

COREX 熔融还原炼铁,生产每吨铁水约产 1 800 Nm³ 还原煤气,煤气中(CO + H₂)含量高达 60%~65%,发热值超过 7 500 kJ/m³,可改制成还原煤气,并采用竖炉工艺来生产海绵铁。这样基本可以做到利用 COREX 熔融还原炼铁工艺生产 1 t 铁水的煤气再生产 1 t 海绵铁,充分利用煤气资源,提高炼铁生产单位燃料的铁产量。

2.10.2 试验方法

20 世纪 90 年代初我国尚无 COREX 熔融还原炼铁生产装置,COREX 炼铁煤气必须通过煤气发生炉制取。本试验采用灰熔聚流化床粉煤气化炉发生煤气,经洗涤塔除尘降温,MDEA 法脱除 CO₂,再经加热炉使还原煤气温度升到

850 ℃以上,然后输入竖炉还原铁矿石生产海绵铁,其工艺流程示于图2.35。

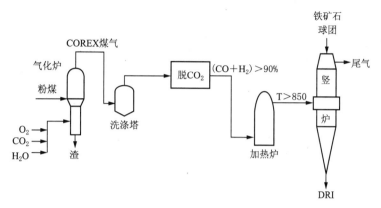

图2.35　COREX炼铁煤气生产海绵铁工艺流程示意图

1. 产生 COREX 炼铁煤气

采用灰熔聚流化床粉煤气化炉产生 COREX 炼铁煤气,以神户煤、大同煤为原料,O_2、CO_2、水蒸气为气化剂。气化炉内流态化床温度控制在$1\,000 \sim 1\,050$ ℃,煤的氧化燃烧区温度控制在煤的灰熔点以下,使之顺利进行固态排渣。气化剂中的水蒸气、CO_2 一方面作为气化剂,同时利用它们与碳进行吸热反应达到控制燃烧区温度不超过煤的灰熔点的目的。气化剂中加入 CO_2 主要是为了使发生炉煤气成分达到 COREX 炼铁煤气的含量范围(见表2.32)。表2.33是分别用神府煤、大同煤发生的煤气成分。

表2.32　COREX炼铁煤气成分

组　　分	CO	H_2	CO_2	N_2	CH_4	H_2O
体积/%	40~45	15~20	30~35	3	约2	2

表2.33　煤质分析和发生炉煤气成分

气化煤料	煤质分析				发生煤气成分分析/体积%				
	V	C	A	S	H_2	CO	CO_2	CH_4	N_2
神府煤	32.15	73.98	5.99	0.21	16.02	48.24	0.243 4	1.05	0.45
大同煤	27.72	72.58	8.72	0.47	19.29	44.27	34.00	1.56	0.88

2. 脱除煤气中的 CO_2

COREX 煤气中含有 30% 以上的 CO_2 和少量水蒸气。要作为还原气使用，在进入竖炉前必须将 CO_2 和水蒸气尽可脱除。所以，采用 MDEA（活化有机胺水溶液）法脱除 COREX 煤铁煤气中的 CO_2。经 MDEA 法脱除 CO_2 后的煤气成分见表 2.34。

MDEA 法在脱除煤气中 CO_2 的同时脱除 H_2S 等含硫物质。

表 2.34　脱除 CO_2 后的煤气成分　　　　　体积%

气化煤种	CO	H_2	CO_2	CH_4	N_2	H_2S	COS	H_2O
神府煤	70.52	24.82	0.5	1.73	0.93	0.002	0.000 5	1.5
大同煤	65.23	31.39	0.5	0.59	0.79	0.006	0.000 5	1.5

3. 加热还原煤气

煤气脱除 CO_2 工艺要求在常温进行，因此，煤气脱 CO_2 之后需要加热到竖炉还原工艺要求的温度 850～930 ℃。根据热力学理论，加热 CO 气体升温过程中会产生歧化反应。

$$2CO = CO_2 + C$$

CO 分解出的固体碳粉易造成设备堵塞，因此，必须控制动力学条件尽量减少或避免歧化反应的发生。将还加热过程分二步进行，第一步通过管式炉把还原煤气从常温加热到 400～450 ℃；第二步采用部分燃烧法将还原气进一步加热到 850 ℃以上，以减少 CO 气体在歧化反应区间的滞留时间。还原煤气经二步加热后成分如表 2.35 所示。

表 2.35　用换热炉和部分燃烧法加热到 850 ℃时还原煤气成分　　　体积%

气化煤种	H_2	CO	CO_2	CH_4	N_2	H_2O	H_2S
神府煤	23.38	66.46	4.50	1.61	0.90	3.06	0.000 4
大同煤	29.63	61.57	4.15	0.56	0.79	3.31	0.001 5

还原煤气的氧化度 $(H_2O+CO_2)/(CO+H_2+H_2O+CO_2)$ 分别为 7.76% 与 7.57%，不能达到还原煤气氧化度 ≤5% 的要求。

鉴于在二步法加热过程中，部分 CO 与 H_2 燃烧产生 CO_2 和 H_2O，造成还原气氧化度升高，从加热前的 2% 左右提高到 7.5% 以上。为消除这种降低还原气质量的环节，要改变还原气加热工艺。采用 2 座蓄热式煤气加热炉,交替切换工作,即1座炉子燃烧蓄热,另1座炉子加热还原气,将脱除后 CO_2 的还原气从常温一步加热到竖炉还原工艺要求的温度。蓄热式加热炉采用陶瓷材料,通过控制还原煤气在炉内的停留时间,能够使 CO 升温过程中的歧化反应得到较好的控制。经蓄热式煤气加热炉温度达到 850 ℃ 的还原煤气主要成分表 2.36 所示。

表 2.36　经一步法加热输入竖炉的还原煤气成分　　　体积%

气化煤种	H_2	CO	CO_2	CH_4	N_2
神府煤	24.43	69.62	1.35	1.73	0.93
大同煤	30.89	64.55	1.28	0.59	0.79

煤气加热过程中因歧化反应折出少量碳,由炉子蓄热燃烧产生的氧化性烟气氧化除去,保证了蓄热式煤气加热炉气路畅通,正常工作。

4. 竖炉生产海绵铁

有了符合竖炉还原工艺要求的还原煤气,就具备了采用气基竖炉生产海绵铁的工艺条件,从竖炉顶部加入球团或块矿,在竖炉还原段下部输入还原气。在炉料下移。还原气上升的相向动力运动中,铁矿石被逐渐加热还原,最终成金属化率达 92% 以上的海绵铁。

2.10.3　结果分析

煤在灰熔聚粉煤流化气化炉中,受热分解脱出挥发分,并发生以下反应。

$$C+O_2 = CO_2 \qquad +393\,770 \text{ kJ/kg} \qquad (1)$$
$$2C+O_2 = 2CO \qquad +221\,200 \text{ kJ/kg} \qquad (2)$$
$$C+H_2O = CO+H_2 \qquad -131\,400 \text{ kJ/kg} \qquad (3)$$
$$C+2H_2O = CO_2+2H_2 \qquad -90\,200 \text{ kJ/kg} \qquad (4)$$
$$C+CO_2 = 2CO \qquad -172\,590 \text{ kJ/kg} \qquad (5)$$
$$CO+H_2O = CO_2+H_2 \qquad +41\,200 \text{ kJ/kg} \qquad (6)$$

只有(1)、(2)、(6)是放热反应,其余均为吸热反应。因此,反应(1)、(2)、(6)放出的热量需要满足炉料和气体升温以及反应(3)~(5)消耗的热量。

1. 气化对煤气成分的影响

由图 2.36 所示,随着床层温度升高,CO_2 浓度逐渐降低,CO 和 H_2 浓度提高。由此可见,提高煤气发生炉内床层温度,有利于发生炉煤气还原度的提高,氧化度降低,并可保证离开炉子的煤气温度达到 950 ℃,使煤气中的焦油、苯等高分子碳氢化合物基本消失。

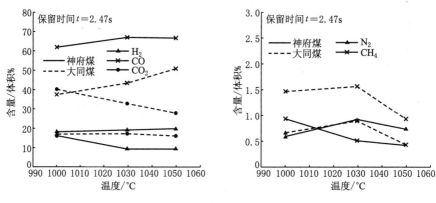

图 2.36　温度对煤气成分的影响

2. 气化剂组成对煤气成分的影响

采用有氧气、二氧化碳和水蒸气为气化剂与煤发生反应得到具有 COREX 煤气成分的发生煤气。随着气化剂中氧气的增加,CO_2 转化率增大。随着反应时间延长,CO_2 化率逐步上升(见图 2.37)。气化剂中加入水蒸气则发生煤气中的 H_2 含量提高。

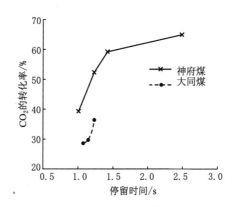

图 2.37　反应时间与 CO_2 转化率的关系

3. 煤种对煤气成分的影响

由表 2.35 可知,因煤种不同,发生的煤气成分稍有变化。神户煤含硫低,它发生在煤气中的 H_2S 少,可以省去还原煤气脱硫工序。用神户煤发生的煤气中 CO 含量较高,可利用类似于 Midrex 法的还原竖炉工艺。用大同发生的煤气 H_2 与含硫物质(H_2S、COS)明显增高,灰量也多。但大同煤发生的煤气经精制处理后,其有效还原成分(H_2+CO)比神户煤稍高,这对竖炉还原是有益的。从图 2.36 可见,神户煤的气化性能好于大同煤,在相同的气化条件下,神户煤的 CO、H_2 含量均大于大同煤。

4. 煤气中脱除 CO_2

从混合煤气中脱除 CO_2 的方法可以分为化学吸收法、物理吸收法和物理—化学吸收法 3 大类,有 40 多种具体方法。MDEA(活化有机胺水溶液)法属于化学吸收法,它以甲基二乙醇胺(R_2CH_3N)为吸收剂,并加入 1%～3% 的活化剂(R_2NH),加快 CO_2 传递速度。活化剂在表面吸收 CO_2,然后向浓相 MDEA 中传递,而活化剂又被再生。

MDEA 法脱除 CO_2 的能力强,吸收能力为 10～15 $m^3_{CO_2}/m^3$ 溶液。方法的再生热耗低,为 4.18～5.44 MJ/m^3 溶液。吸收剂(R_2CH_3N)对 CO_2 有特殊的溶解性,比其他脱 CO_2 的方法物料消耗少,是当今能耗最低的脱 CO_2 方法之一。提高煤气压力,加大脱 CO_2 过程压降,多用蒸汽有利于增加 CO_2 的脱除效率,提高还原煤气的纯度。

5. 加热还原煤气

按热力学原理,CO 气体在加热过程中不可避免地要产生歧化反应:

$$2CO \longrightarrow CO_2 + C$$

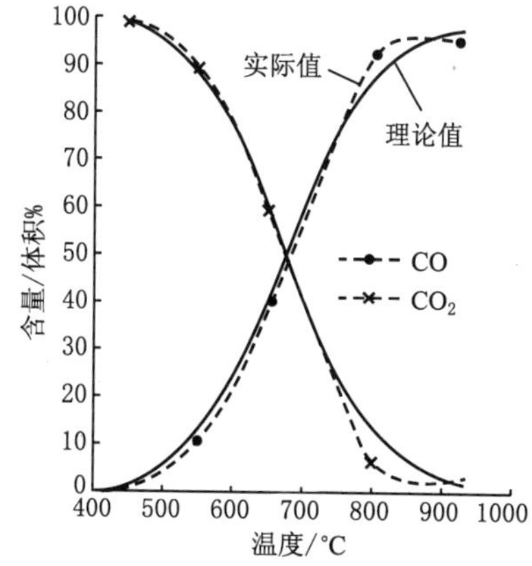

图 2.38　不同温度下气相组成中 CO 与 CO_2 理论含量试验值

在不同温度下气相组成中 CO_2、CO 含量如图 2.38 所示。其中实线为理论数据,虚线为实验数据所做成的曲线。在高温时,CO 曲线两者相接近。在 400 ℃ 以下,按热力学理论气相平衡组成主要是 CO_2,但因受动力学条件限制,歧化反应速度非常低,CO 转化为 CO_2 量极少,与之相反,当温度高于 900 ℃, CO_2 含量很低,平衡气相几乎单独由 CO 组成,即在热力学上否定了歧化反应的可能性。

6. 温度对歧化反应的影响

试验果如图 2.39 所示,还原煤气的歧化反应在 400 ℃ 以下速度很低,在曲线上几乎反映不出来,温度当超过 400 ℃ 以后,反应速度加快,在 600 ℃ 左右达到峰值。温度进一步提高,歧化反应速度逐渐下降,当温度达到 800 ℃ 时,歧化反应已经不明显。所以,歧化反应主要发生在 400～750 ℃ 温度区间,控制还原气体在这区间的滞留时间,减少歧化反应。

7. 煤气流速对歧化反应的影响

由图 2.39 可见,还原气以 0.35 m/s、0.69 m/s 和 1.04 m/s 3 种流速在加热器中由 400 ℃ 加热到 850 ℃,随着气体流速增大,歧化反应减小,并且这种趋表现得十分明显。

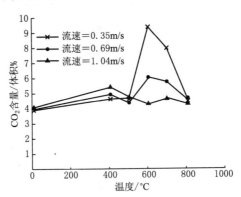

图 2.39　不同流速条件下还原气中 CO_2 含量随温度的变化

8. 加热方式的影响

还原煤气的加热方式,通常采用管式加热炉与还原气部分氧化二步法加热,可以避免歧化反应析出的碳堵塞管道,影响生产。但是,通入氧气部分还原气发生氧化反应。

$$2CO + H_2 \Longrightarrow 2CO_2$$
$$2H_2 + O_2 \Longrightarrow 2H_2O(气)$$

反应产物 CO_2 和 H_2O 留在还原气中,使还原气的$(CO_2 + H_2O)$增加 5%以上,显著降低了还原性,这对海绵铁生产是很不利的。为了避免出现这种不利因素,采用 2 座蓄热式煤气加热炉加热还原煤气,从常温一步加热至竖炉还原工艺要求的温度。还原煤气在加热过程中基本不发生化学反应,所以能维持还原煤气成分基本不变,对海绵铁生产十分有利。

9. 影响海绵铁生产的因素

生产海绵铁要求还原气中$(CO + H_2)$大于90%,进入竖炉的还原气温度控制在 850 ℃,每生产 1 t 海绵铁的还原气用量 1 700 m^3 左右,随着煤气中$(CO + H_2)$含量的增加,温度提高,流量增大,压力升高,有利于加快还原反应速度,提高竖炉生产率,并得到金属化率大于 92%的优质海绵铁。

竖炉工艺生产海绵铁,炉料结构采用全球团矿有利于提高生产率。而用 70%~80%球团矿加 20%+30%块矿可降低生产成本。

2.10.4　结论

试验结果说明:

(1) 采用灰熔聚流化床煤气化炉,以神府煤、大同煤为原料、氧气加上二氧化碳和水蒸气作气化剂,发生具有 COREX 炼铁煤气成分的煤气,经化学吸收(MDEA)法脱除 CO_2 后,煤气的还原性和 H_2S 都能满足竖炉法海绵铁生产工艺对还原气成分的要求。

(2) 还原煤气采用二步法加热,第一步用换热器从常温加热到 400 ℃,第二步由部分燃烧法从 400 ℃加热到 850 ℃。但是还原气部分燃烧降低了还原气质量,使$(CO_2 + H_2O)$含量超过 7.5%,纯度不能满足竖炉法对还原气氧化度小于 5%的要求。

(3) 通过将还原煤气二步法加热改为蓄热式加热炉一步法加热后,还原气在加热过程中化学成分基本不变,进入竖炉的还有气质量明显提高,可望达到$(CO + H_2)$大于 95%。$(CO_2 + H_2O)$小于 3%的要求。

(4) 用 COREX 煤气改制成还原气,用竖炉法生产海绵铁,以 Tfe > 66%的矿石为原料,可生产出金属化率大于 92%的海绵铁。

陈炳庆　沈红标　汪　洋　程中虎　杨若仪

2.11 用煤气化生产海绵铁的流程探讨

近几十年来新型煤气化的工业化取得了可喜的进展,一批以粉煤为原料,以氧气为气化剂,高温、高压、高转化率的煤气化炉在整体煤气化联合循环发电(IGCC)与化工领域得到应用并建设了一批大型工业装置。这批装置的建设与投产,意味着以石油、天然气为燃料的发电与化工门类已经有了可替代的能源。新型高效煤气化炉的发展也将影响到钢铁工业,用粉煤与非炼焦煤气化生产海绵铁(DRI)与热压块(HBI)的方法有不少单位已经在研究开发,国外也有此类工业生产装置在建设。

全世界海绵铁与海绵铁热压块(以下统称海绵铁)的产量已接近6 000 万 t/a。海绵铁是一种很好的铁源,是电炉炼纯净钢、优质钢不可缺少的杂质稀释剂,也是转炉炼钢最好的冷却剂。我国已是世界上最大的钢铁生产国,但海绵铁的产量很少,每年要进口近1 000 万 t/a 废钢,说明海绵铁的发展相当滞后。另外,发达国家电炉钢的比例要比我国大得多,我国优质钢与电炉钢的比例也必然会随着资源与发展两个因素的变化而不断增加,海绵铁的市场也将会越来越扩大。

高炉炼铁经长期经验积累技术已经发展到比较完美的地步,高炉炼铁是目前炼铁生产的绝对主流。当然,国内外高炉的技术改造还有不少空间,但从可持续发展角度看,高炉对炼焦煤的依赖,高炉、焦炉、烧结对环境的污染,以及这种生产方法 CO_2 温室气体的排放都是工艺本身带来的问题,必须着手改进。研究炼铁的多元化发展,寻求别的改进办法和辅助办法并不为时过早。通过煤气化来生产钢铁产品是一种值得注意的方法。

2.11.1 煤气化的方法

煤气化用来生产炼铁还原气,竖炉对炼铁还原气的要求希望煤气中的有效组分尽量高($CO + H_2 \geqslant 90\%$),氧化度尽量低(($CO_2 + H_2O$)/($CO + H_2 + CO_2 + H_2O$) $\leqslant 5\%$);还原气入口温度 850 ℃左右,压力 0.15~0.6 MPa,含尘量 $\leqslant 20 \text{ g/m}^3$。

钢铁厂炼铁设备有能力大和年作业时间长的特点,这就要求与之相匹配的气化炉也应该是技术成熟,生产可靠,每年的作业时间在 8 000 h 以上,最好达到 8 400 h 左右。

从资源考虑必须避开当前钢铁生产困难的焦点,使用非炼焦煤,煤的粒度应是粉煤。

我国已经引进的国外煤气化技术有 Lurgi、U-gas、Texaco、SCGP(Shell)、GSP 等,原则上这些方法都可以制备炼铁还原气,但选用不同的煤气化炉用来生产海绵铁在投资与能耗上会有很大差别。

表 2.37 显示出了 3 种气化方法的主要指标。

表 2.37　几种煤气化方法的主要指标

指　　标	壳牌 SCGP	GSP	Texaco
气化用煤种	褐煤-无烟煤全部煤种	褐煤-无烟煤全部煤种	烟煤、无烟煤
入炉粒度	90% < 100 目	250~500 μm	40%~45% < 200 目
含灰	8%~20%	1%~20%	< 15%
含水	2%干煤粉	2%干煤粉	水煤浆含煤>60%
灰熔点/℃	< 1 500	< 1 500	< 1 350
气化炉特点	干粉供料,下部多喷嘴对喷,承压外壳有水冷壁,废锅流程,充分回收废热产生蒸汽,材质碳钢、合金钢,不锈钢	干粉供料,顶部单喷嘴,承压外壳有水冷壁,水冷壁回收少量蒸汽,材质除喷嘴外全为碳钢	水煤浆供料,顶部单喷嘴,耐火材料衬里,激冷流程,材料除喷嘴外全为碳钢
气化压力/MPa	2~4	2.7~4	4~8
气化剂	氧气	氧气	氧气
比氧耗:$\text{m}^3 O_2$/1 000 m^3($CO + H_2$)	340	320	399
气化温度/℃	1 500~1 700	1 350~1 750	1 450~1 600
煤气冷却	废锅	激冷或废锅	激冷或废锅

(续表)

指　　　标	壳牌 SCGP	GSP	Texaco
排渣方式	液态排渣	激冷后排固体渣	激冷后排固体渣
煤气出炉温度/℃	1 500～1 600	1 500～1 600	1 500～1 600
碳转化率	99%	99%	94%～99%
冷煤气效率	80%～83%	80%	65%
干煤气成分:$CO+H_2$	92%～95%	92%～95%	78%～81%
水含量	～2%	激冷饱各或～2%	激冷饱各
作业率:喷嘴寿命	1～1.5 a	10 a,前端部分 1 a	60 d
耐火砖与水冷壁寿命	20 a	20 a	1 a
年作业时间	可单炉配置	可单炉配置	要备用气化炉
负荷变动率	40%～100%	40%～100%	60%～100%
技术资源	引进 荷兰壳牌公司	中外合资 北京索斯泰克	中外合资 德士古公司
目前工业装置能力	900～3 000 $t_煤$·d^{-1}	750～2 000 $t_煤$·d^{-1}	800～4 500 $t_煤$·d^{-1}

Texaco 和 Lurgi 两种方法生产的煤气 CO_2 含量高,并常用激冷法冷却煤气,当用于制备冶金还原气时除要脱水、加热外,还要 CO_2 脱除,处理流程过长,经济性差。我国一个著名的钢铁生产企业曾与鲁南化肥厂联合开发过 BL 法,就是用 Texaco 煤气冷却净化后生产海绵铁的,海绵铁是生产出来了,但生产成本过高,难以推广。对 Lurgi 法生产的煤气除要考虑去除 CO_2 和水的因素之外还要考虑 CH_4 分解利用,流程也长。当然,也不是说这两种气化方法与竖炉联合生产绝对不行,有些场合还是可用的。例如,Lurgi 可用褐煤气化,在褐煤很便宜的地方也可以组织适当的流程来生产海绵铁。印度就有一个用 Lurgi 煤气来生产海绵铁的项目正在建设,项目的产量达 168 万 t/a。SCGP 和 GSP 气化炉的干煤气成分可满足竖炉的入炉要求,有条件找到较为简单的生产海绵铁的方法。笔者认为应该把气化炉的选择方向主要瞄准在 SCGP 和 GSP 相似的干煤粉纯氧气化办法上。

2.11.2 竖炉技术

世界上竖炉生产技术是成熟的,主流方法有 Midrex 与 HYL 两种,从生产能力看 Midrex 的总生产能力远高于 HYL 法,但 Midrex 是常压竖炉,还原压力在 0.1 MPa 左右与高压煤气化炉相匹配煤气的压力能要另设设备利用。HYL 法还原压力可在 0.5 MPa 左右,与煤气化炉压力比较接近,并可缩小还原竖炉的直径。HYL 直接还原是墨西哥 HYLSA 公司专有技术,也经历过从 HYL-I 到 HYL-III 的不断改进与发展过程,目前主流技术是 HYL-III,它在世界上采用的生产厂家已有十多家,设备总生产能力在1 100 万 t/a 以上,最大的单台生产能力达 110 万 t/台 a。

2.11.3 流程联结探讨

1. 3 种流程组合

笔者对 3 种流程匹配进行了试算。

第一种流程用壳牌 SCGP 气化炉,废热锅炉冷却煤气,与 HYL 法竖炉组成的流程,暂且定名为 GHPD 流程,其含义为:煤气化(G)、废热锅炉冷却(H)、压力(P)、直接还原(D)流程。流程的组成可参阅图 2.40。这里没有把煤气化规定为 SCGP 是因为用 GSP 气化炉的煤气只要是废热锅炉冷却也是类同的。

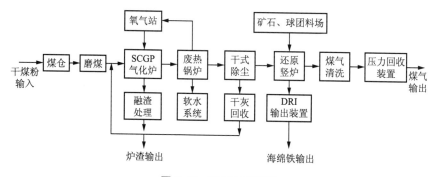

图 2.40 GHPD 流程图

第二种流程用壳牌 SCGP 气化炉,用冷煤气掺和冷却与 HYL 法竖炉组成的流程,暂且定名为 GMPD 流程,其含义为:煤气化(G)、混合(M)、压力(P)、直接还原(D)流程。流程的组成可参阅图 2.41。同样 GSP 气化炉的煤气只要用冷煤气掺和进行冷却也是类同的。

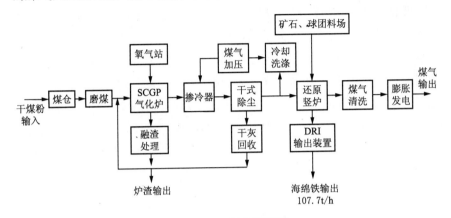

图 2.41 　GMPD 流程图

　　第三种流程是用 GSP 气化炉,喷水激冷却与 HYL 法竖炉组成的流程,暂且定名为 GRPD 流程,其含义为:煤气化(G)、激冷(Radiant)、压力(P)、直接还原(D)流程。流程的组成可参阅图 2.42。同样 SCGP 气化炉的煤气只要用激冷的方法进行冷却也是类同的。

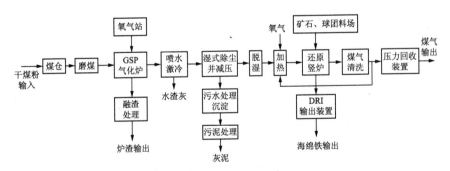

图 2.42 　GRPD 流程图

　　2. 压力和温度的变更

　　GHPD 流程用废热锅炉将煤气从 1 500~1 600 ℃ 冷却到 950 ℃ 左右,并回收高压蒸汽,虽然设备投资较贵但技术是成熟的。在 900~950 ℃ 左右用干式旋风除尘器将灰尘降到 20 g/m³ 以下,技术也是成熟的。

　　煤气化炉与竖炉之间的压力衔接是需要从多方面研究比较的问题。

众所周知,高压对煤气化是有利的,目前气化炉的设计压力 2~4 MPa 并有向更高压力发展的趋势,但竖炉成熟设备的压力只有 0.5 MPa,在两者之间要设置减压设备流程才能连起来。若设置这种减压设备,设备需要在高温、煤气含尘量大和压降大的情况下运行,设备的抗磨损,防噪音问题不易解决。

另一方面气体的降压与降温是同时发生的,两者的关系遵循以下公式:

$$T_2 = T_1 \times \left(\frac{P_2}{P_1}\right)^{\frac{m-1}{m}} \qquad (2\text{-}1)$$

式中:T_2——膨胀后的气体绝对温度,K;

$\quad\quad T_1$——膨胀前的气体绝对温度,K;

$\quad\quad P_2$——膨胀后的气体绝对压力;

$\quad\quad P_1$——膨胀前的气体绝对压力;

$\quad\quad m$——气体的多变指数。

按上式计算,气体在高温高压下节流膨胀的温降很大,会影响流程中废热锅炉的设置效率,造成大量热量的损失。所以被迫只有减小气化炉的工作压力,气化炉的压力只能与竖炉相接近,只比竖炉高出系统所需的差压。这会使气化炉的单位容积气化强度大为下降,若气化炉的操作压力按 2 MPa 降到 0.65 MPa 计算,炉子的容积气化强度要下降 40% 左右,若要采用这种匹配,就要承受这部分投资增加能源较大的损失。

GMPD 流程冷却虽然不用废热锅炉,但减压设备无法运行与 GHPD 流程是一样的,气化炉也要降压设计。

GRPG 流程热煤气激冷后温度近 250 ℃,需进一步用喷水冷却和除尘,可在除尘器中同时实施减压,气化炉可以按高压设计。湿式除尘后的煤气还需经过脱湿,再将煤气加热到 850 ℃左右导入竖炉。还原气加热炉是 HYL 技术的一部分,这种连接的技术也是成熟可靠的。

3. GMPD 流程讨论

GMPD 流程可以不要价格昂贵的废热锅炉,采用部分煤气冷却降温,再用冷煤气与出炉煤气掺和冷却,将混合煤气(还原气)降温到 900 ℃左右。这种办法气化炉出炉煤气的显热无法全部利用(用于冷却的煤气显热损失掉了),而且冷煤气不希望携带机械水,否则会增加还原气的含水量。

GMPD 流程还可以有另外一种考虑:用两种冷煤气掺混,请参见流程

图 2.43,该流程暂以 GMPD2 命名以示与图 2.41 流程的区别。这种流程除用气化炉煤气直接冷却掺混之外,还用竖炉煤气经真空变压吸附(VPSA)脱除 CO_2 后也作为冷却气源,共同冷却气化炉煤气。这种流程因竖炉煤气的返回利用可增加单位煤耗量的海绵铁产量,另外出气化炉直接冷却部分的煤气量要减少,这有利于出气化炉煤气的显热回收利用。当然,这种流程中竖炉煤气的输出量是要减少的,适合于要求海绵铁产量大,煤气输出量小的地方。采用这种流程时,还原气的惰性成分(N_2、Ar、CH_4 等)要增加,竖炉煤气的返回量受还原气中有效成分浓度的约束。初算表明,当竖炉煤气的输出量是煤气产量的 45% 左右时,还原气的惰性成分可控制在 8.5% 以下,有效成分($CO+H_2$)的量还可在 87% 左右,按南非 SALDANHA 的经验竖炉还可维持正常生产。此时在同样投煤量情况下 GMPD2 流程的海绵铁产量可以是 GMPD 流程的 1.32 倍。

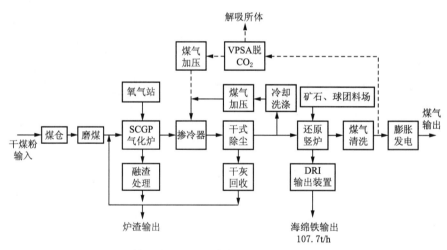

图 2.43　GRPD 流程图之二(GRPD2)

4. 关于 GRPD 流程

GSP 炉的煤气在激冷区经历了一个减温增湿过程,当煤气做化工合成使用时,进入煤气的大量水分是有用的,但用于生产海绵铁时水是有害组分必须除去。流程在气化炉后设置了煤气洗涤器,在洗涤器中用大量低温冷水冷却煤气,出洗涤器煤气为常温并减压到 $0.55\sim0.6$ MPa,使煤气的成分和含尘量达到还原气要求。然后将还原气加热到 850 ℃ 左右。本流程的优点是煤化炉可高压操作,有利于气化炉的经济性,并且各煤气处理单元的设备成熟,系统建设的技术风险小。缺点有流程很长,能源利用率差,气化炉煤气显热没有得到利用,并在还原气加热炉中消耗了部分竖炉煤气,煤气冷却还要用大量的水。

5. 原料煤含硫量的影响

气化用煤带入的硫的走向是值得冶金界注意的问题。煤气化炉的排渣量不多,渣的碱度一般不刻意控制,煤气硫的带出量会比高炉过程和COREX过程大,煤气含硫必将影响到海绵铁含硫量。

分析上述 3 种流程,GHPD 气体处理过程没有降硫的措施,只能使用低硫煤进行海绵铁生产。GMPD 流程和 GRPD 流程在煤气冷却器里加适当措施可以增加脱除 H_2S 的功能,有可能放松对原料煤的含硫要求。

原料煤的硫含量也是流程选择和重要因素。

2.11.4 能源消耗的初步分析

1. 单位能耗估算

准确的能源消耗要计算流程中每个生产工序的各种能源介质的输入量和输出量,是一项十分详细的工作。目前,因不少工序的水、电消耗还无法详细统计,还没有条件进行这种详细计算。本次能源分析只能就流程中煤、氧气、煤气、蒸汽的消耗与产出做出估算,对系统的经济性可以做出基本评估。

系统的输入能量是煤和氧气,输出能量是竖炉煤气、蒸汽和少量的TRT 发电量,其他为海绵铁生产消耗的能量和能量的损失。

表 2.38 列出 3 种流程单位产品能耗的实物量和折算热量。

表 2.38 单位产品的主要能量

序	项目	GHPD			GMPD			GRPD		
		吨铁实物量	热量/ 4.18 kJ·t^{-1}	%	吨铁实物量	热量/ 4.18 kJ·t^{-1}	%	吨铁实物量	热量/ 4.18 kJ·t^{-1}	%
1	煤	943 kg·t^{-1}	5 985 221	90.5	943 kg·t^{-1}	5 985 221	90.5	943 kg·t^{-1}	5 985 221	90.98
2	氧气	563 m³·t^{-1}	630 560	9.5	563 m³·t^{-1}	630 560	9.5	530 m³·t^{-1}	593 600	9.02
	小计		6 615 781			6 615 781			6 578 821	

（续表）

序	项目	GHPD			GMPD			GRPD		
		吨铁实物量	热量/4.18 kJ·t⁻¹	%	吨铁实物量	热量/4.18 kJ·t⁻¹	%	吨铁实物量	热量/4.18 kJ·t⁻¹	%
4	竖炉煤气	1 581 m³·t⁻¹	3 143 028		1 581 m³·t⁻¹	3 143 028		123 m³·t⁻¹	92 463 132	
5	回收蒸汽量		457 200							
6	TRT回收电量	20 kWh·t⁻¹	44 800		20 kWh·t⁻¹	44 800		16 kWh·t⁻¹	35 840	
	回收小计		3 645 028			3 187 828			2 498 972	
	净消耗		2 970 753			3 427 953			4 116 809	
	折标准煤		424.4 kg			489.7 kg			588.1 kg·t⁻¹	

2. 能耗分析

（1）竖炉生产海绵铁的能耗比高炉和 COREX 炉生产铁水要低　2 000 m³ 高炉系统（包括焦炉、烧结）生产铁水能耗在 544.8 kg/t 标准煤左右（包括水、电消耗），COREX C3000 炉的生产铁水能耗在 521 kg/t 标准煤左右（包括水、电消耗）。表 2.37 表明，煤气化生产海绵铁和的主要能耗对 GHPD 流程只有 424.4 kg/t 标准煤，对 GMPD 流程是 489.7 kg/t 标准煤，总能耗会比生产铁水低。只有 GRPD 流程能耗 588.1 kg/t 标准煤比高炉生产铁水高，这是 GRPD 流程长，热损失大，煤气冷却后又加热造成的。

GHPD 和 GMPD 流程生产海绵铁能耗比高炉铁水低主要有如下原因：①海绵铁的产品含能量比铁水低。铁水含碳 4% 左右，海绵铁含碳一般只在 1% 左右。其次上铁水温度 1 500～1 550 ℃ 并呈液体状态含有大量熔化热，而海绵铁是固态产品；②生产过程的炉渣携带的热量差别也很大。高炉渣量 300 kg/t 左右，COREX 渣量 350 kg/t 左右，而煤气化的渣量视气化用煤含灰量的不同估计在 100～150 kg/t 之间。熔渣带走的热量比生产铁水要少得多；③COREX 生产过程熔融气化炉煤气出口温度从 1 050 ℃ 冷却到850 ℃ 进入竖炉，这个过程吨铁损失的热量约为 119 000×4.18 kJ/t（17 kg/t 标准煤),在 GHPD 流程中没有这部分损失。

(2)能流分析　笔者认为若以气化用煤的热量为基数,考察系统有效热量的分布。结果显示于表 2.39。

表 2.39　气化用煤的热量趋向

序	项　目	GHPD		GMPD		GRPD	
		热量/$4.18 kJ \cdot t^{-1}$	%	热量/$4.18 kJ \cdot t^{-1}$	%	热量/$4.18 kJ \cdot t^{-1}$	%
1	煤带入	5 985 221	100	5 985 221	100	5 985 221	100
2	竖炉消耗	2 004 972	33.5	2 004 972	33.5	2 004 972	33.5
3	竖炉煤气输出	3 143 028	52.51	3 143 028	52.51	2 463 132	41.15
4	废热锅炉蒸汽产出	457 200	7.64				
5	其他损失		6.35		13.99		25.35

竖炉煤气带走的热量高达 52.51%,说明煤气是系统的主要输出产品,这部分煤气利用得好坏会极大地影响系统的经济性。竖炉煤气干气成分中($CO + H_2$)接近 70%,CO_2 的含量接近 25%,发热值接近 $2\,000 \times 4.18\ kJ/m^3$ 时是很好制造甲醇、合成氨等化工产品的原料气。以甲醇为基础可进一步生产一系列化工产品乃至汽油,这些化工产品的社会的需求量很大,难怪一些有识之士已经预见到了用高效煤气化装置为基础组织钢铁化工联合企业是有美好前景的事业。这部分煤气若用于燃气轮机联合循环发电,相当于可发电 $1\,581\ kW \cdot h/t$ 左右,系统制氧用电只需 $325\ kW \cdot h/t$,还可以有大量的电力输出。

理论计算竖炉内热量消耗为 $2\,004\,972 \times 4.18\ kJ/t$,这是每生产 1 t 海绵铁所需化学能与物理热的总和,它只占用煤热量的 33.5% 左右。这部分热量还包括了热海绵铁离开还原段时带走的湿热,当钢铁厂采用海绵铁热装工艺时,这部分显热有进一步利用的可能。

废热锅炉回收的热量可占到 7.64%,这部分热量可用于发电或钢铁厂供热。

2.11.5　小结

（1）本文以成熟技术嫁接作为组织新的生产门类的原则，它所形成的用煤气化生产海绵铁的新工艺，不论作为研究试验还是直接工业实施风险都很小。

（2）3 种流程的能耗差别很大，其中以废热锅炉流程（GHPD）最为简捷有效。另外 2 种流程也可能会有适合自己的生存条件，特别是 GMPD2 流程竖炉煤气回用以后可以多生产海绵铁，也值得进一步的研究。

（3）只要合理选择流程海绵铁生产的能耗会比高炉生产铁水低得多，这是这类生产方法可能低成本的重要因素。

（4）在不考虑竖炉煤气回用的条件下，竖炉部分的能耗约为煤热量的三分之一，而输出煤气的热量可在 50％以上，这种生产过程的合理性很大程度上取决于煤气的合理利用。竖炉煤气是化工合成的重要原料，这为钢铁—化工（或钢铁—发电）联合企业的建设敞开了大门。

（5）本文没有讨论环保和 CO_2 减排问题，但从这种生产没有焦化厂和烧结厂，煤的气化反应在 1 350～1 750 ℃的高温下进行以及竖炉生产比高炉生产清洁得多的情况来判断，这类生产是少污染的生产门类，只要煤气化排渣和除尘洗涤水处理得当，系统有比 COREX 炉生产铁水的方法更清洁的条件。因海绵铁生产能耗不大，CO_2 的减排也主要取决于竖炉煤气的合理利用。

主要参考文献

［1］　徐海龙.壳牌煤气化技术及其应用［J］.煤气化，2006

［2］　汪家铭.Shell 煤气化技术及其在我国的应用［J］.广州化工杂志，2006，34(5)

［3］　宫经德.湖北双环科技股份有限公司合成氨原料油改煤工程小结［J］.化肥设计杂志，2006，10

［4］　李大尚.GSP 技术是煤制合成氨(或 H_2)工艺最佳选择［J］.煤化工杂志，2005，6

杨若仪

2.12 煤气化竖炉生产直接还原铁在节能减排与低碳上的优势

2.12.1 煤气化竖炉生产直接还原铁的概念

2007 年世界非高炉炼铁总产量 7 100 万 t/a,其中熔融还原(COREX)的铁水产量 400 万 t/a,直接还原铁(DRI)产量 6 700 万 t/a。固态的直接还原铁是当今世界非高炉炼铁的主流。在 6 700 万 t/a 直接还原铁当中有 5 102 万 t/a 是竖炉生产的,竖炉法是 DRI 的主流。2007 年我国 DRI 产量只有 60 万 t/a,而且主要是用非主流的回转窑法生产的。中国因缺少天然气还没有竖炉大工业生产设备。我国开发煤气化竖炉生产 DRI 工艺,克服我国天然气不足的困难,国内专家认为可能成为我国今后大规模生产 DRI 的主流技术。

煤气化竖炉生产 DRI 的工艺概念如图 2.44 所示。

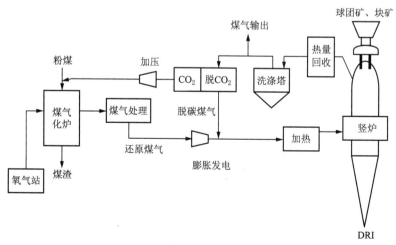

图 2.44 煤气化竖炉生产直接还原铁概念图

工艺专利号:200710093171.3   CO₂ 回用专利号:200910103140.0

目前我国钢铁生产能力过剩严重,新增钢铁生产能力十分困难,但应该看到技术改造、结构调整的机会一直存在。特别在资源利用与环保上的创新动力一直很活跃,而且会随着资源形势的变更和环保要求的提高变得越来越强劲。煤气化竖炉生产海铁的项目,不用炼焦煤、不用天然气、环保指标优于高炉,特别在 CO_2 的循环利用与减排放方面有突出表现。而且 DRI 产品是电炉炼钢的重要原料,随着我国废钢积累的增加,电炉炼钢比例会不断提升,减少一次资源使用量大和环境污染大的铁水生产是一个必然的趋势。煤气化竖炉生产 DRI 对钢铁业结构调整的重要作用值得重视。

2.12.2　节能上的优势

图 2.44 所示流程,入竖炉还原气由两部分组成,煤气化炉所制造的还原气和竖炉煤气脱碳后的脱碳气,当造气炉所生产的还原气占总量 2/3,脱碳气占总量 1/3 时。生产 1 t 直接还原铁的主要能源消耗及能源回收如表 2.40 所示。

表 2.40　有部分煤气回用时煤气化竖炉生产 DRI 的能量平衡表

序	名称	折算系数		计算量			备　注
		单位	数值	吨铁实物量	折标煤	比例	
1	煤	kg·kg^{-1}	0.928 6	628.56 kg	583.66 kg	89.46%	煤低热值以 6 500 ×4.18 kJ/kg 计
2	氧气	kg·(m³)$^{-1}$	0.109 5	376.72 m³	41.26 kg	6.32%	
3	氮气	kg·(m³)$^{-1}$	0.012 17	300 m³	3.65 kg	0.56%	
4	CO_2	kg·(m³)$^{-1}$	0.012 2	95.36 m³	1.16 kg	0.18%	
5	电	kg(kW·h)$^{-1}$	0.122 9	182.93 kW·h	22.48 kg	3.45%	
6	水	kg·(m³)$^{-1}$	0.078 2	1.2 m³	0.09 kg	0.01%	
7	软水	kg·(m³)$^{-1}$	0.152 1	0.588 m³	0.09 kg	0.01%	
	小计				652.39 kg	100%	
	回收能量						
1	竖炉煤气	kg$_{cc}$·(m⁻³)$^{-1}$	0.244 4	671.27 m³	164.06 kg	66.03%	
2	中压蒸汽量	kg$_{cc}$·kg^{-1}	0.113 9	378.01 kg	43.06 kg	17.33%	

（续表）

| 序 | 名称 | 折算系数 | | 计算量 | | | 备注 |
		单位	数值	吨铁实物量	折标煤	比例	
3	低压蒸汽	$kg_{ec} \cdot kg^{-1}$	0.095 1	268.35 kg	25.42 kg	10.27%	
4	TRT回收电量	kg_{ec} $(kW \cdot h)^{-1}$	0.122 9	128.63 kW·h	15.81 kg	6.36%	
	回收小计				248.45 kg	100%	
	净消耗				403.94 kg·t^{-1}		

若竖炉用100%球团（实际上是可掺用块矿的），考虑球团生产能源的DRI总能耗见表2.41。

表 2.41　考虑球团耗的 DRI 能耗与高、焦、烧过程的比较

| 序 | 名称 | 单位能耗 | | 计算量 | | | | | |
| | | | | 高、焦、煤炼铁过程 | | | 煤气化竖炉生产 DRI | | |
		单位	数值	吨铁实物量	折标煤	比例	吨铁实物量	折标煤	比例
1	球团	kg_{ec}/t	20.47	0.24 t	4.91 kg	0.87%	1.36 t	27.84 kg	6.45%
2	烧结	kg_{ec}/t	60.16	1.28 t	77 kg	13.7%			
3	焦化	kg_{ec}/t	140	0.35 t	49.04 kg	8.73%			
4	高炉	kg_{ec}/t	430.96	1 t	430.96 kg	76.70%			
5	DRI生产工艺	kg_{ec}/t	405.83				1 t	403.94 kg	93.55%
	净消耗				561.91 kg	100%		431.78 kg	100%

计算煤气化竖炉生产 DRI 的能耗仅为 431.78 kg_{ec}/t_{DRI}，比高炉生产铁水的能耗要低得多。主要原因是 DRI 为产品能含量比铁水低，铁水为高温液体，含碳约4%；而 DRI 为冷态或热态固体产品，含碳量1%～3%。另一方面，煤气化竖炉生产 DRI 流程采用高效设备，并注意系统的能量加收。煤气化技术采用干煤粉高压纯氧气化时，碳转化率高达99%，冷煤气效率达81%～82%。系统还利用废热锅炉回收煤气热量，TRT 回收煤气压力能等有较完善的能量回收系统。目前世界上用竖炉与天然气生产 DRI 的

能耗只有 378 kg_{ec}/t_{DRI} 左右,煤气化竖炉生产 DRI 因在气化、煤气处理与脱碳上的消耗比天然气转化高,所以工艺能耗有所增加。但在中国天然气价格比煤高得多,用煤制造还原气的成本要低于天然气转化。

因系统的能耗不高,而且主要能量来自价格较低的煤炭,这为系统降低生产成本各减少污染物排放创造了条件。

2.12.3　环保上的优势

煤气化竖炉生产 DRI 的工艺与高炉生产铁水相比,没有焦化厂,没有烧结厂,没有高炉热风炉,没有出铁场,没有这些设施烟囱的 SO_2、NO_x、粉尘、CO_2 的排放,也没有这些设施水体中(特别是焦化)有机物的污染。与熔融还原 COREX 炼铁法相比,它没有出铁场的污染源,它的出渣量仅为炼铁渣量的 1/3 左右。它是比传统高、焦、烧炼铁与 COREX 炉炼铁水更为清洁的生产方式。

干煤粉纯氧气化是洁净煤气生产技术,液态排渣,炉渣可做建筑材料,废热锅炉和干式除尘器回收的粉煤喷入气化炉循环利用。气化炉的气化温度 1 300~2 300 ℃粉煤中的有机物彻底分解,煤气中几乎没有焦油、酚、氰等有机物,煤气清洗的水体中也没有这些污染物的积聚。气化炉所生产的煤气产生经脱硫后使用,H_2S 含量降至 12 mg/m^3 以下,硫磺以硫饼的形式回收。不仅生产了低硫海绵铁,还使供全厂加热炉用的煤气都是低含硫量的,极大地降低了项目各种加热废气的 SO_2 排放量。

表 2.42 列出国内最先进的 5 000 m^3 高炉与相配套的高炉、焦炉、烧结、球团组成的铁水生产设施设计的主要排放指标(其中烧结烟气经过脱硫处理),与 150 万 t/a 煤气化竖炉生产 DRI 装置的设计指标的比较。

表 2.42　两种流程污染物排放量比较表

序	车　　间	高、焦、烧炼铁				煤气化竖炉生产 DRI			
		用量/ $kg \cdot t_{铁}^{-1}$	烟尘/ $kg \cdot t_{铁}^{-1}$	SO_2/ $kg \cdot t_{铁}^{-1}$	NO_x/ $kg \cdot t_{铁}^{-1}$	用量/ $kg \cdot t_{DIR}^{-1}$	烟尘/ $kg \cdot t_{DIR}^{-1}$	SO_2/ $kg \cdot t_{DIR}^{-1}$	NO_x/ $kg \cdot t_{DIR}^{-1}$
1	焦　化	276	0.070	0.046	0.148				
2	球　团	273	0.015	0.038	0.1	1 360	0.075	0.190	0.582
3	烧　结	1 120	0.149	0.178	0.668				
4	高　炉	1 000	0.081	0.042	0.187$'$				

（续表）

序	车　间	高、焦、烧炼铁				煤气化竖炉生产 DRI			
		用量/ $kg \cdot t_铁^{-1}$	烟尘/ $kg \cdot t_铁^{-1}$	SO_2/ $kg \cdot t_铁^{-1}$	NO_x/ $kg \cdot t_铁^{-1}$	用量/ $kg \cdot t_{DIR}^{-1}$	烟尘/ $kg \cdot t_{DIR}^{-1}$	SO_2/ $kg \cdot t_{DIR}^{-1}$	NO_x/ $kg \cdot t_{DIR}^{-1}$
5	竖　炉					1 000	0.04		
6	煤气化					628	0.014	0.007	0.031
7	煤气处理						0.000 7	0.002 3	0.000 5
8	$\sum$		0.315	0.304	1.103		0.129 7	0.199 3	0.618

从表中数据可见,煤气化竖炉生产 DRI 过程的累计排污量比传统的铁水生产要小得多。另外,高、焦、烧铁水生产焦化车间还有 H_2S 污染0.003 3 kg/$t_铁$ 和苯并芘 6.3×10^{-6} kg/t,这两种污染物在煤气化竖炉生产 DRI 过程基本都是没有的。

分析认为用洁净煤气化技术为基础的竖炉生产 DRI 技术在环保上主要污染物只是传统高炉炼铁法的很少部分,在清洁生产上有明显改变。

2.12.4　CO_2 的回用与减排

笔者还没有见到炼铁 CO_2 排放计算的标准办法,包括炼铁及前工序的复杂性,还无法对不同炼铁办法的 CO_2 排放量做数值对比分析。但可以推断的是能源消耗是碳排放的基础,煤气化竖炉生产 DRI 的能耗比高炉铁水低,这为降低碳排放打下了基础。

这里笔者特别提出的是一种 CO_2 的回用技术。

在图 2.44 流程中竖炉煤气脱 CO_2 工序,将竖炉煤气分成脱碳气和解吸气两部分,成分见表 2.43。脱碳气成分符合还原气要求,加热后供竖炉循环使用。

表 2.43　竖炉煤气脱碳过程

组　分	流量	组分/体积%						
		CO	CO_2	H_2	CH_4	N_2	H_2S	H_2O
竖炉煤气	100%	44.85	32.41	16.75	0.03	0.72	0.000 6	5.23
脱碳气	65.5%	67.38	5.13	26.35	0.04	1.1	~0	~0
解吸气	34.5%	6.73	87.59	0.25	~0	0.06	0.001 7	5.34

解吸气是一种富集的 CO_2 资源,经压缩脱水以后 CO_2 含量可达 90%。

粉煤气化炉在 4 MPa 压力下运行,粉煤的加入和灰尘的反吹用气力输送的办法。气力输送常用氮气做载体,本方案用解吸气(CO_2)。实验研究证明,用 CO_2 作为传送载体时气化炉生产的煤气氮量降低 2%～4%,CO 含量增加 2%左右,还原气的有效成分增加 2%～3%,说明进入炉子的 CO_2 部分参加了气化反应。当输入粉煤和灰尘总量约 650 kg/tDRI,每生产 1 t 直接还原铁需用解吸气 106.7 m^3,含 CO_2 96 m^3。相当于 CO_2 回用量 189.8 kg/tDRI。

在一般工业过程中煤气中的 CO_2 最终都是在煤气燃烧过程中进入废气排放到大气中,在煤气化竖炉生产 DRI 过程中实现了部分回收利用。对 150 万 t/a 的 DRI 工厂回用 28.47 万 t/a。在这种规模工厂解吸气的 CO_2 资源最多可超过 150 万 t/a,尚有大量 CO_2 可供钢铁厂高炉喷吹等工艺使用。

2.12.5　小结

(1)直接还原铁是电炉炼钢重要原料,随着我国废钢积累的增加,增加电炉短流程生产是必然趋势,这对减少国家一次资源的开发量,节能、降碳、减少污染都是有利的。煤气化竖炉生产 DRI 符合我国钢铁业结构调整的大方向。

(2)煤气化竖炉生产 DRI 的能耗约 431.78 kgec/tDRI 比传统高炉、焦炉、烧结生产铁水的能耗低,比天然生产 DRI 的能耗高。

(3)基于洁净煤气化技术的竖炉生产 DRI 在减少一次资源使用量、污染物排放方面优于传统高炉炼铁法,也优于熔融还原 COREX 法。

(4)中冶赛迪开发了一种 CO_2 回用技术,对 150 万 t/a 直接还原铁厂只少可减少 CO_2 排放 28.47 万 t/a。

主要参考文献

[1]　储满生.2007 年世界直接还原铁生产统计[C].2008 年非高炉炼铁年会文集.延吉.中国金属学会非高炉炼铁学术委员会.P194～P201

[2]　李士奇.电弧炉炼钢的铁源问题[C].2008 年非高炉炼铁年会文.延吉.中国金属学会非高炉炼铁学术委员会.P18～P29

[3]　杨若仪.煤气化生产海绵铁的流程探讨[J].钢铁技术,2008.

[4]　华东理工大学.粉煤加压气化技术与相关工艺计算.

[5]　TNC 数据库.TNCSTEEL 非高炉炼铁技术之直接还原技术的新发展 2008-11-26

杨若仪　王正宇　金明芳

2.13　发展我国直接还原铁的几点看法

　　我国钢铁业的结构调整有很多因素需要考虑,其中资源和环境是可持续发展的基本因素,也是结构调整的重要推动力。对炼铁技术的调整方向,是否要搞点非高炉炼铁国内专家有不同意见。高炉炼铁经长期经验积累技术已经发展到比较完美,是我国炼铁生产的绝对主流。国内外高炉的技术发展也还有不少空间,例如继续设备大型化、干式除尘、加烧结脱硫、国外有新建高炉的机会等等。但高炉—转炉的钢铁生产方式也有不足之处。从可持续发展角度看,高炉对炼焦煤的依赖,高炉、焦炉、烧结对环境的污染,以及这种生产方法 CO_2 温室气体的排放多都是工艺本身带来的问题,必须着手改进。通过非高炉炼铁来适当避免这些问题,从长远看还要促进电炉短流程发展,这是我国钢铁业合理结构调整一种值得注意的方向。

2.13.1　非高炉炼铁需要重视直接还原铁

　　非高炉炼铁有直接还原和熔融还原两个重要分支,2007 年世界非高炉炼铁总产量 7 100 万 t/a,占世界铁产量的 7.8%,其中熔融还原(COREX)的铁水产量 400 万 t/a,直接还原铁(DRI)产量 6 700 万 t/a。固态的直接还原铁是当今世界非高炉炼铁生产的主流。在 6 700 万 t/a 直接还原铁当中有 5 102 万 t/a 是竖炉生产的,竖炉法是 DRI 的主流。2007 年我国 DRI 产量只有 60 万 t/a,只占中国铁产量的 0.15% 左右,而且主要是用非主流的回转窑法生产的。中国在直接还原领域里与世界的差距特别大。

　　从 1970 年起世界直接还原铁产量一直快速增长,扣除中国铁水增长的因素,世界 DRI 的增长速度比高炉铁水要快得多。2009 金融危机,世界的铁产量有所下降,直接还原铁下降了 9.6%,高炉铁水下降了 22%,受到的影响也是直接还原要小得多。

　　直接还原铁是电炉炼钢的重要原料,在电炉炼钢中 DRI 的用量可多可少,它既可以是废钢炼钢有害元素的稀释剂也可以完全作为废钢代用品。低质量的直接还原铁也可做高炉的原料。中国电炉炼钢比例很小,缺少优质炼钢原料和电价高是重要原因。

　　从技术难度说,直接还原比熔融还原要容易得多,竖炉因工作温度低,不出高温铁水,只要有合适的氧化球团和还原气,生产 DRI 并不困难。而熔融还原炼铁技术难度相对较大,2006~2008 年我国引进了一座 COREX C3000 炉,因其技术上的复杂性,原燃料要求较高,操作维护上需要较长的熟悉时间,达产时间很长。同样,作为技术开发,要在熔融还原上有所突破,例如想大幅度增加喷煤量,从试验到生产有很长的路程要走,而开发 DRI 有可能通过现有先进技术的嫁接直接建造大型生产装置。

　　中国直接还原铁发展不快受到一些资源条件的限制,例如中国天然气资源不足,但最重要的还是没有开发出适合自身资源条件的生产方法。笔者认为煤气化竖炉生产海铁的技术可不用炼焦煤、不用天然气、环保指标优于高炉,特别在 CO_2 的循环利用与减排放方面有突出表现,是一种值得创导的方法,它有可能成为我国大规模生产 DRI 的主流技术。

2.13.2　原料与燃料问题

1. 矿石与球团

　　DRI 是电炉炼钢的原料,DRI 中的脉石要消耗电炉造渣剂,增加电炉渣量,造成电耗量的增加。因此,制造 DRI 的竖炉球团和块矿质量要求高于高炉球团和块矿。一般竖炉球团的品位应在 68% 以上,要制造这种球团的精矿粉品位应在 70% 左右。国内可直接用于进还原竖炉的矿石不多,但可选性好的铁矿石经过选矿达到上述要求的矿山是有的。例如安徽某矿山原矿石品位虽然不高但采用单一磁选即可获品位 65% 的矿粉,若采用常规磁选粗选,反浮选精选最终精矿粉的品位可达 72%。表 2.44 是安徽某铁矿的选矿报告。

　　其他还有一些矿山是可以接近这个指标的。

　　当然,竖炉用的原料除了品位以外还有强度、反应性等指标要求,需要做成球试验和还原试验。

表 2.44　安徽某矿山矿铁精矿多元素分析结果

化学成分	TFe	SFe	FeO	SiO_2	Al_2O_3	CaO
含量/%	72.35	72.02	30.87	0.106	0.045	0.021
化学成分	MgO	MnO	TiO_2	S	P	烧碱
含量/%	0.038	0.004	0.129	0.008	0.002	0.33

在没有矿山的沿海、沿江地区也可以考虑引进合格竖炉球团和块矿,如同目前高炉冶炼一样,矿石大部分还是买国外的。

2. 煤或天然气

DRI 生产,国外多用天然气制造还原气,设备简单,流程短,能耗低。我国天然气资源相对贫乏,天然气价格很高,而煤的储量相对大、价格低,用煤制造还原是一种自然的想法。

天然气、水蒸气转化和炉顶气转化的基本反应:

$$CH_4 + H_2O \Longrightarrow CO + 3H_2$$
$$CH_4 + CO_2 \Longrightarrow 2CO + 2H_2$$

都是 $1\ m^3$ 的 CH_4 能生产 $4\ m^3$ 的($H_2 + CO$),都是吸热反应,转化反应需要另供燃料加热。上海地区天然气价格约为 2.8 元$/m^3$,考虑制造过程的其他消耗和成分变化后,粗算还原气生产成本约为 0.8 元$/m^3$。

煤的气化反应十分复杂,主要反应有:

$$C + 0.5O_2 \Longrightarrow CO$$
$$C + H_2O \Longrightarrow CO + H_2$$
$$C + O_2 \Longrightarrow CO_2$$
$$C + CO_2 \Longrightarrow 2CO$$
$$2H + 0.5O_2 \Longrightarrow H_2O$$
$$CO + H_2O \Longrightarrow H_2 + CO_2$$

大部分是放热反应,要消耗大量氧气。对干煤粉纯氧气化工艺,煤气中的 $CO + H_2$ 的含量 $90\% \sim 92\%$,生产 $1\ 000\ m^3$ 的($CO + H_2$)消耗氧气 $298 \sim 300\ m^3$。若非炼焦粉煤的价格为 800 元$/t$ 计,考虑制造过程其他消耗和成分变化后,还原气的生产成本为 0.577 元$/m^3$,比天然气转化要低。

估算天然气价格在 1.46 元$/m^3$ 时它生产的还原气的成本与煤制气接近相等。

目前,国内干煤粉纯氧气化技术已接近成熟,化工部门引进了 19 个煤造气项目的工业设备都陆续投产,发现了一些问题也积累了不少生产经验。国内有的大学和研究院也开发了类似技术,并正在用于大型 IGCC 和化工生产项目。用煤造气来制造还原气是适合我国资源条件的一种选择。

2.13.3 用能量分析

1. 天然气竖炉生产 DRI 的能耗

笔者赴伊朗考察了解到 Midrex 法每生产 1 吨 DRI,天然气用量 270~300 m^3,氧气 17.14 m^3,氮气 40 m^3,电 100 kWh,新水 1.2 m^3。用 100%球团生产 DRI 时,测算每吨海绵铁的能耗见表 2.45。

表 2.45 天然竖炉 100%球团生产直接还原铁能耗计算

序	名称	折算系数		计算量			备 注
		单位	数值	吨铁实物量	折标煤	比例	
1	球团矿	kg_{ec}	29.96	1.36 kg	40.75 kg	10.69%	
2	天然气	$kg_{ec} \cdot (m^3)^{-1}$	1.142 9	285 m^3	325.71 kg	85.44%	天然气低热值以 8 000×4.18 kJ/kg 计
3	氧气	$kg_{ec} \cdot (m^3)^{-1}$	0.109 5	17.14 m^3	1.88 kg	0.5%	
4	氮气	$kg_{ec} \cdot (m^3)^{-1}$	0.012 17	40 m^3	0.49 kg	0.1%	
5	电	$kg_{ec}(kW \cdot h)^{-1}$	0.122 9	100 kW·h	12.29 kg	3.22%	
6	水	$kg_{ec} \cdot (m^3)^{-1}$	0.078 2	1.2 m^3	0.09 kg	0.05%	
	小计				381.21 kg·t^{-1}	100%	

2. 煤气化竖炉生产直接还原铁能耗

煤气化生产直接还原铁,当兼用炉竖炉煤气回用技术时,1 t 直接还原铁的主要能源消耗为 403.94 kg_{ec}/t_{DRI},可参见本书"煤气化竖炉生产直接还原铁在节能减排与低碳上的优势"。

3. 与高炉的比较

表 2.46 比较了高炉炼铁过程和二种 DRI 生产过程的用能情况。

表 2.46　DRI 生产过程与高、焦、烧过程的比较

序	名称	单位能耗		计　算　量								
				高、焦、煤炼铁过程			煤气化竖炉生产 DRI			天然气竖炉		
		单位	数值	吨铁用量	折标煤	比例	吨铁用量	折标煤	比例	吨铁用量	折标煤	比例
1	球团	kg$_{cc}$·t^{-1}	29.96	0.24 t	7.19 kg	1.36%	1.36 t	40.75 kg	%	1.36 t	40.75 kg	10.69%
2	烧结	kg$_{cc}$·t^{-1}	54.96	1.28 t	70.35 kg	13.34%						
3	焦化	kg$_{cc}$·t^{-1}	112.28	0.35 t	39.30 kg	7.45%						
4	高炉	kg$_{cc}$·t^{-1}	410.65		410.65 kg	77.85%						
5	DRI 工艺	kg$_{cc}$·t^{-1}	403.94				1 t	403.94 kg	94.29%	1 t	340.46 kg	89.31%
	能耗	kg$_{cc}$·t^{-1}	0.136	1 t·t^{-1}	527.48 kg	100%	1 t	444.69 kg	100%	1 t	381.21 kg	

表中高炉各单元能耗指标采用了2009年12月全国重点大中型钢铁企业统计平均值。计算煤气化竖炉生产DRI的能耗仅为444.69 kg_{ec}/t_{DRI}(当原料用50％球团和50％块矿时,能耗为424.36 kg_{ec}/t_{DRI}),天然气竖炉381.21 kg_{ec}/t_{DRI},都比高炉生产铁水的能耗要低得多。主要原因是DRI为产品能含量比铁水低,铁水为高温液体,含碳约4％;而DRI为冷态或热态固体产品,含碳量1％~3％。另一方面,煤气化竖炉生产DRI流程采用高效设备,并注意系统的能量加收。煤气化技术采用干煤粉高压纯氧气化时,碳转化率高达99％,冷煤气效率达81％~82％。系统还利用废热锅炉回收煤气热量,TRT回收煤气压力能等有较完善的能量回收系统。

4. 不同铁料炼钢能耗的粗略分析

冶炼方法的能耗比较要算到钢水为止,除炼铁以外还要考虑炼钢在使用废钢、DRI、铁水时的能源变化,统计钢水生产的能耗总量。

众所周知,铁水氧气转炉炼钢,考虑加入10％~15％左右的废钢,有转炉煤气回收的情况下,炼钢车间可以实现无能甚至负能炼钢,即转炉车间的工序能耗可以接近为零。而电炉炼钢无法做到这一点。

用DRI炼钢有一个极端的情况是电炉用90％的DRI,10％左右的废钢。在DRI热装温度600℃左右时,按国外厂商技术交流资料炼钢电耗量400 kWh/t,国内炼钢界认为此指标难以达到,拟取450~500 kWh/t计算。

在一般情况下电炉炼钢主要用废钢,掺用部分DRI作为炼好钢的稀释剂,DRI用量在30％左右。在目前中国废钢资源还缺乏的情况下多用DRI的情况也存在。在表2.47中对以上3种配料的电炉钢用能量做出粗略比较计算。

上述计算说明以废钢为主的电炉炼钢,即便用了部分DRI(能耗用煤造气计),钢水累计用能量221.11 kg_{ec}/t是很低的,比高炉铁水转炉炼钢用能量468.93 kg_{ec}/t要低得多,这就是电炉短流程比高炉-转炉长流程要节能、降碳、少污染的根本原因。以DRI为主的电炉炼钢,当DRI用天然气生产并电炉用热装时,钢水用能465.56 kg_{ec}/t,也可略低于转炉炼钢,若考虑电耗还可能增加也与转炉炼钢相差无几。以DRI为主电炉炼钢,当DRI用煤造气方法生产时,吨钢用能高达533.16 kg_{ec}/t,比转炉钢水高。

应当说明表2.47计算是粗略的,没有包括炼钢过程铁合金因素,计算考虑了用不同铁素含量原料的用料量变化,能源介质考虑了电、氧、煤气等主要因素,没有包括所有能耗因素,没有区别不同炼钢方法的热量回收过程等。总之,上述比较只能定性说明问题,精确的定量算要在具体的工程实例中确定。

表 2.47 炼钢过程几种典型配料的能源因素

序	名称	单位能耗		计 算 量					
		单位	数值	85%铁水的转炉炼钢过程		90%热DRI电炉炼钢过程		30%DRI电炉炼钢过程	
				吨钢用量	折标煤	吨钢用量	折标煤	吨钢量	折标煤
1	废钢	$kg_{ec} \cdot t^{-1}$	0	0.159 8 t	0 kg	0.107 t	kg	0.735 5 t	0 kg
2	铁水	$kg_{ec} \cdot t^{-1}$	527.48	0.905 3 t	477.50 kg				
3	NG 生产 DRI	$kg_{ec} \cdot t^{-1}$	381.21			1.065 t	405.98 kg		
4	煤生产 DRI	$kg_{ec} \cdot t^{-1}$	444.69					0.355 t	157.86 kg
5	电耗	$kg_{ec} \cdot (kW \cdot h)^{-1}$	0.122 9	50 kW·h	6.145 kg	450 kW·h	55.31 kg	480 kW·h	58.99 kg
	氧耗	$kg_{ec} \cdot (m^3)^{-1}$	0.106 5	55 m³	5.858 kg	40 m³	4.26 kg	40 m³	4.26 kg
	煤气回收	$kg_{ec} \cdot (m^3)^{-1}$	0.257 1	80 m³	−20.57 kg				
	Σ				468.93 kg		465.56 kg		221.11 kg

5. 关于电的能源折算系数

上述比较电的能源折算系数都采用了国家规定的当量折算 0.122 9 kg$_{ec}$/kWh，若用等效折算系数能耗值要产生变化。以前电的等效折算系数用 0.404 kg$_{ec}$/kWh 取得过大，考虑到近年来我国电力生产结构的变化，随着不断淘汰小火电，增大了水电、核电、风电、燃气轮机发电比例，笔者认为对较长远项目的分析可采用 0.28 kg$_{ec}$/kWh 来计算，表 2.48 对表 2.47 计算进行了调整。

表 2.48　不同电折算系数和钢水用能量

序	项目内容	85%铁水的转炉炼钢过程	90%热 DRI 电炉炼钢过程	30%DRI 电炉炼钢过程
1	电采用当量折算系数	468.93 kg$_{ec}$·t^{-1}	465.56 kg$_{ec}$·t^{-1}	221.11 kg$_{ec}$·t^{-1}
2	电折算系数 0.28 kg$_{ec}$·(kW·h)$^{-1}$	476.78 kg$_{ec}$·t^{-1}	536.24 kg$_{ec}$·t^{-1}	296.52 kg$_{ec}$·t^{-1}

这种调整，电炉炼钢的能耗当然是增加了，使以 DRI 为主的炼钢过程的累计能耗高于转炉，但仍改变不了以废钢为主加 DRI 短流程大量节能的结论。

2007 年世界电炉钢比例接近 31%，美国高达 50% 左右，中国只有 10.45%。炼钢原料的铁水比世界平均 0.741%，中国高达 96%，中国用比世界高得多的资源和能源支撑着中国的钢铁业。造成这个局面可能主要原因是中国目前的废钢资源量还不多，但也应该看到适当发展 DRI 生产，促进我国电炉炼钢的发展，即使 DRI 生产采用了以煤气化为支撑也是很合算的。适当发展这种非高炉炼铁技术应该是我国钢铁业结构调整的重要方向。因为，这种调整除能源因素之外，还有资源因素和环境因素。

2.13.4　环保分析

煤气化竖炉生产 DRI 的工艺与高炉生产铁水相比，没有焦化厂，没有烧结厂，没有高炉热风炉，没有出铁场，没有这些设施烟囱的 SO_2、NO_x、粉尘、CO_2 的排放，也没有这些设施水体中（特别是焦化）有机物的污染。它是一种比传统高、焦、烧炼铁更为清洁的生产方式。

干煤粉纯氧气化是洁净煤气生产技术，液态排渣，炉渣和灰尘可做建筑材料。气化炉的气化温度 1 300～2 300 ℃粉煤中的有机物彻底分解，煤气中几乎没有焦油、酚、氰等有机物,煤气清洗的水体中也没有这些污染物的积聚。气化炉所生产的煤气经脱硫后使用,H_2S 含量降至 $12\ mg/m^3$ 以下,硫磺以硫饼的形式回收。不仅生产了低硫海绵铁,还使供全厂加热炉用的煤气都是低含硫量的,极大地降低了项目各种加热炉废气的 SO_2 排放量。

表 2.49 列出国内最先进的 $5\ 000\ m^3$ 高炉与相配套的高炉、焦炉、烧结、球团组成的铁水生产设施设计的主要排放指标(其中烧结烟气经过脱硫处理),与 150 万 t/a 煤气化竖炉生产 DRI 装置的设计指标的比较。

表 2.49　两种流程污染物排放量比较表

序	车间	高、焦、烧炼铁				煤气化竖炉生产 DRI			
		用量/ $kg \cdot t_铁^{-1}$	烟尘/ $kg \cdot t_铁^{-1}$	SO_2/ $kg \cdot t_铁^{-1}$	NO_x/ $kg \cdot t_铁^{-1}$	用量/ $kg \cdot t_{DIR}^{-1}$	烟尘/ $kg \cdot t_{DIR}^{-1}$	SO_2/ $kg \cdot t_{DIR}^{-1}$	NO_x/ $kg \cdot t_{DIR}^{-1}$
1	焦化	276	0.070	0.046	0.148				
2	球团	273	0.015	0.038	0.1	816	0.045	0.114	0.349
3	烧结	1 120	0.149	0.178	0.668				
4	高炉	1 000	0.081	0.042	0.187'				
5	竖炉					1 000	0.04		
6	煤气化					628	0.014	0.007	0.031
7	煤气处理						0.000 7	0.002 3	0.000 5
8	$\sum$		0.315	0.304	1.103		0.099 7	0.123 3	0.385

从表中数据可见,煤气化竖炉生产 DRI 过程的累计排污量比传统的铁水生产要小得多。另外,高、焦、烧铁水生产焦化车间还有 H_2S 污染 $0.003\ 3\ kg/t_铁$ 和苯并芘 $6.3 \times 10^{-6}\ kg/t$,这两种污染物在煤气化竖炉生产 DRI 过程基本都是没有的。

分析认为用洁净煤气化技术为基础的竖炉生产 DRI 技术在环保上主要污染物只是传统高炉炼铁法的很少部分,在清洁生产上有明显改变。

2.13.5　CO_2 的回用与减排

笔者还没有见到炼铁 CO_2 排放计算的标准办法,包括炼铁及前工序的复杂性,还无法对不同炼铁办法的 CO_2 排放量做数值对比分析。但可以推断的是能源消耗是碳排放的基础,煤气化竖炉生产 DRI 的能耗比高炉铁水低,这为降低碳排放打下了基础。

这里笔者特别提出的是一种 CO_2 的回用技术。

当 DRI 生产采用真空变压吸附(VPSA)制造部分还原气时,VPSA 将竖炉煤气分成脱碳气和解吸气两部分,成分见表 2.50。脱碳气成分符合还原气要求,加热后供竖炉循环使用。

表 2.50　竖炉煤气脱碳过程

组　分	流量	组分/体积%						
		CO	CO_2	H_2	CH_4	N_2	H_2S	H_2O
竖炉煤气	100%	44.85	32.41	16.75	0.03	0.72	0.0006	5.23
脱碳气	65.5%	67.38	5.13	26.35	0.04	1.1	~0	~0
解吸气	34.5%	6.73	87.59	0.25	~0	0.06	0.0017	5.34

解吸气是一种富集的 CO_2 资源,经压缩脱水以后 CO_2 含量可达 90%。

粉煤气化炉在 4 MPa 压力下运行,粉煤的加入用气力输送的办法。气力输送常用氮气做载体,本方案用解吸气(CO_2)做载体。实验研究证明,用 CO_2 作为载体时,煤气氮含量降低 2%~4%,CO 含时量增加 2% 左右,还原气的有效成分增加 2%~3%,说明已有一部分 CO_2 参加了气化反应。当输入粉煤和灰尘总量约 650 kg/t_{DRI} 时,每生产 1 t 直接还原铁需用解吸气 106.7 m³,含 CO_2 96 m³。相当于 CO_2 回用量 189.8 kg/t_{DRI}。

在一般工业过程中煤气中的 CO_2 最终都是在煤气燃烧过程中进入废气排放到大气中,在煤气化竖炉生产 DRI 过程中实现了部分回收利用。对 150 万 t/a 的 DRI 工厂回用 28.47 万 t/a。在这种规模工厂解吸气的 CO_2 资源最多可超过 150 万 t/a,尚有大量 CO_2 可供钢铁厂高炉喷吹等工艺使用。

2.13.6　投资和成本

笔者曾就一个 150 万 t/a 直接还原铁工厂设计方案做出经济预评价,采用煤气化竖炉生产直接还原铁技术,其工厂组成如图 2.45 所示。

图中炼铁生产的核心设施是竖炉、气化炉、煤气处理和 VPSA 这 4 个部分。与传统高炉、焦炉、烧结组成的炼铁设施相比，上述 4 部分已包括了焦化与高炉的功能。

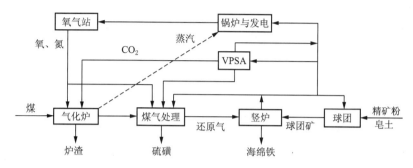

图 2.45　项目车间组成与建设范围

用相同生产能力的高炉加焦化，与上述 4 部分相比，工程所用的钢材、混凝土、耐火材料量煤气化竖炉生产 DRI 设施要小些。吨铁投资指标两者相接近，煤气化生产 DRI 设施甚至稍高。因煤气化竖炉还没有建厂实践，目前还不能完全按工程量来投资估算。

在投资分析中发现，煤造气部分的投资占上述四部投资总和的 45% 左右，比例确实很大，原因是造气炉工作压力高，且每年只能工作时间比竖炉短，与竖炉匹配需要有备用炉。相信这部分投资将会随着国产化的进程和系统工艺流程进一步优化而有所下降。

煤造气竖炉生产 DRI，因系统的能耗不高，能源品种主要用相对价格较低的煤，预测投资效率较高，从笔者做过几个不同建设条件的工程方案看，投资税后的财务收益率在 13%～19% 范围内。

对于投资者来说一次投资是重要因素，投资收益率是更重要的因素。

主要参考文献

[1]　储满生.2007 年世界直接还原铁生产统计.中国金属学会 2008 年非高炉炼铁年会文集.延吉.中国金属学会非高炉炼铁学术委员会.P194～P201

[2]　李士奇.电弧炉炼钢的铁源问题.中国金属学会 2008 年非高炉炼铁年会文.延吉.中国金属学会非高炉炼铁学术委员会.P18～P29

[3]　杨若仪.煤气化竖炉生产直接还原铁在节能降减排和降碳上的优势　2010 年 3 月.

杨若仪　王正宇　金明芳　王　净

2.14 煤气化竖炉生产直接还原铁的开发与展望

我国的钢铁生产受资源和环境压力越来越大,焦煤与矿石的涨价,CO_2排放的限量都在推动钢铁业的结构调整,按发达国家的钢铁发展轨迹,增加电炉钢的比例是必然调整方向。为应顺发展需求,提创非高炉炼铁,适当限制高炉炼铁是重要调整方向。电炉炼钢要发展,对直接还原铁(DRI)的需求会日益增长,开拓与发展适合我国资源条件的 DRI 生产技术是重要课题。几年来包括中冶赛迪在内的不少单位致力于煤气化竖炉生产的技术开发做了一些铺垫性基础工作,并取得不少成果。

2.14.1 开发工作

1. 基础研究

世界上的 DIR 极大部分是用天然气生产的,中国天然气资源相对短缺,用煤造气来制造还原气的成本可以比天然气造气低。用天然气炉顶气转化制造气的还原气的 H_2/CO 为 1.5 左右,水蒸气转化时可达 3,而用煤造气的还原气 H_2/CO 只有 0.38 左右,也就是说以天然气为原料时还原气成分以 H_2 为主,煤造气生产的还原气成分以 CO 为主。以 CO 为主还原气的反应规律开发研究做了大量实验测定。

(1) 不同 H_2/CO 还原气的竖炉还原研究 还原气 H_2/CO 的测定范围 0.15~7。H_2 和 CO 在合适条件下都能将氧化铁还原成海绵铁,但反应的热效应不同,不同温度区间活性不同的结论得到相应的证实。试验就成分变化后所需最少还原气量、还原反应速率和析碳情况做了重点研究。

——还原气量 竖炉还原的还原气用量受煤气成分、矿石品位和 DRI

产品金属化率和含碳量多种因素影响。除满足还原氧化铁、渗碳、析碳等化学反应的需要量外还必须考虑平衡 CO_2 与 H_2O 的需要量,也即必须考虑 CO 和 H_2 的利用率。利用率与 CO 与 H_2 还原反应的平衡常数和还原气组成 (CO/H_2)有关。

实验测定了不同反应温度,不同 CO 浓度时还原情况归纳了最小煤气需要量的实验结果。对 CO 含量 60%左右的煤气还原气成分中 CO 含量提高稍有利于煤气利用率的提高和用气量的减少;反应的温度和压力对用气量的影响很小;当用 CO 对还原气渗碳时 DRI 要得到 1%的含碳量,需消耗 $CO(37.33+18.667)m^3$。实际生产还要考虑竖炉的热量平衡等因素,还原气用量 1 450～1 800 m^3/t_{DRI}。

——反应速率 重点研究当产品金属化率 92%时不同煤气成分所需要的还原时间、还原气 H_2/CO 比对金属化率与反应时间的影响、测定 CO_2 对反应时间的影响。试验建立了竖炉生产海绵铁还原过程动力学模型,可计算不同条件下的气体还原球团矿的反应速率。图 2.46 示出了矿石还原度 $f_s = 0.6$ 时不同 CO 和 H_2 含量煤气还原速率比较值。

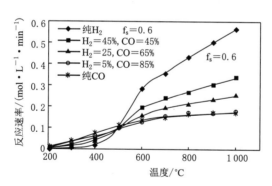

图 2.46 不同 CO 和 H_2 含量煤气还原速率比较

实验测定反应时间达到 5.5 h(含反应炉管升温时间)海绵铁的金属化率均能达到 92%。H_2 含量升高,金属化率相应升高,H_2 含量增加 10%,金属化率约增加 0.27%,但还原气 H_2/CO 比变化对金属化率的影响不是很明显。

——析碳 析碳系指 $CO = CO_2 + C$ 反应的进行。金属铁对析碳有明显的催化作用。实验证明以 CO 为主的还原气在还原时同时发生了析碳,主要发生在 500 ℃左右的区段,CO 含量 60％的还原气的析碳量在 1.7 kg/t$_{DRI}$左右。高温能抑制析碳反应的进行。反应气分中 CO$_2$ 的存在也有抑制析碳反应进行的作用。图 2.47 示出析碳量与还原气氢碳比的关系。

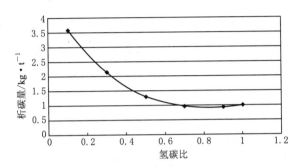

图 2.47　每吨海绵铁析出碳量与还原气氢碳比关系

(2) 渗碳　渗碳系指 3Fe＋2CO══Fe$_3$C＋CO$_2$ 反应的进行,这个反应在竖炉还原段和冷却段都有不同程度的发生。

试验表明用(CO＋H$_2$)含量为 90％左右的还原气还原球团矿时,海绵铁出还原段时的碳含量在 0.6％～1.1％之间。析碳反应对渗碳反应有一定的促进作用,同时也看到还原气 H$_2$/CO ≤ 1 时,H$_2$/CO 比变化对海绵铁碳含量影响较小。反应时间超过 5 h 后,继续延长反应时间对海绵铁的碳含量影响也很小。

因渗碳反应是放热反应,低温有利于反应向渗碳方向移动,DRI 到了冷却段在 550 ℃以上的温度区段渗碳反应还可能进行。当热 DRI 用煤气冷却时 DRI 的含碳量可能增加 0.713％。

(3) 硫的走向　DRI 中的硫来自矿石和还原气,需选用低硫含量的矿石,才能保证海绵铁硫含量不超标。热力学分析还原气中 H$_2$ 的存在有利于矿石脱硫,但煤气化生产的还原气 H$_2$ 含量低,H$_2$S 较高,对还原过程硫的走向进行实验的结果视于图 2.48、图 2.49。

可以看出还原气中 H$_2$S 对海绵铁会有增硫作用,要想控制海绵铁中硫含量低于 0.02％,当还原气的 H$_2$S 在 300 ppm 以上时必须要对还原气进行脱硫处理。

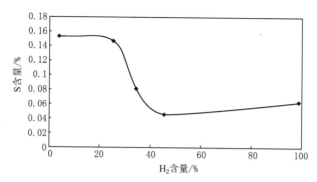

图 2.48 H₂ 含量对海绵铁硫含量的影响(H₂S:1 200)

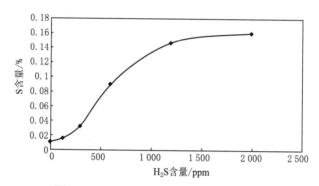

图 2.49 H₂S 含量对海绵铁硫含量的影响

2. 流程与系统开发

（1）流程开发 煤气化竖炉生产直接还原铁流程开发的主导思想是：用洁净高效的煤气化技术和现代化的竖炉生产技术为基础组成新的海绵铁生产流程，将两种成熟技术组合成一种新的生产流程。新流程适合中国资源特点，能利用非炼焦煤的粉煤为燃料，生产过程清洁高效，符合可持续发展的要求。

初步推荐的流程视于图 2.50。流程特点为：

煤气化用干煤粉纯氧气化炉，煤气冷却用废热锅炉，干法除尘，这种气化炉煤种的适应性广，生产的煤气($CO + H_2$)在 90％以上，气化过程的冷煤气效率 80％～82％，热效率 95％以上。液态排渣，煤渣可做建筑材料，煤气在高温气化中产生，煤中的有机物得到彻底分解，无焦油、酚、氰的污染。

采用低压竖炉，原料可为球团与块矿，产品为 50 ℃以下的冷料（需要时也可出热压块或热 DRI 用于电炉热装），竖炉冷却段可用小循环并可掺入部分煤气进行冷却与增碳。

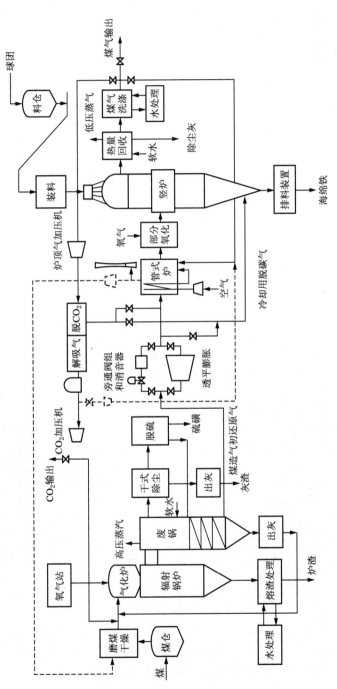

图 2.50 煤气化生产直接还原铁的原则流程之一

竖炉炉顶煤气分 3 部分使用：

——脱 CO_2 后循环使用，可以减少煤造气量；

——做还原气加热炉燃料；

——成品煤气输出，做钢铁厂气体燃料等用途。回用煤气量与输出煤气量可根据使用场合做调整。

炉顶煤气脱碳产生解吸气主要成分是 CO_2，系统考虑用解吸用做煤气化炉的粉煤输送介质，进入气化炉的 CO_2 有部分参加了煤的气化反应，从而得到循环利用，同时降低了系统的 CO_2 排放量。

通常气化炉高压作业，竖炉低压作业，流程中需设置膨胀透平发电（TRT）回收压力能，TRT 在干式条件下工作，煤气要预热提温，设备发电量相当大。

还原气加热采用二步法。

上述流程形成自己的知识产权。

（2）系统计算模型 用理论分析与经验数据相结合方式建立系统各单元的计算模型，按流程组合了各单元之间投入产出的连接，可建立系统的计算模型。用关键参数的变化做系统逼近计算，可对系统的设计与生产参数进行计算和分析。计算模型中还加入了能源价格因素，同时可对主要参数变更对系统能源引起的经济的变更做出评估。图 2.51 为计算的系统示意。

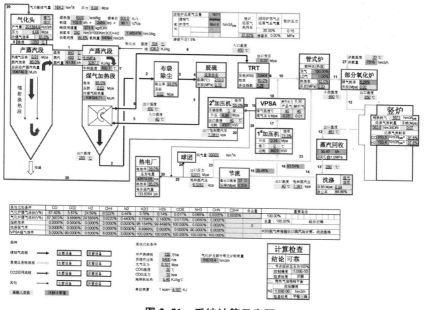

图 2.51　系统计算示意图

（3）主要分析结果—流程参数确定　利用系统计算模型对系统做了大量计算,分析了几个关键因素变更对系统的影响。

——竖炉煤气利用率对系统的影响　竖炉还原气利用率系指竖炉里矿石还原反应消耗掉的$(CO+H_2)$占进入竖炉还原气$(CO+H_2)$总量的比例。利用率是由竖炉的工作条件决定的,包括竖炉反应温度、压力、还原气成分、反应时间、气流分布等条件。竖炉设备设计的重要目标是提高竖炉的煤气利用率。

在竖炉稳定生产的情况下,每吨直接还原铁的$(CO+H_2)$消耗量是一定的,竖炉还原气利用率的提高,意味着供竖炉还原气用量的减少,系统可以减少气化炉的造气量和煤气循环量。同时随着利用率的提高,竖炉顶煤气有贫化趋势,要生产同样数量的脱碳煤气时,VPSA 的原料气量要增加。但总的趋势还是随着利用率的提高全系统用煤、用氧、用电量下降,全系统能源消耗下降,能源成本也随之下降。所以,提高竖炉煤气利用率始终应该是系统设计的追求目标。

图 2.52 显示了煤气率在 35% 左右,分析结果。图中左列纵坐标每吨 DRI 的净能耗,并已折算成标煤。

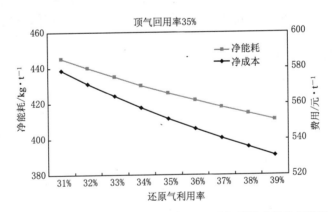

图 2.52　低压竖炉在回用率 35% 情况下煤气利用率的分析结果

——炉顶气回用率的影响　竖炉顶煤气回用率为以竖炉顶煤气为原料的脱 CO_2 系统生产的脱碳气量占竖炉入炉煤气总量的比例。

炉顶煤气回用率的确定要受到加热炉所用燃料量和钢铁厂对炼铁系统煤气需求量的约束。另外还受煤气回用率提高,还要受到还原气成分要变差的约束。在这二个约束允许范围内,系统的回用率还可以有一定的变动范围。

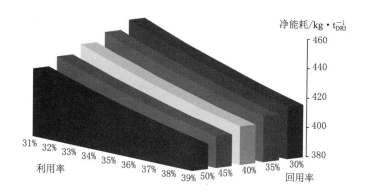

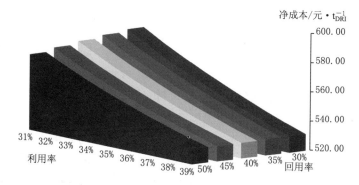

图 2.53　不同煤气利用率条件下煤气回用率对能耗综合和能源成本的影响

　　煤气回用率提高造气炉的负荷可以减少,单位铁产量的用煤量可以减少,但脱 CO_2 装置的用电量迅速增加。结果随煤气回用率提高能耗呈下降趋势,能源费也略有下降,但下降幅度很小,主要是系统用能源结构发生变化,回用率提高后用电多用煤少对经济有负面影响。

　　——竖炉压力的影响　世界上竖炉分为低压和高压二类,代表为 Midrex 和 HYL 工艺,竖炉入口处压力分别约为 0.15 MPa 和 0.55 MPa。工程上竖炉压力是有竖炉的安全性、可靠性、效率和设备制造成本和生产成本诸因素确定。

　　当竖炉压力上升时,TRT 的进出口压力比剧烈变化,TRT 的发电量明显下降,TRT 出口煤气温度提高,可节省管式炉燃气消耗。另一方面,由于竖炉煤气压力的提高,VPSA 入口加压机能耗量大幅度减少,使用电量减少。分析表明提高竖炉压力之后系统的能耗和能源费用均略有下降,影响幅度在 1% 左右。同时看到,当炉顶煤气回用率变小时,竖炉压力变化对经济影响呈变小趋势。

3. 主要设备开发

(1) 竖炉　竖炉技术是成熟的,世界用竖炉生产 DRI 产量已接近 5 800万 t/a,主流方法有米德雷克斯(Midrex)法与希尔(HYL)法两种,从生产能力看 Midrex 的总生产能力远高于 HYL 法。世界上竖炉单炉能力有从 40 万 t/a 到 200 万 t/a 的多档设备。

低压竖炉工作温度和工作压力都比高炉低,竖炉的设备的设计、制造和运行都比高炉容易。竖炉用含尘量很小的煤气还原,系统设有多种温度控制手段,低压竖炉又设置三层松动辊对炉料进行松动同时起到均匀分布炉内气流的作用,世界上运行的竖炉很少有结块堵塞现象。

CISDI 早在 20 世纪 70 年代做过 5 m³ 竖炉的工业试验取得成功,后来又经过引进 150 万 t/座 a COREX 炉的竖炉装置的设计与施工管理。近年来又多次出国考察,学习掌握了国外竖炉的技术资料,正在进行 80~150 万 t/a 的竖炉设备设计。目前,竖炉炉壳、耐火材料砌筑、松动辊、装料与卸料都已经做出设备方案,完全有能力做出国产化的工业竖炉。

(2) 煤气化　煤制气有悠久的发展历史,在化工与发电上得到广泛应用。世界上为适应不同用煤和用气要求,开发的制气的方法烦多。中国是集中世界煤制气方法最多的国家,引进与自己开发了多种煤气化炉,迎来了以煤气化为基础的煤化工行业的大发展。

干煤粉纯氧气化是众多煤气化技术中最适合与竖炉配合生产 DRI 的技术。属于该范围的气化炉有荷兰 Shell 炉,德国 GSP 炉,国内开发的干煤粉炉、二段炉和航天炉等。这种气化炉煤种适应性广,用非炼焦煤粉煤,它生产的煤气($CO + H_2$)含量高竖炉可直接使用。另外它气化效率高,热效率高达 95%,液态排渣,煤渣可利用,清洁生产,称为洁净煤气化技术,符合现代工业可持续发展要求。

20 世纪 90 年代我国化工系统引进了荷兰 Shell(壳牌)技术的 19 个项目 26 台炉子用生产化肥、甲醇、氢气和烯烃,炉子能力 960~2 800 $t_煤$/d,这些项目已大部投产,经过一段摸索甚至挫折,也趋向正常。GSP 炉也在宁夏、内蒙古与安徽的项目中计划采用。与此同时,国内的干煤粉纯氧气化技术也迅速发展,航天炉的工业建设项目已达 10 个,二段炉和干煤粉炉 2 000~3 000 $t_煤$/d 的设备也正在和计划为 IGCC 发电项目所采用,今后国产的煤气化炉,将会慢慢成为国内煤气化炉市场的主流。

我国的能源结构是一个以煤为主的国家,为了减少石油与天然气对国外的依赖国内大力进行大规模能源结构的调整,主要方向是用煤造气来顶替石油与天然气,用煤造气来制造化肥、甲醇、烯烃、乃至天然气和汽油。根据国内煤化工行业著名咨询单位的统计,国家发改委已核准大唐内蒙古赤峰等 4 个项目天然气产能将达 151 亿 m^3/a,2015 年产全国能可达 300 亿 m^3/a,人造天然将计划注入国家天然气干管。另外,煤制乙二醇能力达 400 万 t/a;煤制烯烃产能 158 万 t/a。韩国浦项钢铁公司也在推动一个煤制天然气的工程,将在 Gwangyang 地区建设以煤和/或石油焦生产 7 亿 m^3 合成天然气的装置。以煤气化为基础的煤化工大发展,得益于煤气化技术的发展与成熟,很明显 DRI 生产的($CO+H_2$)应该由煤制气直接制备,而不应用国家天然气管网中的天然气再来分解制备。

化工采用的气化炉煤气冷却多用喷水激冷煤气含水多,而 DRI 生产的还原气要求水含量越少越好,选用废热锅炉冷却比较合适。国内外 IGCC 项目的煤气化炉大都选用废热锅炉流程,国内也已经有此类废热锅炉设备的制造能力。目前,竖炉设计年作业时间 8 000~8 300 h,而气化炉的作业时间最长也只有 7 200 h,所以气化炉要有备用炉。DRI 生产用气化炉的单台生产能力在 1 500 $t_煤$/d 左右。

结合 DRI 使用要求,并从简化流程出发,CISDI 与国内气化炉的研发单位合作对化工采用的气化炉拟作少量修改,可实现不用炉顶调温的外循环冷却系统,废热锅炉采用二段冷却,除产生蒸汽外部分热量用于还原煤气加热,这种设想已经得到国内制造厂的认同。

综上所述可知,干煤粉纯氧气化炉是已经被大量采用的基础技术,今后可立足国内为主设计制造,但需要专业公司承担,国内的不少化工工程公司有这方面的经验和积极性。目前,煤气化单元还有投资比例较高的问题,将会随着建设经验的积累,国产化率的提高,流程的进一步优化而得到局部解决。

(3)脱碳设备 煤气脱 CO_2 设备主要有真空变压吸附(VPSA)和溶剂吸收(如 MDEA)两种办法。VPSA 有流程简单,投资不大,占地较小的优点,也有电耗量大,CO 损失率大(5%~6%)的缺点;而 MDEA 法有 CO 损失率低(1%左右)的优点,有蒸汽用量大(接近脱 1 吨 CO_2 用 1 吨低压蒸汽),设备相对复杂投资较高的缺点。视不同建厂条件两种办法都可以选用,建议优先考虑 VPSA,它在南非 SALDANIHA 钢铁厂竖炉生产中已有长期使用经验。国内大型真空变压吸附装置也有设计、制造和运行的经验,自己有生产分离 CO_2 分子筛的能力。

（4）还原气加热设备　煤气化竖炉生产 DRI 还原气要从常温加热到 850 ℃左右，为避免加热过程中折碳，加热要采用二步法。从常温到 450 ℃采用管式炉，从 450～850 ℃采用氧化炉提温。管式炉气体加热在化工部门经常使用，热效率可达 90% 左右，因加热温度不高，炉管材料要求也不高。氧化加热炉是一个衬耐火材料的部分燃烧炉，氧气烧嘴都有设计制造的经验。

总之，煤气化竖炉生产 DRI 技术是用现在成熟技术集成的办法所形成的一种新的生产门类，技术风险不大。

4. 工程预评价

（1）煤气化竖炉生产 DRI 与高炉铁水的能耗比较　表中高炉各单元能耗指标采用了 2009 年 12 月全国重点大中型钢铁企业统计平均值。计算煤气化竖炉生产 DRI 的能耗为 444.69 kg_{ec}/t_{DRI}，当原料用 50% 球团和 50% 块矿时能耗为 424.36 kg_{ec}/t_{DRI}，都比高炉铁水少。

表 2.51　DRI 生产过程与高、焦、烧过程的能耗比较

序	名称	单位能耗		计算量					
		单位	数值	高、焦、煤炼铁过程			煤气化竖炉生产 DRI		
				吨铁用量	折标煤	比例	吨铁用量	折标煤	比例
1	球团	kg_{ec}/t	29.96	0.24 t	7.19 kg	1.36%	1.36 t	40.75 kg	%
2	烧结	kg_{ec}/t	54.96	1.28 t	70.35 kg	13.34%			
3	焦化	kg_{ec}/t	112.28	0.35 t	39.30 kg	7.45%			
4	高炉	kg_{ec}/t	410.65		410.65 kg	77.85%			
5	DRI 工艺	kg_{ec}/t	403.94				1 t	403.94 kg	94.29%
	能耗	kg_{ec}/t	0.136	1 t	527.48 kg	100%		444.69 kg	100%

（2）投资分析　高炉铁水生产系统应包括原料场、焦化、烧结、高炉炼铁、公辅设施等，系统还需购入少量球团矿。DRI 生产系统应包括原料场、球团、煤气化、竖炉、煤气处理和公辅设施。对二种系统相同生产能力（如150 万 $t_{铁}$/a）的设施进行单元工程量和投资分析有如下值得注意的意见。

原料场：高炉系统处理的品种主要有：矿粉、块矿、球团矿、洗精煤、喷吹煤、动力煤、焦炭、石灰石、白云石、硅石等熔剂，品种多，每吨铁的原料处理量接近 2.2 $t_{原料}/t_{铁}$。DRI 系统处理的品种主要有：矿粉、块矿、气化用煤、

皂土等,处理品种少,每吨铁的原料处理量接近 2.0 $t_{原料}/t_{铁}$。原料场的投资 DRI 生产系统要小得多。

烧结与球团:高炉系统所配烧结和 DRI 系统所配球团的投资相差不多,当 DRI 生产系统用 100% 球团矿为原料时,DRI 系统球团投资可能略高于烧结,但当 DRI 生产系统使用部分块矿时球团投资低于烧结。

焦化与煤气化:当焦化投资包含化产回收的投资时,焦化投资与 DRI 生产系统的煤气化系统投资相仿。

高炉、竖炉和煤气处理:相同铁产量的高炉和竖炉相比,竖炉系统因没有高炉鼓风站、没有热风炉系统、没有出铁场、没有水渣处理、炉体主框架也比高炉框架小,使竖炉 DRI 生产系统的建筑材料(钢材、混凝土、木材)和运转设备使用量都比高炉系统小得多,竖炉系统的投资只有高炉系统的一半左右。但另一方面,DRI 系统的煤气处理系统有脱硫、脱碳和还原气加热设施是高炉系统没有的,这部分投资接近高炉鼓风站、热风炉、出铁场、水渣处理等的投资。而煤气清洗和 TRT 是二者都有的,竖炉系统 TRT 投资略高于高炉系统。总的比较高炉系统和竖炉加煤气处理系统投资相当。

公辅系统:高炉系统的投资略高于竖炉系统。

分析结论是相同铁产量和煤气化竖炉生产 DRI 总投资,低于高炉铁水生产系统。

(3)成本没测算　150 万 t/a 规模铁水和直接还原铁工厂当球团矿、烧结矿和焦炭均按直接购入计算时,按 2011 年初的市场价,产品成本分析结果示于表 2.52。

表 2.52　煤气化竖炉生产 DRI 和高炉铁水的成本分析

项　　目	高　炉			煤气化竖炉		
	消耗 /单位·t^{-1}	单价 /元·单位$^{-1}$	金额 /元 $t_{铁}^{-1}$	消耗/单位 /$t_{铁}^{-1}$	单价/元 ·单位$^{-1}$	金额 /元 $t_{铁}^{-1}$
1. 原料						
球团矿/t·t^{-1}	0.348	1 358.37	473	0.69	1 460	1 007.4
块矿/t·t^{-1}	0.175	860.82	151	0.69	960	662.4
烧结矿/t·t^{-1}	1.289	959.53	1 237			
回收:水渣/t·t^{-1}	−0.353	59.83	−21.119 99			

（续表）

项　目	高　炉			煤气化竖炉		
	消耗/单位·t^{-1}	单价/元·单位$^{-1}$	金额/元 t$_{铁}^{-1}$	消耗/单位·t$_{铁}^{-1}$	单价/元·单位$^{-1}$	金额/元 t$_{铁}^{-1}$
煤气灰泥/t·t^{-1}	−0.020	60	−1.2	−0.01	60	−0.6
烧结矿粉/t·t^{-1}	−0.155	500	−77.5			
2. 辅助材料						
石灰石/t·t^{-1}	0.005	87	0.435			
炮泥/t·t^{-1}	0.000 3	2 754	0.826 2			
沟泥/t·t^{-1}	0.001	3 500	3.5			
其他/t·t^{-1}			1.384			
3. 燃料及动力						
焦炭/t·t^{-1}	0.348	1 917	667.116			
喷吹煤/t·t^{-1}	0.180	825	148.5			
造气用动力煤/t·t^{-1}				0.615 28	800	492.224
原料煤气/t			0			
电/kW·h·t^{-1}	130	0.66	85.8	180.81	0.66	119.334 6
高炉煤气/m^3	676	0.08	54.08			
焦炉煤气/m^3	30.319	0.46	13.946 74			
氧气/m^3	46.515	0.36	16.745 4	349	0.41	143.09
氮气/m^3	23.333	0.16	3.733 28	81.288	0.16	13.006 08
补充新水/m^3	0.59	3	1.77	1.367 2	3	4.101 6
补充软水/m^3	0.012	4.5	0.054	0.276	4.5	1.242
补充回水/m^3	0.455	0.96	0.437			
蒸汽/kg·t^{-1}	62	90	5.58			
压缩空气或CO$_2$/	32.2	0.05	1.61	101	0.1	10.1
其他/			2			3
4. 回收						
煤气/m^3·t^{-1}	−1 649.667	0.08	−131.973 4	−533.538	0.22	−117.378 4
粉焦/kg·t^{-1}	−28	1 237.5	−34.65			

（续表）

项　目	高　炉			煤气化竖炉			
	消耗/单位·t^{-1}	单价/元·单位$^{-1}$	金额/元 t$_{铁}^{-1}$	消耗/单位·t$_{铁}$	单价/元·单位$^{-1}$	金额/元 t$_{铁}^{-1}$	
电/kW·h·t^{-1}	−48	0.61	−29.28	−118.656	0.61	−72.380 16	
中压蒸汽/kg·t^{-1}				−357.47	0.12	−42.896 4	
低压蒸汽/kg·t^{-1}				−41.33	0.09	−3.719 7	
5. 辅助材料							
脱硫剂、催化剂						7	
耐火材料						9	
6. 工资及福利		3 500 元/人	8.931			8.037 9	
7. 制造费用						0	
折旧费			28.359			28.359	
修理费			12.963			10.370 4	
其他制造费用			10.331			10.331	
8. 制造成本			2 633.38			2 292.022	

当竖炉 50% 球团、50% 块矿生产 DRI 时,按当前的物料价格分析,DRI 的成本约为 2 292.02 元/t,可比高炉铁水低 341.78 元/t。当原料球团量提高时,DRI 成本要升高,当 DRI 生产企业自建球团厂时,DRI 的生产优势会扩大。

（4）环保

——与高炉铁水生产系统的排放量比较　用国内最先进的大高炉环保设计指标和煤气化竖炉生产 DRI 设计计算指标比较,结果示于表 2.53。

表 2.53　污染物排放量比较表

序	车间	高、焦、烧炼铁				煤气化竖炉生产 DRI			
		用量/kg·t$_{铁}^{-1}$	烟尘/kg·t$_{铁}^{-1}$	SO$_2$/kg·t$_{铁}^{-1}$	NO$_x$/kg·t$_{铁}^{-1}$	用量/kg·t$_{DRI}^{-1}$	烟尘/kg·t$_{DRI}^{-1}$	SO$_2$/kg·t$_{DRI}^{-1}$	NO$_x$/kg·t$_{DRI}^{-1}$
1	焦化	276	0.070	0.046	0.148				
2	球团	273	0.015	0.038	0.1	816	0.045	0.114	0.349
3	烧结	1 120	0.149	0.178	0.668				

（续表）

序	车间	高、焦、烧炼铁				煤气化竖炉生产 DRI			
		用量/ $kg \cdot t_{铁}^{-1}$	烟尘/ $kg \cdot t_{铁}^{-1}$	SO_2/ $kg \cdot t_{铁}^{-1}$	NO_x/ $kg \cdot t_{铁}^{-1}$	用量/ $kg \cdot t_{DRI}^{-1}$	烟尘/ $kg \cdot t_{DRI}^{-1}$	SO_2/ $kg \cdot t_{DRI}^{-1}$	NO_x/ $kg \cdot t_{DRI}^{-1}$
4	高炉	1 000	0.081	0.042	0.187′				
5	竖炉					1 000	0.04		
6	煤气化					628	0.014	0.007	0.031
7	煤气处理						0.000 7	0.002 3	0.000 5
8	Σ		0.315	0.304	1.103		0.099 7	0.123 3	0.385

　　从表中数据可见,煤气化竖炉生产 DRI 过程的累计排污量比传统的铁水生产要小得多。另外,高、焦、烧铁水生产焦化车间还有 H_2S 污染0.003 3 kg/t_{Fe} 和苯并芘 6.3×10^{-6} kg/t,这两种污染物在煤气化竖炉生产 DRI 过程基本都是没有的。

　　——CO_2 的回用与减排　能源消耗是碳排放的基础,煤气化竖炉生产 DRI 的能耗比高炉铁水低,这为降低碳排放打下了基础。

　　这里笔者特别提出的是一种 CO_2 的回用技术。

　　当 DRI 生产采用真空变压吸附（VPSA）制造部分还原气时,VPSA 将竖炉煤气分成脱碳气和解吸气两部分,解吸气成分见如下。

组分	CO	CO_2	H_2	CH_4	N_2	H_2S	H_2O
解吸气	6.73	87.59	0.25	∼0	0.06	0.001 7	5.34

　　解吸气是一种富集的 CO_2 资源,经压缩脱水以后 CO_2 含量可达 90％。

　　粉煤气化炉在 4 MPa 压力下运行,粉煤的加入用气力输送的办法。气力输送常用氮气做载体,本方案用解吸气（CO_2）做载体。实验研究证明,用 CO_2 作为载体时,煤气氮含量降低 2％～4％,CO 含量增加 2％左右,还原气的有效成分增加 2％～3％,说明已有一部分 CO_2 参加了气化反应。当输入粉煤和灰尘总量约 650 kg/t_{DRI} 时,每生产 1 t 直接还原铁需用解吸气 106.7 m^3,含 CO_2 96 m^3。相当于 CO_2 回用量 189.8 kg/t_{DRI}。

　　在一般工业过程中煤气中的 CO_2 最终都是在煤气燃烧过程中进入废气排放到大气中,在煤气化竖炉生产 DRI 过程中实现了部分回收利用。对 150 万 t/a 的 DRI 工厂回用 28.47 万 t/a。在这种规模工厂解吸气的 CO_2 资源最多可超过 150 万 t/a,尚有大量 CO_2 可供钢铁厂高炉喷吹等工艺使用。

2.14.2　展望

煤气化竖炉生产直接还原铁流程设备是用现有成熟工艺设备组合而成,目前就直接工业化是可能的。这个工业系统要建设起来,并力求完善还有很多工作要做,今后还应不断扩展视野,注意相关技术的最新进展,使体系不断完整工艺技术进一步优化。这种情况,若能建设示范装置进行试验和培训会更加稳健。

竖炉内 DRI 离开还原段温度在 850 ℃左右,直接还原铁的热量利用有很大潜力,这方面要注意二个方向:①热出料和电炉热装。开发自己 650 ℃左右的热压块设备,生产 HBI 产品,扩大产品的外运安全性和产品的使用价值。比较各种电炉热装技术应用技术,在气力输送、链带输送、罐式输送上进行开发和比较,努力提高电炉热装温度降低电炉耗电量。②炉内利用。进一步研究竖炉冷却段的增碳和冷却机制,试验用煤气通入竖炉冷却段将 DRI 热量带入还原段,并增加 DRI 的含碳量。

目前煤气化技术也处在快速发展期,新、老气化技术在不断的发生与变化,业内人士在煤气化竖炉生产 DRI 系统选用什么样的气化炉上有不同的看法。这方面,笔者认为洁净与高效是时代的要求。在此基础上要优先适应劣质煤和低成本的气化方法,并可特别注意 IGCC 的技术进展,今后 IGCC 在废热锅炉、高温脱硫、干式除尘上的进展都有可以优化流程。在考察与选择煤气化方法时还一定要与海绵铁生产流程联系起来,包括对现有煤气化系统做少量变更,只有全系统优化了才是真正适合竖炉生产 DRI 用的煤气化方法。

煤气脱 CO_2 对 DRI 系统也很重要,要注意这个领域的技术进展,详细比较物理法和化学法的适合场合,与化工部门一起研究提高 VPSA 的分子筛分离性能,提高 CO 回收率。

我国搞直接还原铁的企业已经不少,但方法以回转窑、隧道窑为主,而且产量都小,竖炉生产直接还原铁大工业设备还没有。目前世界直接还原铁的产量约占全球铁产量的 7.5% 左右,我国在这个领域显得特别落后。煤气化竖炉生产直接还原铁的方法从资源和方法上都为大规模生产直接还原铁打下了基础,随着我国钢铁业结构调整的深入推进,电炉炼钢比例的不断提高,煤气化竖炉生产直接还原铁工业会有自己应有的一份发展空间。

主要参考文献

　　[1]　方觉等.非高炉炼铁工艺与理论[M].第二版.北京:冶金工业出版社,2010.

　　[2]　于遵宏,王辅臣.煤炭气化技术[M].北京:化学工业出版社,2010.

　　[3]　那树人.炼铁计算[M].北京:冶金工业出版社,2007.

　　[4]　中国石化集团上海工程有限公司.化工工艺设计手册[M].第四版.北京:化学工业出版社,2010.

　　[5]　杨若仪.煤气化生产海绵铁的流程探讨[J].钢铁技术,2008.

　　[6]　李士奇.电弧炉炼钢的铁源问题[C].中国金属学会 2008 年非高炉炼铁年会文集.延吉.中国金属学会非高炉炼铁学术委员会.2008.P18~P29

　　[7]　周渝生.非高炉炼铁的发展方向和策略[C].中国金属学会 2008 年非高炉炼铁年会文集.延吉.中国金属学会非高炉炼铁学术委员会.2008.P7~P17

　　[8]　杨若仪,王正宇,金明芳.煤气化竖炉生产直接还原铁在节能减排与低碳上的优势[C].世界金属导报,2010-10-26.

　　[9]　杨若仪,王正宇,金明芳等.发展我国直接还原铁的几点看法[J].世界金属导报,2010-4-27.

　　[10]　赵庆杰,储满生,王治卿等.我国非高炉炼铁发展热潮浅析[C],中国金属学会 2008 年非高炉炼铁年会文集.延吉.中国金属学会非高炉炼铁学术委员会.2008.P1~P6

杨若仪

2.15　焦炉煤气制直接还原铁的方法研究

国外直接还原铁(DRI 或 HBI)多用天然气(NG)生产,中国天然气资源相对贫乏,可采用资源多元化配置的策略制造还原气。中国煤炭资源相对丰富,煤造气竖炉生产 DRI 应该是今后 DRI 的主流技术。国内焦炉煤气(COG)的资源不太多,但有些单独的炼焦厂有剩余的焦炉煤气,或钢铁联合企业节省下来的焦炉煤气用来生产 DRI 也是一条有效的途径,从全国看数量也相当可观,并且它在投资、能耗和经济效益方面比 NG 制 DRI 更有优势。

2.15.1　用焦炉煤气生产直接还原铁的节能基础

考虑到竖炉用矿品位与 DRI 金属化率和含碳量的不同,每生产 1 吨 DRI 或热压块(HBI)化学反应平衡的净消耗($H_2 + CO$)约 $520 \sim 580$ m³,另外还可能有少量的 CH_4 直接参加渗碳。这些消耗的($H_2 + CO$)主要是从原料气中的 CH_4 和其他碳氢化合物分解而来。CH_4 用 H_2O 和 CO_2 分解的反应式和热效应如下:

$$CH_4 + H_2O = CO + 3H_2 - 206 \text{ kJ/mol}$$
$$CH_4 + CO_2 = 2CO + 2H_2 - 247 \text{ kJ/mol}$$

上述反应都是强烈的吸热反应。工业上是用炉顶气回用提供反应需要的 CO_2 和 H_2O。炉顶气经过除尘和冷却脱水以后水蒸气含量有限,所以炉顶气转化的氧化剂主要是 CO_2。炉顶气转化过程 CH_4 分解的综合热效应约是 $230 \sim 240$ kJ/mol。表 2.54 列出了典型焦炉煤气和天然气成分和用炉顶气转换的还原气成分。

表 2.54   COG 和 NG 的典型成分和还原气成分   体积%

组　　分	CO	CO_2	H_2	CH_4	C_nH_m	N_2	H_2O	CO/H_2	热值
COG 成分	6	2.9	59	25.5	2.2	4.4			4 199
COG 转化的还原气成分	29.27	4.63	60.04	1.15		3.97	0.98	0.487 5	
NG 成分	0.1	0.1	0.1	97	0.5	2.2			8 439
NG 转化的还原气成分	38.90	0.45	57.41	2.03		0.92	0.28	0.677	

从表中数据可见,COG 有 59% 现成的 H_2 含量,可不用转化只需加热直接做竖炉的还原剂,而从 NG 要获得(H_2＋CO)都需转化产生。计算表明用 COG 做原料时因大量 H_2 的直接带入,每吨 DRI 转化炉的有效热负荷可减少 22% 左右。

从表中的还原气成分也可见,两种不同原料生产的还原气 CO/H_2 分别为 0.487 5 和 0.677,用 COG 为原料的还原气含 H_2 量比例比用 NG 生产的还原气要高些。从原料的 C/H 比分析两者 CO/H_2 的差别还应更大一些,但由于两种方法炉顶气含水量的不同,使 NG 转化 H_2O 转化率的比例有所提高,使这种差别有所缩减。由于原料的原因还原气含 H_2 增加,也有利于系统的节能。

因原料气转化用热量的减少,也有利于系统 CO_2 排放量的减少。

2.15.2   炉顶气转化与部分氧化的流程比较

COG 生产 DRI 的方法,业内人士会想到采用 HYL-ZR 方法,这种办法的流程示于图 2.54。方法的特点是还原气竖炉自重整,CH_4 的重整反应在竖炉还原段下层在海绵铁催化下进行,在流程中的加热炉不需要转化功能。当产品对含硫要求不高时 COG 也不一定需要脱硫。竖炉自重整的反应原理示于图 2.55,在竖炉内除完成还原反应外也同时进行炉内重整和渗碳反应。

必须指出竖炉内重整反应所消耗的 CO_2 和 H_2O,并不来自竖炉还原段还原反应产生的 CO_2 和 H_2O,也不可能来自矿石中的氧,而是还原气入竖炉前加入 O_2 燃烧产生的,也有少量回用的脱碳煤气带入的未脱净的 CO_2 或者对煤气进行加湿(H_2O)处理。所以,就 CH_4 分解来说所用氧元素的根

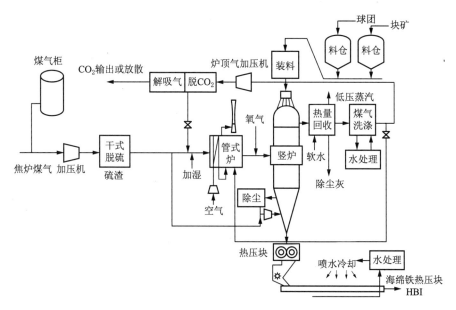

图 2.54　焦炉煤气生产直接还原铁工艺流程图(自重整方案)

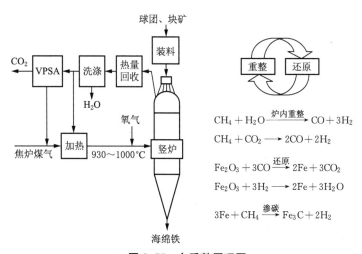

图 2.55　自重整原理图

源是炉前吹入了氧气,从吹入氧气到自重整完成的反应历程的结果与 CH_4 部分氧化反应的结果基本一致。其反应式可归结为 $2CH_4 + O_2 \longrightarrow 2CO + 4H_2 + 71.8 \ kJ/mol$,它是一个轻放热反应。当用炉顶气做加热炉燃料时,用 COG 为原料需氧气量接近 $75 \ m^3/t_{DRI}$,用 NG 为原料时有用氧量接近 $130 \ m^3/t_{DRI}$。

自重整对 CH₄ 分解来说接近部分氧化,为了利用炉顶气中的(CO+
H₂)需用真空变压吸附法(VPSA)脱除炉顶气中的 CO₂,脱碳煤气在煤气加
热炉前与焦炉煤气混合供竖炉循环使用。VPSA 产生的解吸气,主要成分
是 CO₂,可供高炉喷吹做输送介质,或可放散。经湿法除尘后的竖炉煤气分
两部分使用,一部分去脱碳回用,另一部分做加热炉燃料,燃料气也带走了
系统中积累的惰性气体。这种流程竖炉操作压力为 0.5～0.6 MPa。

图 2.56 示出了 COG 炉顶气转化的流程图,流程要点与国际大量采用
的 NG 炉顶气转化流程相同,并采用低压竖炉。焦煤气加压至 0.2 MPa 并
经干法脱硫,脱硫后的焦炉煤气预热后掺入循环炉顶气。焦炉煤气重整也
需要低水碳比的催化剂以确保还原气的成分和 CH₄ 的转化率。在重整炉
内除完成碳氢化合物分解外,还将还原气加热到 850 ℃以上。由于 COG
含 H₂ 低压和高 CO₂ 有利于 CH₄ 转化。热还原气导入竖炉并将氧化球团
转化成 DRI。出竖炉煤气已含有大量 CO₂ 和水蒸气,经回收热量和湿法除
尘,失去大部分水汽后分成两部分输出:一部分做转化炉燃料并带出循环累
积的惰性气体,另一部分经加压作为循环气体进入转化炉。

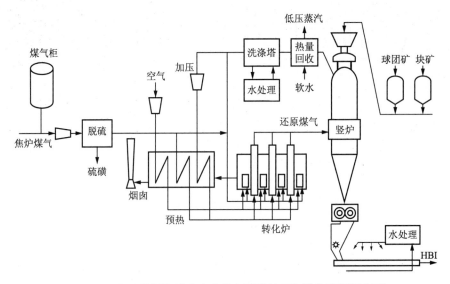

图 2.56　焦炉煤气竖炉生产直接还原铁炉顶气转化流程概念图

为了控制还原气温度,COG 炉顶气转化流程在还原气进入竖炉前也可
吹入少量氧气,适当提高还原气温度有利于提高竖炉生产能力。

比较上述两种生产方法,自重整的办法转化炉的投资可以节省,但增加了过程的氧气消耗,并且也增加了炉顶气 VPSA 设施,产生了 CO_2 的排放。炉顶气循环的流程,转化炉的投资加大,炉顶气中大量 CO_2 用于 COG 转化,而且不用设 VPSA 处理装置,大部分 CO_2 实现工艺回用减少排放量。

比较两个系统的用电量:自重整流程需将 COG 加压到 0.6 MPa 以上,顶气转化流程只需加压 0.2 MPa。两种系统都有炉顶气加压机,炉顶气转化流程的加压气量和升压值都比自重整流程少。炉顶气转化流程的用电比自重整流程少。

要实施 COG 炉顶气转化流程主要技术难点是要使用低水碳比的 CH_4 转化的催化剂,而这种催化剂已在国外 NG 生产海绵铁的工厂中被大量使用。

2.15.3　几种流程的主要计算指标

笔者对①COG 自重整流程,②COG 炉顶气转化流程,③NG 炉顶气转化流程,3 种流程做系统平差计算,并得出系统的主要评价指标。其中 NG 炉顶气转化流程是世界上大量采用的成熟流程,计算结果与国外生产装置的考察结果基本一致,此处作为一种分析对比的流程。

当 DRI 金属化率 $> 92\%$,DRI 含碳量约 2%,还原气($CO + H_2$)含量范围 $89\% \sim 96\%$,还原气入炉温度 850 ℃,竖炉煤气利用率 $34\% \sim 39\%$,CH_4 转化率 95%,转化炉热效率 90%。COG 自重整流程 VPSA 采作国产分子筛的分离参数。用这些条件做系统平衡计算,3 种系统的主要指标示于表 2.55。

表 2.55　3 种生产系统的主要指标

序号	项　　目	COG 自重整流程	COG 顶气转化流程	NG 顶气转化流程
1	海绵铁/t	1	1	1
2	球团矿/t	1.4	1.4	1.4
3	原料煤气/$m^3 t_{DRI}^{-1}$	533.4	513.8	260.6
4	原料气热量/ $10^6 \times 4.18$ kJt_{DRI}^{-1}	2.239 7	2.157 5	2.191 9
5	氧气/$m^3 t_{DRI}^{-1}$	76.33		

序号	项　　目	COG自重整流程	COG顶气转化流程	NG顶气转化流程
6	还原气量/$m^3 t_{DRI}^{-1}$	1 700	1 750	1 750
7	还原气($CO+H_2$)/	91.53%	89.27%	96.31%
8	煤气利用率/	37.26%	37.12%	34.41%
9	炉顶气回用量/$m^3 t_{DRI}^{-1}$	871.4	953.3	1 001
10	加热炉燃料气量/$m^3 t_{DRI}^{-1}$	255.5	460	555
11	加热炉热负荷/$10^6 \times 4.18 kJt_{DRI}^{-1}$	0.491 3	0.833 3	1.072 9
12	氮气/$m^3 t_{DRI}^{-1}$	80	80	80
13	电/$m^3 t_{DRI}^{-1}$	155.9	143.17	133
14	新水/$m^3 t_{DRI}^{-1}$	0.5	0.5	0.5
15	脱CO_2过程解吸气量/$m^3 t_{DRI}^{-1}$	148.7		
16	CO_2排放/kgt_{DRI}^{-1}	467.72	378.74	482

系统用氧气对自重整过程是必须的,对炉外转化流程不是必需的。

COG炉顶气转化流程由于转化炉加热炉负荷小燃料煤气量少,回用煤气量多,加上COG的惰性成分(N_2+Ar)含量相对高,使还原气的成分差,煤气中有效成分利用率较高。与此相反,NG炉顶气转化流程转化炉加热负荷大燃料煤气量多,返回煤气量少,天然气的惰性气体含量低,使还原气的成分很好。NG炉顶气转化流程,返回的炉顶气饱和水体积含量要高达10%左右(饱和温度约49 ℃),否则返回炉顶气不足以提供转化所需要的(CO_2+H_2O)。

2.15.4　工程实施因素

1. 技术成熟程度

上述3种流程的主要工业设备是竖炉、转化炉和炉顶煤气脱CO_2设备,这些单元的工艺技术都是成熟的,国内外都有大量的工业设备在正常运转。就竖炉来说,世界用竖炉生产DRI与HBI产量已接近6 000万 t/a,主流方法有米德雷克斯(Midrex)法与希尔(HYL)法两种,从生产能力看

Midrex 的总生产能力远高于 HYL 法。世界上竖炉单炉能力有从 40 万 t/a 到 200 万 t/a 的多档设备。低压竖炉工作温度和工作压力都比高炉低,设备的设计、制造和运行都比高炉容易。竖炉用清洁煤气还原,系统设有多种温度控制手段,低压竖炉又有三层松动辊对炉料起松动和均匀分配气流的作用,世界上运行的竖炉很少有结块堵塞现象。中冶赛迪工程技术股份有限公司(CISDI)早在 20 世纪 70 年代做过 5 m³ 竖炉的工业试验取得成功,后来又经过引进 150 万 t/座 a COREX 炉的竖炉装置的设计与施工管理,近年来又多次出国考察,有把握做出国产的竖炉设计。CH_4 转化炉(管式炉)和炉顶气脱 CO_2 设备,都是化学工业的常用设备,在合成氨等工业已有大量使用,国内有不少化工工程公司都有能力承担设计与组织设备供货。低碳氢比的催化剂国内也有研制单位或可考虑引进。国内大型真空变压吸附装置也有设计、制造和运行的经验,自己有分子筛的生产能力。而且煤气脱 CO_2 工艺还可以有多种方法可选,除 VPSA 外也可采用溶剂吸收的方法。

2. 投资

与相同铁产量的高炉炼铁相比较,竖炉系统因没有高炉鼓风站、没有出铁场、没有水渣处理,没有热风炉系统,炉体主框架也比高炉框架小,水处理系统也小等,使竖炉 DRI 生产系统的建筑材料(钢材、混凝土、木材)和运转设备使用量都比高炉系统小得多,这是决定投资大小的基础。决定投资的另一个重要因素的引进技术与引进设备的比例。从生产单元的技术成熟程度分析也可以看出,COG 生产 DRI 的工业设备有信心立足国内设计制造,只考虑关键材料引进。初步估算对 150 万 t/a 认为 COG 生产 DRI 系统的吨铁投资比高炉系统降低 20% 是可能的,而炉顶气转化流程的总投资可略低于自重整流程。

3. 制造成本

当竖炉完全用球团矿生产 DRI 时(实际上可掺入价格较低的块矿),球团矿取价 1 150 元/t,COG 取价 0.8 元/m³,电价 0.59 元/kWh,氧气价格 0.41 元/m³ 时。对 COG 制 DRI 的两个流程做成本分析,初算得 COG 自重整方案 DRI 的制造成本约为 2 378 元/t,COG 炉顶气转化流程生产成本 2 327 元/t,比自重整流程降低 51 元/t。从长远分析 CO_2 排放迟早会加收 CO_2 排放税,若加入这一因素成本差距还将进一步扩大。

2.15.5 小结

(1) 用 COG 为原料生产 DRI 重整的热负荷少,有比天然气生产 DRI 节能基础。

(2) 自重整本质是部分氧化法生产还原气,流程有重整设备投资少与 DRI 含碳量比较高的优点,但带来了用氧增加,增加炉顶气脱碳设备和增加 CO_2 排放的问题。

(3) COG 炉顶气转化流程炉顶气 CO_2 部分回用,相对能耗低,CO_2 排放少,转化炉投资虽比自重整流程大但系统没有 VPSA 设备系统总投资并不比自重整流程高。

(4) 上述系统可基本立足国内建设。

主要参考文献

[1] 方觉. 非高炉炼铁工艺与理论[M]. 第二版. 北京:冶金工业出版社,2010.

[2] 陈茂熙,彭华国. 直接还原竖炉还原气分析[J]. 维普资讯.

[3] Ipablo E·Duarte.《HYL-ZR 工艺采用焦炉煤气生产直接还原铁 DRI. (交流资料)

[4] 赵宗波,应自伟,许力贤. 焦炉煤气竖炉法生产直接还原铁的煤气用量探讨[J]. 材料与冶金学报,2010,9(2).

[5] 胡嘉龙,赵纪伟. 利用焦炉煤气资源 发展直接还原铁工业[J]. 煤化工,2003,6(109).

[6] 王太炎. 利用焦炉煤气采用 HYL-ZR 技术生产直接还原铁打造中国式钢铁冶金短流程. 中国钢铁企业网 2007-7-10.

[7] 苏亚杰. 焦炉煤气生产直接还原铁试验与研究进展[J]. 煤化工,2006,2(123).

杨若仪　王正宇　金明芳

2.16　焦炉煤气制直接还原铁与制甲醇的分析比较

目前我国可利用的焦炉煤气(COG)资源(扣除已利用部分)约有 200 亿～260 亿 m³/a,主要是独立炼焦厂未被利用的 COG,钢铁联合企业的 COG 大部分当成气体燃料烧掉了,未被利用的资源不多。随着钢铁厂节能技术的发展,加热炉用经过预热的低热值煤气可替代 COG,也给 COG 更合理利用腾出了空间。其中,COG 更有价值的方向是生产直接还原铁(DRI)或生产甲醇。我国用独立炼焦炉产 COG 制甲醇已建有十几个项目,规模一般为 10 万 t/年和 20 万 t/年,用钢铁厂 COG 生产甲醇的有天津荣程、四川达州等几家。而用 COG 制 DRI 的课题虽然已有研究,但还没有投入工业化生产。今后钢铁企业有富余 COG 可生产 DRI,也可生产甲醇,做什么更合适一些,是本文想研究的问题。

2.16.1　两个产品与后续产品市场前景

1. DRI 的市场分析与后续产品

DRI 是一种纯净的固体含铁料,它是电炉炼钢的重要原料,在电炉炼钢中用量可多可少,它既可以是废钢炼钢有害元素的稀释剂,成为电炉生产优质钢的重要原料,也可以完全作为废钢代用品。

目前全世界 DRI 产量接近 7 000 万吨,占世界铁产量的 6%～7%,我国直接还原铁总产量不到 100 万吨,占我国铁总产量 0.25% 以下,说明我国在直接还原铁生产上与世界的差距特别大,中国的电炉除废钢外大量使用铁水。

DRI 的后续产品是电炉钢,我国电炉钢占钢产量的比例小于 11%,全球是 30% 左右,美国高达 50%。钢坯生产的用铁水比例我国为 90% 左右,发达国家只有 44%,我国电炉钢的比例明显偏低,铁水用量明显偏大。铁水生产是钢铁工业产业链中一次资源和能源消耗最多的工序,也是污染最大的工序。用大量铁水生产粗钢的办法必然会随着资源与环境两个因素的变化而改变。从发达国家钢铁业的发展轨迹看出,我国的电炉钢的比例会随着我国废钢积累的增加而增加,也会随合金钢使用比例的增加而得到适当发展,DRI 的市场也会越来越扩大。

目前我国电炉钢产量约为 6 500 万 t 左右,按我国电炉炼钢使用直接还原铁 15%～20%估算,每年 DRI 需求量在 1 000 万 t 左右。2009 年 1 月～5 月份累计进口 DRI 59.8 万 t,预计今年全年进口量将在 100 万 t 左右。

我国 DRI 产业发展滞后的主要原因是受资源和技术两方面的约束。资源约束主要是缺少高品位精矿粉和缺少天然气。技术方面的约束主要是对非天然气为原料竖炉生产海绵铁的方法还没有成熟经验。

从能耗看,DRI 能耗比高炉铁水低,海绵铁又能促进电炉炼钢短流程的发展,电炉短流程生产钢铁与高炉铁水、转炉炼钢长流程相比一次资源(矿石、熔剂、煤炭)消耗少,能耗低。从环保看,DRI 生产没有烧结、高炉热风炉、出铁场设施,没有这些设施对环境的污染,煤气竖炉也是一种比高炉生产铁水更清洁的方法。这些因素都说明发展 DRI 比传统高炉铁水生产更有利于可持续发展。为此,我国钢铁业技术发展鼓励非高炉炼铁技术,限制高炉发展。上述各种迹象判断我国的 DRI 市场,将会持续稳步扩大。

从世界范围看 DRI 价格一直与优质废钢相仿,价格比较稳定,而且随国际铁矿价格的提高而在节节高升。

2. 甲醇的市场分析与后续产品

甲醇是重要基本有机化工原料,发达国家甲醇产量居有机化工原料第四位,仅次于乙烯、丙烯和苯。中国甲醇的用途主要为做燃料(甲基叔丁基醚 MTBE、二甲醚和掺混燃料)约占 33%、制甲醛占 30%、醋酸占 12%,还有用于生产脂类、医药和农药等产品。

(1) 世界甲醇价格波动较大

世界甲醇市场产大于销,富余能力近 3 000 万 t/a。世界甲醇生产能力由欧、美向中东、南美转移趋势明显。从 2004 年到 2009 年,中东、南美新建了一大批天然气生产甲的大型装置,规模从 80 万～180 万 t/a 套,这段时间世界甲醇需求只增加了 800 万 t/a,而生产能力增加了 2 000 万 t/a。受各种因素影响世界甲醇价格波动较大,从 1998 年到现在国际市场价最低 97

美元/t,最高 290 美元/t,一年内的价格波动幅度也可能超过 30%,说明世界范围内甲醇生产有一定风险。

(2) 我国甲醇总体产能过剩

据统计,2010 年底我国甲醇产能已经达到 3 800 万 t,产量只有 1 574 万 t,甲醇全行业的整体开工率不足 50%,产能过剩十分明显。这几年我国的甲醇生产能力还在快速增加,估计到 2012 年中国甲醇总产量将达到 5 649.5万 t/a。国内甲醇产能的过剩加上进口甲醇的大量涌入,近两年来我国甲醇价格一直在低位徘徊。我国甲醇产能大量过剩的局面将长期存在,并将使甲醇价格上涨乏力。

(3) 发展甲醇汽油前景不错

我国石油资源短缺,甲醇汽油是一个重要方向,甲醇的生产成本不到 3 000元/t,汽油售价 5 000～8 000 元/t,甲醇掺入汽油的利润可观,更重要的是可减轻我国对引进石油产品的依赖,这种利用方向应该得到肯定。但汽油中甲醇的掺入量是有限度的,以掺入 15%者为最多,称 M15 甲醇汽油。甲醇与汽油互溶性较差,一般的甲醇汽油对汽油发动机的腐蚀性和对橡胶材料的溶胀率都较大,低温运转性能和冷起动性能不及纯汽油。掺入过量汽车发动机要用专用发动机。国家关于 M15 甲醇汽油的国家标准将要出台。有人估计全国车用汽油掺入甲醇前景用量可达 1 500 万～1 600 万 t/a。甲醇汽油的价格略低于纯汽油。

(4) 甲醇制烯烃技术正在开拓但原料面向国外

甲醇制烯烃也是甲醇重要使用方向,烯烃是石油化工重要中间体,煤化工能生产出烯烃就打通了生产石油化工产品的通道。每生产 1 t 烯烃需用甲醇 2.6～2.8 t,说明烯烃生产对甲醇销售的重要性。2010 年 10 月 8 日我国神华包头煤气化—甲醇—烯烃装置投产,说明甲醇制烯烃是可行的。宁波禾元和浙江兴兴能源公司计划建设二套 180 万 t/a 甲醇制烯烃项目已经公布,计划以引进国外甲醇为原料。

(5) 我国甲醇生产受国外低价甲醇的冲击

甲醇生产原料主要有天然气、煤气化和焦炉煤气 3 种,有人比较认为按目前价格体系,在国内这 3 种原料的生产成本以 COG 为最低,煤稍高,天然气最高。但从资源条件和目前新建项目看,国产甲醇的原料要以煤为主,到“十二五”末煤气化制甲醇要占全国甲醇总产量一半以上。焦炭生产是一种煤的非完全气化方式,主要产品是焦炭,COG 产量有限,富余

COG 不可能建造大型甲醇生产设备。原料和规模决定了我国甲醇生产的成本较高。

国际上甲醇 95％ 以上是用天然气生产的。中东、中南美地区天然气资源丰富,价格低廉(只有 $0.1 \sim 0.25$ 元/m^3),中东建有单套生能力 80 万 t/a 以上的装置 10 套,中南美 9 套,最大单套能力达 180 万 t/a,我国天然气价格约是中东地区的 10 倍,已建天然气和煤制气的制甲醇生产装置最大能力只有 60 万 t/a,焦炉煤气制甲醇能力最大的只有 30 万 t/a,在原料价格与装置大型化方面我国与国外有很大差距。所以,我国的甲醇生产在国际上没有竞争力,有人估计国外甲醇引进到岸价会比国内生产成本低得多。

2.16.2　生产技术

1. 焦炉煤气一般性质

视不同配煤情况,每生产 1 t 焦炭副产 COG $410 \sim 440$ m^3,热值一般在 $(4\,000 \sim 4\,300) \times 4.18$ kJ/m^3 范围内。独立炼焦厂一般用 COG 加热焦炉,外送商品气量只有煤气总量的一半左右;钢铁联合企业的焦炉可用低热值混合煤气(以高炉煤气为主)加热,商品 COG 可以大大增加。典型 COG 成分和杂质含量示于表 2.56 和表 2.57。

表 2.56　典型焦炉煤气成分

项　目	CO	CO_2	H_2	CH_4	C_mH_n	N_2	O_2	H_2O
含量/体积%	5~8	2~4	54~59	23~27	2~3	3~6	0.2~0.4	

表 2.57　焦炉煤气的杂质含量

项　目	氨	苯类	萘	焦油	硫化氢	氰化物
含量/mg·$(m^3)^{-1}$	30~100	2~4	50~200	<50	<200	<10

2. 工艺流程与主要设备

图 2.57 和图 2.58 示出了用 COG 生产 DRI 和甲醇的典型流程图。两种生产方法都需要将 COG 中的 CH_4 转化成($H_2 + CO$),DRI 生产用的是炉顶气催化转化,甲醇生产常用部分氧化催化转化。两种转化都用了催化剂,都必须对原料所进行精脱硫,脱硫后的气体含硫量<1 ppm。

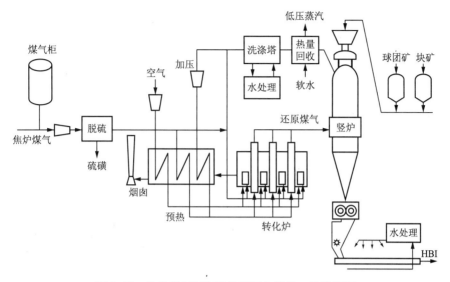

图 2.57　焦炉煤气制海绵铁炉顶气转化工艺流程图

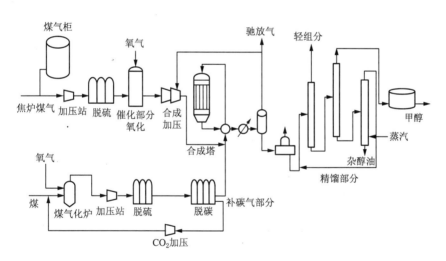

图 2.58　焦炉煤气制甲醇工艺流程图

　　DRI 生产脱硫后的 COG 掺入竖炉煤气,在转化炉中用煤气中的 CO_2 和 H_2O 分解 CH_4,出转化炉的还原气温度 $\geqslant 850\ ℃$ 可直接进竖炉使用。铁矿石在竖炉内被还原成 DRI 并从炉底排出。出竖炉炉顶煤气含大量 CO_2 和 H_2O,经热量回收和喷水除尘后成竖炉煤气,大部分竖炉煤气经真空变压吸附脱除 CO_2 后循环使用,小部分竖炉煤气作为转化炉燃料。在这个流程中竖炉煤气中的 CO_2 得到部分利用,有利于减少系统 CO_2 排放量。

甲醇生产:COG 在焦化厂粗脱硫,在甲醇厂经加压机加压后进行精脱硫,然后进入转化炉进行 CH_4 转化,转化炉通入氧气,转化反应在 1 300～1 400 ℃,并在高压下进行。要控制出转化炉合成气中的 CH_4 体积分数 $\leqslant$ 0.4%。然后掺入煤制气流程生产的脱碳气,进行合成气的氢碳比调整。

煤制气的脱碳气由煤气化炉生产,产生的煤气也需要经过加压、脱硫和脱碳。

达到合适氢碳比要求的合成气经合成气用加压机加压到 5.9 MPa,并经热交换升温后进入合成塔,合成液出塔后经换热和气液分离后进入精馏系统。在精馏系统分离出产品甲醇并经贮槽外送。气液分离和初馏塔的塔顶排出物为驰放气和燃料气。

3. 生产过程的主要问题

两种方法都要把 COG 中的甲烷和烃类转化成(H_2＋CO),转化是工艺中的关键性的一步。在制 DRI 中用炉顶气转化,为保证还原气品质炉顶气的配入量不能过多,需要用低水碳比的催化剂,这种催化剂国内还没有生产实践,但国外天然气转化生产 DRI 中已经大量采用,所以我国 DRI 生产开始阶段也许只能引进催化剂。当然,用 COG 生产 DRI 还可以用其他的办法,如竖炉内自重整的办法,但系统经济指标和 CO_2 利用没有炉外转化好。在甲醇生产中已用国产催化剂,主要成分是 CuO、ZnO、Al_2O_3,还含有少量水与石墨。

甲醇生产运行中工艺指标的控制相当严格。单纯用 COG 转化的转化气来做合成气,气体中的 H_2/CO 比过高,大量 H_2 不能被充分利用。所以这种方法还有一个煤造气系统,用它生产 H_2/CO 低的煤气(称脱碳气),掺和到合成原料气中才能提高氢的利用率。这使系统的流程、控制都变得复杂化,并增加了系统投资。

表 2.58   转化气和脱碳气的典型成分   体积%

项　　目	H_2	CO	CO_2	CH_4	N_2	Ar	H_2O
COG 生产的转化气	70.9	17.4	8.2	0.3	3.0	0	0.2
煤造气的脱碳气	66.68	29.09	3.41	0.11	0.45	0.16	0

不少钢铁厂有转炉煤气,它的 CO 含量很高,若在钢铁厂建 COG 生产甲醇,煤造气系统有可能不建,可用转炉煤气部分变换来生产脱碳气。

2.16.3 其他因素

1. 生产原料与产品使用问题

为降低电炉炼钢电耗直接还原铁对脉石含量有严格限止,要求入竖炉氧化球团的品位在 67% 以上,做球团的精矿粉品位应在 70% 左右,这种原料在国内一般地方难以解决。另外,DRI 生产原料的需求量大,氧化球团和铁矿石用量约是 DRI 量的 1.38~1.4 倍,需要有矿石和球团的原料处理场并增加工厂运输量。而甲醇生产,除焦炉生产本身的原料处理以外,没有甲醇产品的原料输入,只增加了甲醇产品输出,这也许是国内独立炼焦厂富余 COG 没有选择制造 DRI 的重要原因。

而在钢铁厂,特别是沿海的钢铁厂这个问题相对容易解决,钢铁厂一般都有铁矿料处理场,竖炉料可考虑从高炉料中优选并不影响高炉炼铁,或者考虑引进。特别是它所生产的 DRI 可在厂内使用,甚至于有可能采用 DRI 热装工艺,提高电炉生产能力并节省电炉电耗。

2. 规模因素

两种方向单位产品的 COG 用量相差很大,生产 1 吨 DRI 用 540~620 m³ 的 COG,生产 1 t 甲醇用 2 050~2 500 m³ 的 COG,用量相差 4 倍左右。年产 20 万 t 甲醇装置的 COG 用量与 80 万 t/a 的 DRI 用量相仿。目前国内各厂富余 COG 的量都不太多,不可能用富余 COG 建大型甲醇装置,而建小装置生产的经济性要受到影响。为了提高国内煤化工行业的竞争力,国家发改委已经下文提高煤化工产业准入条件,禁止建设年产 100 万吨及以下煤制甲醇项目。虽然,文件的文字不直接指 COG 制甲醇的项目,但不提倡建小型甲醇装置的精神是一致的。而建 80 万 t/a 左右的 DRI 装置世界上建的很多,生产指标与超大型装置相差不多,特别适用于中国刚刚起步的规模容量。目前甲醇和 DRI 的市场价都在 3 000 元/t 以下,单位 COG 能创产值以生产 DRI 比生产甲醇大得多。

3. 原料价格因素

从资料分析,以前用于生产甲醇的 COG 价格都算得很低,独立炼焦厂的 COG 不用就要放散,价格只取到 0.12~0.2 元/m³,而在钢铁厂 COG 都用于当燃料,起到顶替天然气的作用,定价一般都在 0.5 元/m³ 以上,还有不断涨价的趋势。当能源价格产生明显变化以后,生产的经济性是需要重新评价的。

2.16.4　经济分析

为了比较分析两种利用方向的投资效益,笔者进行了以下测算。

(1) 参照其他钢厂数据假设 COG 价格为 0.5 元/m³,测算出 DRI 和甲醇的制造成本分别为 2 261 元/t 和 2 437 元/t,生产 DRI 的项目投资收益率为 38.22%,投资回收期为 4.56 年;而近期甲醇的不含税市场价格为 2 300 元/t,在此 COG 价格条件下,生产甲醇的成本和价格是倒挂的,无法测算出投资效益,表明目前钢铁厂常用 COG 价格已不适合生产甲醇。

(2) 为了测算出生产甲醇的投资效益,笔者采用倒推的方法,测算目标收益率大于 8% 时 COG 的临界价格。经测算,COG 价格为 0.3 元/m³ 时,生产甲醇方案的项目投资收益率为 8.44%,投资回收期为 10.24 年。

为了更清楚表示生产甲醇方案 COG 价格对投资收益率的影响,用敏感性分析图来表示,参见图 2.59,可以看出,COG 价格变动 0.05 元,经济效益向相反方向变动 4% 左右,经济效益对 COG 成本的变化非常敏感。

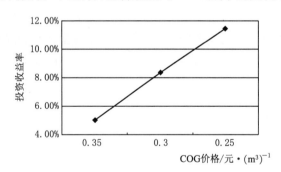

图 2.59　COG 价格影响分析

经济收益测算结果参见表 2.59。

表 2.59　DRI 和甲醇经济效益对比

序号	项　　目	DRI 项目	甲醇项目
1	主要测算前提		
1.1	球团单价元/t	1 360	
1.2	块矿单价元/t	1 220	
1.3	褐煤元/t		340

（续表）

序号	项 目	DRI 项目	甲醇项目
1.4	焦炉煤气单价/元(m³)⁻¹	0.5	0.3
1.5	回收驰放气单价/元(m³)⁻¹		0.15
1.6	产品销售单价(DRI 和甲醇)/元 t⁻¹	2 780	2 300
2	流动资金/万元	30 680	2 890
2.1	建设期利息(自有资金占 40%)/万元	2 540	2 843
3	年平均指标		
3.1	销售额/万元	222 419	46 000
3.2	城建税及教育费附加/万元	1 093	374
3.3	总成本费用/万元	182 695	40 073
	其中:经营成本/万元	179 413	35 899
4	测算结果		
4.1	项目投资财务内部收益率	38.22%	8.44%
4.2	投资回收期/a	4.56	10.24

注:表中价格不含增值税。

2.16.5 小结

（1）我国海绵铁生产技术落后,大工业生产装置还取于准备起步阶段,国内海绵铁市场将会随我国电炉钢比例的增加而稳定看好。甲醇市场虽然甲醇部分代替汽油是个有一定容量的好方向,但还需要国家标准的出台与按标准合法配置。我国受原料条件和设备小型化的限制,甲醇生产在国际上没有竞争力,进口压力较大。目前国内甲醇生产能力大量过剩,开工率不足,历年甲醇产品的价格波动较大,有一定市场风险。

（2）COG 生产甲醇流程比生产 DRI 复杂,但实体设备说明生产技术是成熟的。COG 生产 DRI 虽然国内还没有大型装置,但类似的天然气生产装置世界上已经很多,技术上也没有多少风险。

（3）两种生产方向单位产品的 COG 用量相差 4 倍。粗略的经济比较表明,用钢铁厂的 COG 价格生产甲醇的投资效益率比生产 DRI 低得多,说明在有条件的地区用 COG 用于生产 DRI 是一种比生产甲醇更有利的方法。

(4) 考虑到独立炼焦厂和钢铁企业在焦炉煤气富余量、生产 DRI 的原料条件、产品使用、生产管理经验等方面都有巨大差别,分析认为独立炼焦厂的 COG 用于 DRI 还需要其他的条件,目前用于生产甲醇已经形成气候;钢铁联合企业的焦炉煤气用于生产海绵铁有流程短,能耗低,投资少,操作与钢铁生产有类似之处,产品利用方便合理等优势,是一个比生产甲醇风险小、利益大的选择。

主要参考文献

[1] 李建锁,王宪贵,王晓琴. 焦炉煤气制甲醇技术[M]. 北京:化学工业出版社,2009.

[2] 吴创明. 焦炉煤气制甲醇的工艺技术研究[J]. 煤气与热力,2008, 28(1).

[3] 张永发,杨力,谢克昌. 天然气和焦炉煤气制合成气的技术现状及其发展[J]. 煤气化. 2006

[4] 国家发改委[2011]635 号文件. 关于进一步规范煤化工产业有序发展的通知. 2011 年 4 月 12 日.

[5] 方觉等. 非高炉炼铁工艺与理论[M]. 第二版. 北京:冶金工业出版社,2010.

[6] 杨若仪,王正宇,金明芳. 焦炉煤气制直接还原铁的方法探讨[J]. 世界金属导报,2011 年 2 月.

[7] 亚化咨询. 陕焦焦炉煤气制甲醇项目试车成功[J]. 中国煤化工月报,2011,(5).

杨若仪　王　净　徐　婧

2.17　煤气化竖炉生产直接还原铁煤气化压力问题的解读

对不同设备高压和低压有不同含义。高压竖炉（例 HLY 炉）设计压力 0.5～0.65 MPa，这种竖炉像高压高炉一样加料和排料要用锁斗平衡压力后才行。常压竖炉（例 Midrex 炉）设计压力 0.1～0.15 MPa，加料和排料用料柱加气封阻止煤气外泄可不必用锁斗，使系统简单。煤气化炉的高、低压没有严格划分标准，局限于干煤粉纯氧气化这种办法时，笔者暂且把 2 MPa 以上划为高压，1 MPa 以下划为低压，在化工和电力系统煤气化炉常用设计压力 4 MPa，最高压力已达 6.8 MPa，都属高压范围。能与竖炉生产相匹配的低压气化因受竖炉使用压力限制，最低压力不可能低于 0.25 MPa，煤气化炉的加料和排料都要用锁斗。所以在讨论范围内高、低压煤气化炉外围系统的设备配置是一样的。

2.17.1　基本因素

压力对煤气化工艺的影响主要有 3 个方面。

1. 容积气化强度

气化炉的容积气化强度（$t_{煤}/m^3 \cdot h$ 或 $m^3_{煤气}/m^3 \cdot h$）与操作压力的 0.5 次方成正比。

$$(G_2/G_1) = (P_2/P_1)^{0.5} \qquad (2\text{-}2)$$

当高压设计 $P_1 = 4$ MPa 操作压力 3.8 MPa 时，低压设计 $P_2 = 0.3$ MPa 操作压力 0.25 MPa 时

$$(G_2/G_1) = (3/41)^{0.5} = 0.270\,5 \qquad (2\text{-}3)$$

即相同大小的炉子，0.3 MPa 时的生产能力只有 4 MPa 炉子的 27.05%。或者说相同容积的炉子高压气化用一台，低压气化就要用 $1/0.270\,5 = 3.696\,8$ 台以上才行。

在工程方案比较计算中高压采用 3.1 MPa,低压用 0.3 MPa,容积经强度相差 $(3/31)^{0.5} = 0.311\,1$,一台高压气化炉,要有相同容积低压气化炉 3.214 6台以上,实际上也是 1:4。

设计参数选择要从可靠性和经济性着眼,4 MPa 的设计压力在化工系统是一种常用压力,可靠性是没有什么问题的。压力过低除气化炉设计指标不好外,废热锅炉煤气加热段的设计会带来困难。

2. 热损失影响气化效率

高压气化炉冷煤气效率 81%～82%,废热锅炉将煤气温度冷到 250 ℃以下可回收热量 13%～14%,这样气化炉热效率可达 95% 左右,热损失约 5%。热损失中有约 3% 是 250 ℃ 煤气离开废热锅炉和熔渣带走的,这部分热损失变化接近与用煤量成正比;另外 2% 是炉子水冷壁和设备表面热损失(低压气化时这部分比例要增加),这部分热量与水冷却表面成正比。当然,水冷壁吸收的热量可能成为副产蒸汽,有助于蒸汽产量的增加,设备表面热损失无法回收。这样,低压气化蒸汽产量要增加,但是蒸汽不是煤气化生产目标,多产的蒸汽是要多用煤和多用氧烧出来的。

热损失大表现在煤气成分变差,煤气中的 CO_2 含量增加,有效成分 $(CO+H_2)$ 降低,要制造相同量的有效成分,煤气量要增加,用煤量与用氧量要增加。表 2.60 和表 2.61 列出了制造厂提供的煤气成分变化和主要气化指标的变化数据。

表 2.60　高低压方案的煤气成分　　　　　　体积%

项　　目	CO	CO_2	H_2	N_2	H_2O	H_2S	CH_4	$\sum$	$CO+H_2$
高压气化 (3 MPa)	69.12	2.4	24.74	0.53	3	0.19	0.02	100	93.86
低压气化 (0.3 MPa)	69.21	5.42	19.32	0.57	5.28	0.1		100	88.53

表 2.61　主要气化指标

项　　目	炉子台数	单台炉子能力	比煤耗	用氧	冷煤气效率	蒸汽产量
单位	台	$T_煤/d$	kg/1 000 m^3 有效气	m^3/1 000 m^3 有效气	%	t/h·台炉
高压方案	2	1 275	503	308	81.9	120
低压方案	8	356	562	393	73.9	400

用表 2.61 数据稍加计算,可以看出低压比高压用煤量增加了 11.7%,而用氧增加 27.6%,用氧量增加要比用煤量多,这是因为氧气除了要气化增加的煤量之外还要考虑煤气中 CO_2 增加的用氧量。

3. 低压气化灰尘带出量要增加

低压气化即使增加了炉子,煤气流速还是大约增加了 1.4 倍,原因是炉子数增加考虑了压力比 0.5 的指数,而煤气体积增加与压力比基本上成正比。流速加快带出灰尘量要增加,会增加除尘器的负荷,可能造成炉子碳转化率降低的后果。煤气化的历史上曾经有过粉煤气化液态排渣的常压气化炉,因压力低循环灰尘量大,是这种炉子得不到发展的重要原因。

上述 3 种因素分析了煤气化与压力的关系,这些因素只要压力变化影响都存在,可以说与规模大小没有关系。以为小规模可能对低压气化有利的观点,有可能是气化炉个数选择计算过程中取整时产生的误差造成,当容积气化强度比计算结果向下圆整时炉子台数就少了。另外,从上述分析也可以看出,化工与电力部分都采用高压气化不只是下工序的要求,而且也是气化炉自身的要求。

2.17.2　低压气化的投资增加因素

对低压气化投资要增加因素应该引起足够的注意,随着工作的深入,低压方案在设备制造厂和工厂设计单位都有投资上涨的因素。

1. 气化炉和废热锅炉的设备投资

煤气化的主体设备是气化炉和废热锅炉,二段气化炉的结构见图2.60。气化炉是一个筒形夹套压力容器,废热锅炉比气化炉长并有一个压力容器外壳和锅炉受热面的内件。整体设备中废热锅炉的投资要比气化炉的投资大得多。高、低压气化炉的压力容器部分在外形大小接近时,材料消耗取决于压力和台数变化。

压力容器设计壁厚与压力接近成正比,当高压炉和低压炉的压力比相差很大时,多个低压炉的投资会低于高压炉这是可能的。但废热锅炉的受热面部分高、低压方案蒸汽参数都是 6.8 MPa, 450 ℃,所用锅炉钢管的厚度和材质应该是一致的,传热元件的设备总量至少要与低压炉蒸汽产量相一致,这部分投资低压方案要有成倍增加。这个因素应该引起今后的注意。

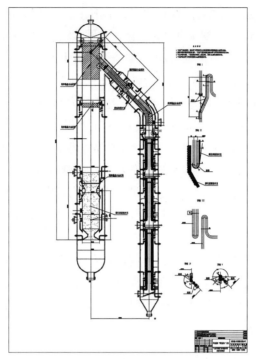

图 2.60　二段式气化炉结构

2. 塔架投资

2 台炉子共用的塔架的底盘尺寸 30 m×40 m,立面如图 2.61 所示,是个高近 50 m 多层结构的建筑物。

塔架无论是钢结构也好或是混凝结构也好都是比较大的。对150 万 t/a 海绵铁设备,高压方案塔架是 1 组,低压方案是 4 组。随土建结构设计的深化这部分投资差别是不会少的。

3. 低压炉的备用问题

竖炉年工作时间 8 000 h,单台气化炉的年工作时间也是 8 000 h,若竖炉和气化炉能 1 对 1 匹配是可以的,1 对 2 匹配时利用一下设备的操作弹性也勉强可以。当低压方案是 1 台竖炉与 8 台气化炉相匹配时,计算上这 8 台气化炉必须同时无事故工作 8 000 h 才能完成竖炉产量,这实际上是不可能的。这么多气化炉同时为一台竖炉工作必须要有备用炉,才能保证竖炉工作时的供气要求。实际上竖炉 8 000 h 是没有问题的,只要气化炉可靠还可以提到 8 400 h,但气化炉 8 000 h 是很难做到的,化工部门常用的是 7 200 h。多台炉子同时工作时要有备用是个常识问题。

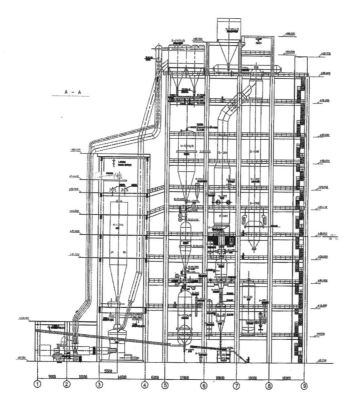

图 2.61 气化炉侧面图(钢结构或混凝土塔架)

生产规模小了这个问题是否就能解决呢?现在一台低压气化炉的气化煤量在 360 t/d 左右,这种炉子与竖炉 1 对 1 匹配时竖炉海绵铁产量只能做到 21 万 t/a,1 对 2 匹配时竖炉产量到 42 万 t/a,要到 80 万 t/a 规模,气化炉还是要 4 台以上,备用问题也免不了。

　　4. 接管接线的投资

　　对竖炉前后煤气设备(加热炉、竖炉煤气清洗、VPSA)因煤气处理量增加 10%左右,投资要增加是肯定的。加热炉的煤气消耗量相应增加、部分氧化加热炉的用氧量要相应增加、VPSA 的加压电耗要相应增加。

　　对加热炉之前的干式除尘、煤气脱硫及管道的影响受到炉子个数对系统的影响、压力对壁厚的影响和流量对设备直径的影响有关,分析较为复杂,与系统配置设计有很大关系,要做施工图设计计算分析才能确定。

　　还有一点是十分明白的:低压方案炉子个数是高压的 4 倍,各种配管的数量也要相应增加,氧、氮、蒸汽、水的配管数相应增加。特别是仪表检测点相应增加,控制设备的检测总点数呈 4 倍增加,控制设备的容量要增大,检测与传动装置的配管配线呈 4 倍增加,电气材料的增加与压力关系不大,投资与数量呈正比关系。

2.17.3　关于煤种适应性

　　煤种适应性是煤气化的大问题,因为它对煤气成本影响确实很大,还对生产稳定性有严重影响,但煤种的适应性是气化方法确定的,对压力高低没有多少影响。工程上常用一种思路是按煤种来选择气化方法。

　　固定床气化炉气化温度低(900～1 100 ℃),固态排渣,要用非粘结性块煤(5～50 mm),煤的活性也要高,对煤质的要求是最高的。高压固定床的鲁奇炉特别适用于褐煤,但固态排渣灰熔点要高。

　　流化床炉子(Winkler ABF HTW 恩德炉,灰熔聚流化床炉)是碎煤与气化剂在炉内形成沸腾床气化,气化温度适中(1 050～1 100 ℃,局部高温区 1 100～1 300 ℃),并最终逆向运行,向上排出煤气(出炉煤气的灰渣含碳量较高 15%～20%),向下排出灰渣。这种办法可以用碎煤(0～6 mm),但对煤的活性要求还是高的,否则灰的含碳量要提高,灰熔点要求也相对较高,煤的粘结性也不能高。

　　气流床(德士古、干煤粉)化气化温度高 1 350～1 700 ℃,比其他办法高得多,用经过磨煤的粉煤(粒度 100 目),气化反应瞬时完成,对煤种和煤的活性要求不高,对煤的含灰量也相对宽容,灰熔点低的煤气化有可能用热壁炉,灰熔点高的煤气化要用冷壁炉。

从上分析可知:提高温度相应提高了气化反应的速度,提高煤的碳转化率,并使煤中的有机物彻底分解,大大减少环境污染物的产生,当气化温度在煤的灰熔点以上时,可实现液态排渣。所以,高温是洁净煤气化技术的基础,但高温也带来了耐火材料和炉子寿命的问题。

水冷壁的干煤粉纯氧气化炉是目前煤种适应性最好的气化炉。从变质程度低的长焰煤,到变质程度高的烟煤、无烟煤、甚至半焦都可以用这种办法气化,不太适用褐煤主要是因为褐煤的含水量往往过高。干煤粉炉对煤的含灰量也有较大的宽容性,含灰接近 30% 的煤也可用,但用含灰量高的煤在气化时技术指标是肯定要降低的。可以用各种粉煤。因气化温度高对煤的活性也没有要求,对煤的粘结性也没有限制。液态排渣对煤的灰熔点低一点有利(热壁炉要低于 1 350 ℃,冷壁炉可以稍高),高了也有解决办法,例如可以加助熔剂。研究工作中试算用了干基 $7\,000 \times 4.18$ kJ/kg 的煤,这只是一种计算设定,而不是说高压气化一定要用这种煤。今后若有实用工程,要根据当地条件,上述范围内的煤都可以选用,要根据确定的煤种工业分析元素分析和试烧指标进行设计计算。

此处,对灰熔聚气化是否适用于生产 DRI 的问题写一点我的看法:这种办法与 U-gas 属于一类,在国内有取代 U-gas 炉的趋势,知识产权属山西煤化所。这种方法原来做试验的压力比较低,现在也在向提高压力方向试验。试验发表的煤气成分:富氧气化时 CO_2 含量在 20% 左右,做竖炉还原气是要经过脱 CO_2 的。因气化炉内强烈搅混使煤气细粉夹带多,使灰渣和飞灰没有转化的碳含量高(达煤量的 10%),降低了碳转化率和冷煤气效率,收集的灰尘须另设锅炉燃烧。气化炉的碳转化率不到 90% 与干煤粉的 99% 还有较大差距。因反应温度不太高,气化对环境的影响程度问题还没有看到详细报道。

2.17.4　关于煤气余压发电(TRT)

在煤气化生产 DRI 的系统中 TRT 最好在干式状态下工作,主要原因是煤气进入竖炉之前不能喷水,也是为了 TRT 不结灰,所以煤气入 TRT 之前要预热,加热到接近 450 ℃,膨胀做功以后还有 120 ℃ 左右的余温,这部分温度进入管式煤气加热炉也可以减少加热炉的热负荷。煤气预热用煤气化炉废热锅炉的部分热量,锅炉的结构虽然复杂化了,但这部分结构锅炉厂做了研究工作,他们经过计算认为是可行的,把加热段的排管也算出来了,设备是落实的。

高压煤气化的比氧耗为 $308~m^3_{氧气}/1~000~m^3_{有效气}$,煤气中(CO+$H_2$)浓度为 93.86%,从这两个数字笔者可以推算出通过 TRT 膨胀煤气量与氧气加压量的比值是 $1/(0.308\times0.938~6)=3.46$,也就是说加压氧气量只有膨胀煤气量体积三分之一也不到。煤气膨胀透平的效率还略高于氧气加压透平,这样高压气化氧气加压增加的电耗远没有 TRT 回收的电量多,所以认为考虑氧气加压 TRT 就不合算了的担心是没有必要了。

高炉干式除尘后的煤气含尘量手册上是按小于 $5~mg/m^3$ 写的,但实际上高压高炉的煤气含尘做到了 $1\sim2~mg/Nm^3$。系统压力提高对布袋除尘是有利的,压力高过滤速度减少,除尘效率提高。这样小于 $5~mg/m^3$ 是一个接近实际体积的数字,认为高压系统煤气含尘量要提高数十倍是把问题夸大了。可以设想一下,湿式除尘系统后面可接燃气轮机的,假若也用这样的思路因压力变化提高含尘量,湿式系统也同样满足不了膨胀透平的需要。高压气化的系统是干式除尘后还有个煤气脱硫,脱硫时煤气通过多层塔板,也有一定除尘作用。此外,进入 TRT 前煤气还需要复热,从接近常温上升到约 $450~℃$,实际工况下的含尘量下降 $50\%\sim60\%$。所以经过这样处理的煤气进入 TRT 没有问题。除尘问题曾经与 TRT 的设备制造厂也商讨过,他们也是认可的。

TRT 的设计参数比高炉高得多,也是有些人担心之处,其实只要跨行业来看这个问题,$4~MPa$ 的入口压力、$450~℃$ 的入口温度都不是最高的,石化行业这种参数早用过,制造厂认为种参数膨胀透平的叶片材质与高压高炉干式除尘 TRT 是相同的材质。

TRT 的旁通阀组要引起注意,因降压比过大,一级减压不行,需考虑二级减压,为防止高噪音,减压阀后需设消音器。

TRT 回收的电力是不消耗燃料的绿色能源,这部分电力也没有 CO_2 排放问题,虽然系统要为此增加投资,但设备回收期很短,TRT 设置对提高全系统的经济效益起促进作用。

2.17.5　对低压气化竖炉生产 DRI 流程的建议

要用低压煤气化来生产 DRI,建议采用高压竖炉,与低压竖炉相比可提高气化炉工作压力,减少气化炉的台数,减少低压气化不利因素的影响程度。例如,当竖炉压力 $0.5\sim0.65~MPa$ 时,煤气化炉的压力可以在 $0.7~MPa$

左右。这样与 4 MPa 的气化炉相比生产能力比炉子数比为 1：2.26，当高压气化炉用 2 台时，低压气化炉用 2×2.26 = 4.52 台，取 5 台即可，不用像用低压竖炉要配 8 台以上，炉子可减少 3 台，用煤量、用氧量都会相应减少，煤气成分也会得到改善。

其实，这种低压煤气化炉匹配高压竖炉的方案 CISDI 已经在 2007 年就提出了专利申请，申请流程图 2.62 所示，专利申请号：2007100931713，该专利已经过二次答辩，还处于公示阶段，有授权可能。

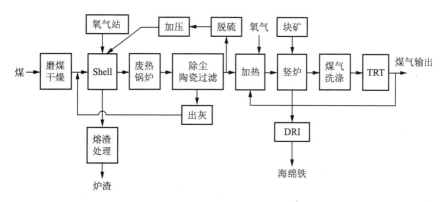

图 2.62　低压气化高压竖炉 DRI 生产流程图

2.17.6　小结

（1）高压气化广泛用于化工与电力部门，高压对煤气化有利，是煤气化的发展方向之一。降低气化压力气化设备的生产化强度、气化效率与煤气成分随之下降。对完成同样有效煤气制造任务，降压之后设施投资有增加趋势。钢铁厂使用煤气压力较低时可设置 TRT 回收富余压力。

（2）应该根据气化用煤选择合适的气化方法，气化压力与煤质关系不大，干煤粉纯氧气化是目前各种气化方法中煤种适应性较大的方法。

（3）压力对煤气化产生的影响的各种因素与规模大小没有关系，影响都是一样的。

（4）采用高压竖炉，适当降低煤气化炉的设计压力，也许是想用低压煤气化技术生产海绵铁的一种不得已的选择。

杨若仪